Das Internet der Dinge als Basis der digitalen Automation

FSC
www.fsc.org
MIX
Papier aus ver-
antwortungsvollen
Quellen
Paper from
responsible sources
FSC® C105338

Walter Jakoby (Hrsg.)

Das Internet der Dinge als Basis der digitalen Automation

Beiträge zu den Bachelor- und Masterseminaren 2018 im Fachbereich Technik der Hochschule Trier

Walter Jakoby (Hrsg.)
Hochschule Trier
Trier, Deutschland

Bibliografische Information der Deutschen Nationalbibliothek:

Die Deutsche Nationalbibliothek verzeichnet diese Publikation in der Deutschen Nationalbibliografie; detaillierte bibliografische Daten sind im Internet über http://dnb.dnb.de abrufbar.

© 2018
Herstellung und Verlag: BoD – Books on Demand, Norderstedt.
ISBN: 978-3752886016

Inhaltsverzeichnis

1 Das Internet der Dinge

W. Jakoby, Hochschule Trier, FB Technik

Abstract: Das Internet hat sich innerhalb kurzer Zeit zu einem dezentralen, weltumspannenden Netzwerk entwickelt, über das sehr viele Daten ausgetauscht werden, so dass heute bereits die Hälfte der Menschen online ist. Wegen der rasanten Leistungssteigerung und Miniaturisierung sind in vielen Maschinen, Geräten und Alltagsgegenständen Rechner eingebaut. Vor allem über drahtlose Verbindungen werden diese Rechner an das Internet angeschlossen. Durch dieses „Internet der Dinge" können in den nächsten Jahren viele neue nutzbringende Funktionen geschaffen werden.

Keywords: Internet, TCP/IP, Internet-of-things (IoT)

1.1 Das Netz

Die Hälfte aller Menschen hat heute bereits Zugang zum Internet. Der Begriff des „Internet" unterliegt sehr unterschiedlichen Interpretationen. Manche verstehen darunter Webseiten, andere ein Kommunikationsmittel und bei einem großen Hersteller von Smartphones wird ein Browser-Programm als „Internet" bezeichnet. Was also ist das Internet?

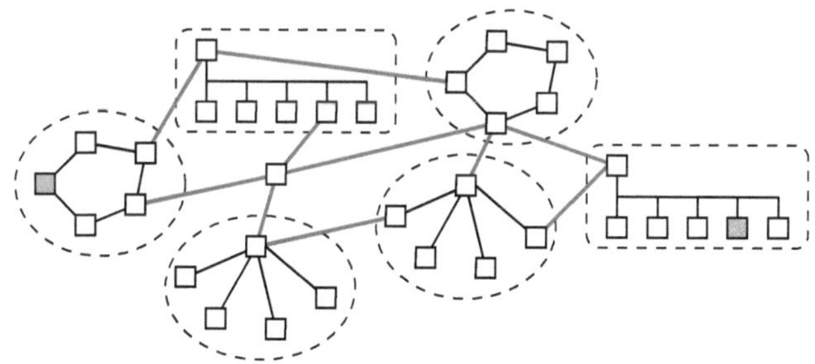

Bild 1.1 Vernetzte lokale Netzwerke

Das Internet ist ein weltweites Netzwerk von Rechnern. Räumlich benachbarte Rechner sind zu lokalen Netzwerken (Local Area Networks, LAN) zusammengeschlossen. Diese LANs können sehr unterschiedliche Hardwarekonfigurationen besitzen, unterschiedliche Kommunikationssysteme verwenden und auch die Übertragungsmedien sind sehr heterogen, z.B. drahtgebunden, glasfasergebunden oder funkbasierend. Die lokalen Netzwerke werden über spezielle Brückenrechner (Hubs, Router, Gateways) miteinander verbunden. Durch die enorme Zahl der verbundenen Netzwerke ist im Laufe weniger Jahr ein weltumspannendes Netzwerk entstanden verbindet.

Sollen zwei beliebige Rechner, die nicht direkt miteinander verbunden sind, Daten austauschen, so kann diese auf verschiedenen Wegen erfolgen, indem dazwischenliegende Rechner und lokale Netzwerke als „Brücken" genutzt werden. Die Heterogenität der Systeme erschwert dies aber. Dieses Problem wurde gelöst durch die Schaffung eines einheitlichen Protokollstandards. Dadurch können die vielen heterogenen Rechner und Netzwerke miteinander kommunizieren. Damit ist es heute möglich, dass zwei beliebige, mit dem Internet verbundene Rechner miteinander Datenaustauschen können.

1.2 Die Adressierung

Um einen beliebigen Rechner im Netz erreichen zu können benötigt er eine eindeutige Adresse. Im **Internet Protocol (IP)** besteht die Adresse aus 4 Byte, also 32 Bit. Die binäre Darstellung ist für den Menschen etwas besser lesbar zu machen, wird jedes Byte durch eine Zahl beschrieben, die zwischen 0 und 255 liegen kann. Trennt man die Zahlen durch einen Punkt entsteht die übliche Darstellungsform der IP-Adresse, wie z.B. 143.93.54.111.

Mit 4 Byte können über 4 Milliarden Adressen vergeben werden. Bei der Schaffung des IP-Standards schien diese Zahl mehr als ausreichend und sogar beträchtliche Reserven zu bieten. Die rasant angestiegene Zahl der Rechner, die am Internet angeschlossen sind, hat den Adressvorrat von IPv4 aber mittlerweile ausgeschöpft. Daher wurde als neuer Adressstandard IPv6 eingeführt. Jede Adresse besteht nun aus 128 Bit, bzw. 16 Byte. Dies entspricht einem unvorstellbar großen Adressraum von $3,4 * 10^{38}$ adressierbaren Rechnern. Die beiden Adressstandards können nebeneinander betrieben werden, so dass auch in Zukunft alle Rechner IPv4 unterstützen, aber zunehmend mehr Rechner auch IPv6 verstehen.

Auch wenn die Darstellung mit 4 Zahlen schon besser ist, als die Verwendung von 32 Nullen und Einsen, ist sie für den Menschen nicht gut einprägsam und Fehler sind unvermeidbar. Daher wurde das **Domain Name System (DNS)** eingeführt. Ein Rechner kann hierbei über einen Klartextnamen, wie z.B. www.hochschule-trier.de angesprochen werden. Zu jedem Domain-Namen gehört eine IP-Adresse. Die Zuordnung wird auf speziellen Domain-Name-Servern abgelegt. Bei der Eingabe eines Domainnamens wird dieser Server kontaktiert, um die zugehörige IP-Adresse zu ermitteln. Jeder Domainname setzt sich aus mehreren Segmenten zusammen, die durch Punkte getrennt sind.

Von links beginnend können die Segmente einen bestimmten Dienst kennzeichnen, einen individuellen Rechner, lokale Netzwerke bis hin zu einem ganz rechts stehenden Länder- bzw. Organisationscode.

1.3 Protokolle

Die Herausforderung für den Aufbau eines weltweiten Netzwerks von Rechnern, die beliebig miteinander kommunizieren können, bestand darin, gemeinsame Kommunikationsebenen zu finden, die die vielen unterschiedlichen Standards bei den physikalischen Übertragungsmedien, bei den Schnittstellen und bei den Protokollen unterstützen. Erschwerend kam hinzu, dass die Netzverbindungen nicht als statisch und sicher angenommen werden konnten. Vielmehr musste davon ausgegangen werden, dass es während der Datenübertragung zu Fehlern, Störungen und Unterbrechungen kommen kann. Die Lösung bestand darin, eine gemeinsame Protokollschicht festzulegen, die für die virtuelle Punkt-zu-Punkt-Verbindung zweier Rechner über beliebige Netzwege ausgelegt ist.

Das Ergebnis stellt der **TCP/IP-Standard** dar. Es handelt sich dabei um zwei aufeinander aufbauende Protokolle, das Internet Protocol (IP) und das Transmit Control Protocol (TCP). TCP dient dazu, eine vollständige Dateneinheit, also z.B. ein Textdokument, eine Tabelle oder eine Grafik von einem Quellrechner zu einem beliebigen Zielrechner zu übertragen. Größere Dateneinheit werden dazu in kleinere Datenpakete zerlegt, die für einzelne Übertragungen geeignet sind. Der Quellrechner baut dazu zum Zielrechner eine Verbindung auf, die erst dann beendet wird, wenn die vollständige Dateneinheit, bestehend aus den einzeln übertragenen Paketen am Zielrechner angekommen ist. Für die Übertragung übergibt TCP jeweils ein Paket mit Quell- und Ziel-Adresse an das Internet Protocol (IP).

Mit Hilfe der Ziel-IP-Adresse, wird zunächst ein direkt verbundener Rechner ermittelt, der auf dem Weg zum entfernten Zielrechner liegt. An diesen wird das Paket gesendet. Der Zwischenrechner wiederum leitet das Paket an den nächsten auf dem Weg liegenden Zwischenrechner weiter, bis das Paket schließlich am Ziel-Host ankommt.

Die weiteren Pakete können auf dem gleichen oder auch auf anderen Wegen zum Ziel-Host gelangen. Sind alle Pakete, in die die Dateneinheit zerlegt wurde am Ziel angekommen, beendet TCP die zuvor aufgebaute Verbindung.

IP und TCP bilden die Schichten 3 und 4 eines aus maximal 7 Schichten bestehenden Protokollsystems im OSI-Modell. Die unteren beiden Schichten dienen der physikalischen Codierung der einzelnen Bits (Schicht 1) und der sicheren

Übertragung eines Telegramm-Rahmens (Schicht 2). Die Anwendungsschichten 5-7 realisieren anwendungsspezifische Dienste, wie z.B. die Übertragung von Hypertexten (http und https), von Dateien (ftp) oder Mails (smtp).

1.4 Anwendungs-Dienste und -protokolle

Die Fähigkeit des TCP, größere Dateneinheiten von einem am Internet angeschlossenen Rechner zu einem beliebigen anderen zu senden, wird durch verschiedene Dienste genutzt, um z.B. Dateien, Nachrichten, Bilder, Texte etc. zu übertragen. Viele dieser Dienste besitzen auf den Ebenen 5 bis 7 eigene Protokolle, die die Besonderheiten des jeweiligen Dienstes unterstützen.

Zum Versenden von E-Mails dient SMTP (Simple Mail Transfer Protocol). Beliebige Dateien können mit dem FTP (File Transfer Protocol) übertragen werden. Ein eigener Dienst wurde geschaffen für die Bestimmung der IP-Adresse, die zu einem bestimmten Domain-Namen gehört.

Am bekanntesten ist sicherlich der **www-Dienst**, das „world wide web". Er dient dazu, Hypertexte zu übertragen, also Texte mit Darstellungsmerkmalen, Tabellen, Grafiken und Verweisen auf andere Hypertextstellen. Zur Codierung der Hypertexte wurde eine eigene Sprache, die so genannte **Hypertext Markup Language (HTML)** geschaffen. Die in dieser Sprache dargestellten Hypertexte bilden eine „Webseite". Sie wird mit Hilfe des Hypertext Transfer Protocols (HTTP) übertragen. http ist also das Protokoll, das für den www-Dienst spezialisiert ist.

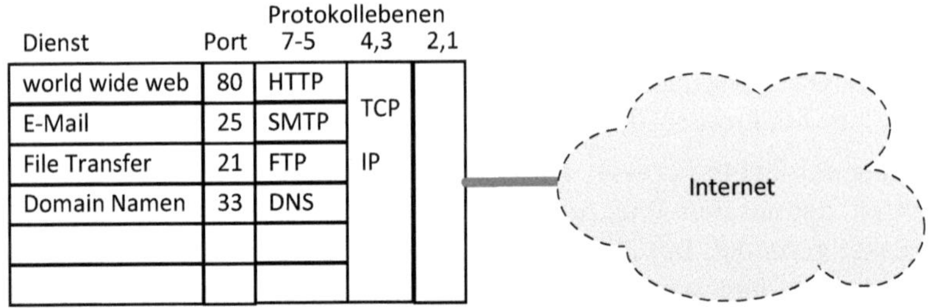

Bild 1.2 Zugriff der Dienste im Internet

Das Internet bietet also heute die Möglichkeit, beliebige Daten von einem Rechner (mit seiner individuellen IP-Adresse) an einen anderen Rechner zu übertragen, egal wo er sich befindet, sofern er ans Internet angeschlossen ist. Das „world wide web" ist dabei nur einer von mehreren Diensten, die das Internet heute als Übertragungsweg nutzen.

Zur eindeutigen Zuordnung wird jedem Dienst auf einem Rechner eine standardisierte **Port-Adresse** zugewiesen. So läuft z.B. das „world wide web" über Port 80. Die Liste der Dienste ist bereits recht umfangreich, aber keineswegs abgeschlossen. In den nächsten Jahren werden viele neue Dienste entstehen, die auf dem Weg des Internet der Dinge Leistungen für „Dinge" zur Verfügung stellen werden.

1.5 Entwicklungsgeschichte des Internet

Die Ursprünge des Internet wurden Ende der 1960er Jahre mit dem Aufbau des Arpanet gelegt. Mit ihm wurden verschiedene Universitäten und Einrichtungen, die für das US-Militär forschten, untereinander vernetzt. Die Grundidee bestand in einer dezentralen Vernetzung. Es wurden also eigenständige und unabhängig voneinander arbeitende Rechner miteinander verbunden.

Seit 1974 wurde dann das TCP entwickelt. Ziel war der Aufbau eines zuverlässigen, verbindungsorientierten und paketvermittelnden Protokolls. Das Protokoll wurde über mehrere Jahre weiterentwickelt und 1981 gemeinsam mit weiteren Protokollen standardisiert. Zu diesem Zeitpunkt wurde auch das Internet Protocol (IP) und der noch heute verwendete Adressstandard IPv4 eingeführt. Man kann diesen Zeitpunkt auch begrifflich als Geburtsstunde des Internet bezeichnen.

Tabelle 1.1 Wichtige Entwicklungsschritte des Internet

Jahr	Mio. Nutzer	Innovationsschritte
1970		1969: Arpanet: Vernetzung von Forschungseinrichtungen
1975		1974: TCP-Übertragungsprotokoll
1980		1981: IPv4, ICMP, TCP, IP standardisiert => "Internet"
1985		1984: DNS: Domain-Namen
1990		1989: www, http, Hypertexte, öffentliche Nutzer
1995	50	1993: Webbrowser (z.B. Mosaic), 1995: IPv6
2000	400	
2005	1.000	2003: „Web 2.0", soziale Netzwerke
2010	1.900	
2015	3.000	
2020	4.000	

Die ersten Jahre der Vernetzung waren durch die Verwendung des Netzes für die Verbindung ausgewählter Einrichtungen gekennzeichnet. Die Zahl der Nutzer waren dementsprechend sehr limitiert. Meilensteine für den enormen Anstieg der Zahl der Internet-Nutzer sind die Einführung der Domain-Namen (1984), mit denen eine für den Menschen gut handhabbare Adressierung der Rechner entstand, die Schaffung des World Wide Web für den Austausch von Hypertexten (1989) und die Einführung der Webbrowser (1993), mit denen Hypertexte angefordert und dargestellt werden können.

Durch den www-Dienst war die weltweite Zahl der Internet-Nutzer in 1995 bereits auf 50 Millionen gewachsen und stieg weiter rasant an. Einen erneuten Schub brachte das sogenannte Web 2.0, womit der Aufbau sozialer Netzwerke im Internet bezeichnet wird. Die Einführung internetfähiger Mobiltelefone („Smartphones") brachte einen weiteren Schub der Nutzerzahlen, so dass mittlerweile die Hälfte der Menschen „online" ist.

1.6 Vernetzte „Dinge"

Noch in den 1970er Jahren waren Rechner aufwändige und rare Maschinen. Nur in ausgewählten Einrichtungen und Unternehmen waren Rechner verfügbar. Neben der eigentlichen Aufgabe, dem „Rechnen" wurden zwischen Rechnern Dateien und Nachrichten ausgetauscht. Das Aufkommen von „Personal Computern" führte im Laufe der 1980er Jahre zu einer starken Verbreitung der Rechner, womit dann auch eine stärkere persönliche und private Nutzung einherging. Die Einführung der rechnerbasierten und internetfähigen Smartphones änderte nichts an der Grundkonstellation, dass Rechner für Menschen als Zugangspunkt zum Internet dienen.

Durch die stetig ansteigende Leistungsfähigkeit der Rechner sowie durch den gleichzeitig geringer werdendem Platz-, Energie- und Kapitalbedarf finden Rechner in immer mehr Bereichen Einsatzmöglichkeiten. Nicht nur große technische Anlagen, Maschinen und Einrichtungen werden heute von Rechner automatisiert, sondern auch in einfachen und kleinen Geräten sind heute Rechner in Gestalt hochintegrierter Mikroprozessoren zu finden. Viele Geräte in den Büros, in der Medizin oder im Haushalt arbeiten heute rechnergesteuert. In Autos sind heute oft schon Dutzende von Mikroprozessoren zu finden.

Parallel mit der Elektronik und Rechnertechnik hat sich auch die Kommunikationstechnik weiterentwickelt. Insbesondere die verschiedenen drahtlosen Techniken stellen mittlerweile fast überall Kommunikationsnetzwerke zur Verfügung.

Da nun in vielen „Dingen" (Maschinen, Geräten, Anlagen) Rechner vorhanden und diese immer öfter auch mit dem Internet verbunden sind, ist es naheliegend, dass diese Rechner mit anderen, am Internet angeschlossenen Rechnern Daten austauschen. Für diese Konstellation wurde der Begriff des „Internet of Things" (IoT) geprägt. In Abgrenzung davon könnte man das davor bestehende Internet, mit dem vorwiegend Menschen mit Hilfe von Rechnern kommunizierten als „Internet of People" (IoP) bezeichnen. Zudem kann man erwarten, dass in Zukunft auch verschiedene Prozesse, in denen sowohl Menschen, als auch Maschinen und Geräte aktiv sind über das Internet Daten austauschen. Hier könnte man von einem „Internet of Services" (IoS) sprechen.

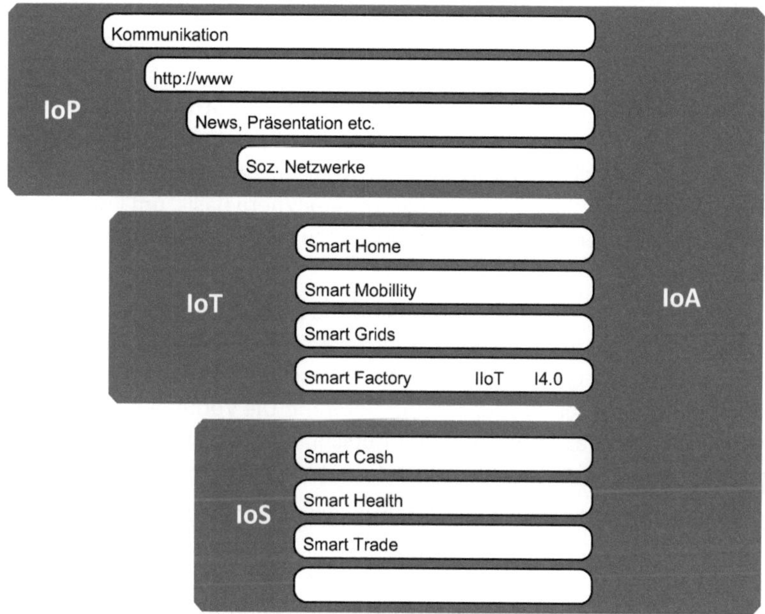

Bild 1.4 Die Internet-„Landschaft"

Es ist daher zu erwarten, dass neben den heute bereits bekannten, viele neue internetbasierte Anwendungen entstehen werden. Menschen, Dinge und Dienste werden dann über das Internet kommunizieren.

Das Internet der Dinge ist seit einigen Jahren dabei in verschiedenen Anwendungsbereichen Fuß zu fassen. Die Anfänge liegen in der Logistik und dort ist die Technik dementsprechend schon weit fortgeschritten. Die Grundlage bilden RFID-Tags, Radio-frequent-Identifier. Es handelt sich hier um elektronische Datenträger, die kontaktlos in einer Entfernung von einigen Metern ausgelesen werden können. Auch wenn diese Tags selbst keine Datenverarbeitung besitzen, ermöglichen sie es über entsprechende Leser physikalische Objekte jederzeit zu identifizieren. Der Warenstrom lässt sich somit durchgängig verfolgen, so dass man sofort nach der Bestellung ein bestelltes Objekt auf seinem Weg zum Besteller lokalisieren kann.

Ein weiterer Bereich, in dem schon seit mehreren Jahren vernetzte Objekte eingesetzt werden ist das Smart Home. Haushaltsgeräte, Mediengeräte und Gebäudesicherungseinrichtung werden untereinander und mit dem Internet verbunden. Sie können dann über Smartphones fernabgefragt oder geschaltet werden. Auch selbsttätige Aktionen der Geräte sind durch die integrierte Datenverarbeitung kein technisches Problem mehr.

Angrenzend an das Smart Home sind Smart Grids, also intelligente Versorgungsnetze. Im Zuge der Dezentralisierung der Energieversorgung und -verteilung. Tausende von Windrädern und Solaranlagen, die Strom unabhängig voneinander und auch unabhängig vom Strombedarf produzieren, erfordern wesentlich mehr Koordination, als dies bei wenigen zentralen Kraftwerken der Fall war. Das Internet der Dinge ist hier die geeignete Basis, um Energieerzeuger, -übertrager, -speicher und -verbraucher zu vernetzen und miteinander zu synchronisieren.

Bei der industriellen Güterproduktion findet ein Wechsel von der Massenherstellung hin zu Schaffung individualisierter Produkte. Dies erfordert eine engere Kopplung zwischen den Produktionsmaschinen einer Fabrik und auch zwischen Auftraggeber, Produzent und Lieferant. Die Vernetzung aller Produktionsschritte über das Internet ist in Deutschland unter der Bezeichnung „Industrie 4.0" und sonst als „Industrial Internet of Things" bekannt.

Angetrieben durch die enorme Verbreitung von Smartphones werden mittlerweile viele am Körper getragene Geräte – so genannte Wearables – entwickelt. Sie sind in der Lage die Bewegung des Menschen mit Hilfe der GPS-Signale aufzuzeichnen oder Vitaldaten, wie Herz- und Atemfrequenzfrequenz zu messen. Derzeit werden die Geräte vorwiegend als Fitness-Tracker verwendet, aber der Übergang zu medizinischen Anwendungen wird bereits vollzogen.

Nicht zuletzt wird auch die Mobilität der Menschen und der Güter durch IoT einen enormen Umbruch erfahren. Autos sind bereits heute auch „Kommunikationsgeräte". Zahlreiche Sensoren im Auto erfassen den Zustand des Autos und der Umgebung. Die zunehmende Vernetzung aller Verkehrsteilnehmer wird rasant fortschreiten und viele neue Potentiale eröffnen, von der autonomen Bewegung der Fahrzeuge, der effizienten Planung der Fahrten bis zur optimalen Bewirtschaftung der Stellplätze in den Städten.

1.7 Herausforderungen des IoT

Die Miniaturisierung der Hardware hat seit der Erfindung des Transistors und der Entwicklung der ersten Mikroprozessoren unvorstellbare Fortschritte erzielt. Parallel zum Anstieg der Integrationsdichte und der Leistungsfähigkeit ging eine drastische Verringerung des Platzbedarfs, der Kosten pro Einheit und des Energiebedarfs einher. Dadurch können Rechenleistung und Konnektivität heute bereits in viele technische Geräte eingebaut werden. Wenn in Zukunft auch Dinge des alltäglichen Gebrauchs, wie z.B. Kleidung, Lebensmittel oder Medikamente mit Rechenleistung ausgestattet werden sollen, werden weitere deutliche Fortschritte bei der Hardware benötigt. Auch die Vorstellung, was ein „Rechner" ist, wird sich dabei vollständig wandeln.

Wichtige Faktoren sind Baugröße und Bauform. Die Entwicklung wird nicht bei scheckkarten- oder briefmarkengroßen Rechnern stehen bleiben. Intelligenter Staub („Smart Dust") ist vielleicht nur ein Schlagwort, macht aber deutlich, dass noch lange kein Ende der Miniaturisierung erkennbar ist. Sehr kleine Rechner können natürlich keine Anschlüsse im heutigen Sinne mehr besitzen. Dies wirkt sich auf die Energieversorgungs-, die Benutzer- und die Kommunikationsschnittstellen aus. Eine Energieversorgung über Batterien oder Akkus scheidet aus mehreren Gründen aus. Ziel muss es sein, energieautarke Einheiten aufzubauen. Geeignete Quellen für die sehr geringen Energiemengen könnte z.B. die Versorgung mit Hilfe von Umgebungslicht, Umgebungswärme oder aus elektromagnetischen Feldern sein.

Für die Kommunikationsschnittstellen zu anderen Einheiten und zum Internet ist der Weg bereits vorgezeichnet. Unterschiedliche drahtlose Verbindungen sind heute bereits verfügbar, so dass hier nicht mit großen Problemen zu rechnen ist. Es ist zu erwarten, dass es hinsichtlich Datenrate, drahtlose Reichweite und geringem Energiebedarf weitere Fortschritte geben wird.

Als Benutzerschnittstelle bieten sich die allgegenwärtigen Smartphones an. Jedes „Smarte Ding" sollte sich in Zukunft bei einem in der Nähe befindlichen Smartphone bemerkbar machen und dann über eine App mit einem Menschen in Verbindung treten können.

Eine große, möglicherweise sogar die größte Herausforderung stellt die Sicherheit dar. Je mehr Rechner an das Internet angeschlossen sind und je mehr Funktionen des täglichen Lebens darüber verwirklicht werden, desto mehr kriminelle Energie wird auch für unerlaubte Zugriffe und Datenmissbrauch eingesetzt werden. Bei allen technischen Fortschritten und bei allen Nutzenpotentialen sollte diese Risiken beachtet werden. Der technische Fortschritt sollte daher immer auch durch Fortschritte bei der Sicherung begleitet werden.

Literatur

Bullinger, H.J. and Hompel, M. eds., 2007. *Internet der Ding*. Springer-Verlag.

Brand, L., Hülser, T., Grimm, V. and Zweck, A., 2009. Internet der Dinge: Übersichtsstudie. *Düsseldorf: Eigenverlag VDI Technologiezentrum*. Link (abgerufen am 24.10.2017): https://www.vdi.de/fileadmin/vdi_de/redakteur/dps_bilder/TZ/2009/Band%2080_IdD_komplett.pdf

Fleisch, E., 2010. What is the Internet of things? An economic perspective. *Economics, Management & Financial Markets*, 5(2).

Mattern, F. and Floerkemeier, C., 2010. Vom Internet der computer zum Internet der Dinge. *Informatik-Spektrum*, 33(2), pp.107-121.

Sprenger, F. and Engemann, C., 2015. Internet der Dinge. *Über smarte Objekte, intelligente Umgebungen und die technische Durchdringung der Welt. Bielefeld: transcript*.

Autor

Walter Jakoby ist Professor an der Hochschule Trier. Er lehrt und forscht in den Bereichen Automation, Engineering und Management. Daneben ist er an der Universität Luxemburg, für die Zentralstelle für Fernstudien (ZFH) und als Projektberater für die Industrie tätig. Er leitete zahlreiche Projekte in den Bereichen Software- und Elektronikentwicklung, Automation, Mechatronik und im Bauwesen. Für seine Leistungen wurde er mit dem "Lehrpreis des Landes Rheinland-Pfalz" ausgezeichnet.

2 Sensoren in der Smart Factory

D. Roderich, Hochschule Trier, FB Technik

Abstract: In diesem Kapitel sollen die künftige Entwicklung der Sensorik und deren Rolle in der Smart Factory im Hinblick auf Datengewinnung und Datenverarbeitung näher beleuchtet werden. Hierzu werden zunächst die wesentlichen Anforderungen an die Sensorik der Zukunft und deren Umsetzung in „Smart Sensors" erläutert. Danach wird die Entwicklung hin zur dezentralen Intelligenz beschrieben. Abschließend werden auf die Integration der Sensoren bzw. Sensordaten in höheren Ebenen (z.B. ERP-Systeme) und die Zusammenführung all dieser Punkte in einem cyber-physischen Produktionssystem eingegangen.

Keywords: Smart Sensor, Embedded Systems, CPPS, Cloud Computing

2.1 Anforderungen an die Sensorik der Smart Factory

Die Anforderungen an die Sensorik werden durch den rasanten technischen Fortschritt und die ständigen Verbesserungen und Veränderungen in der Industrie immer höher. Der Sensor der Zukunft hat ein viel größeres Aufgabenspektrum zu erfüllen, als dies bei den bisherigen Sensoren der Fall ist.

Wie bei vielen technischen Geräten wird auch im Bereich der Sensorik eine stetige Miniaturisierung der Geräte verlangt. Zum einen um eine Platzersparnis zu erreichen, aber auch um bei der Positionierung der Sensoren flexibler zu sein. So können die Sensoren z.B. teilweise näher an die Messgröße herangeführt werden. Natürlich sollen trotz Miniaturisierung die Kosten der Sensoren durch Anschaffung, Betrieb und Wartung sinken und die Zuverlässigkeit steigen (vgl. Sauerer 2013: 19f).

Des Weiteren müssen im Internet der Dinge sämtliche Sensoren eine standardisierte digitale Schnittstelle zur Kommunikation und eine eindeutige Adresse haben, über die sie angesprochen werden können. Der Sensor soll die Messsignale aufbereiten und über eine digitale Schnittstelle weitergeben können. Dadurch sollen die „erheblichen Integrationsaufwände" vermmieden werden (Bauernhansl et al. 2015: 512), die heutige Sensoren mit ihrer meist herstellerspezifischen Datenübertragung verursachen. Außerdem sollen nicht, wie heute üblich, die Rohdaten, sondern schon (vor)verarbeitete Daten weitergegeben werden. Zu diesem „Smart Connected Sensor (...) gehört allerdings immer eine spezielle (Cloud-) Serviceplattform, an die der Sensor Daten weitergeben kann, ohne dass dafür ein zusätzliches Engineering erforderlich wäre" (Walter 2016). Hierauf wird in Kapitel 2.4 noch einmal näher eingegangen.

Beispiele für speziellere Anforderungen sind sensitive Robotik, die Möglichkeit der Massenindividualisierung (Mass Customization) oder vorausschauende Instandhaltung. Sensitive Leichtbauroboter messen durch verbaute Sensorik sehr präzise die Kräfte und Momente, die bei der Interaktion mit Gegenständen oder Menschen auftreten. Durch diese „Feinfühligkeit" können sie gewisse Situationen erkennen und darauf wie programmiert reagieren. Dadurch können diese Roboter nicht nur fest programmierte Bewegungsabläufe abfahren, sondern „Montagevorgänge auch in nur teilweise bekannten Umgebungen präzise und zuverlässig ausführen" (Bauernhansl et al.2014: 111). Massenindividualisierung der Produktion hat zum Ziel durch Sensorik jedes einzelne Produkt identifizieren zu können und so hochflexible Produkte kostengünstig herzustellen (siehe 2.3 Dezentrale Intelligenz). Die vorausschauende Instandhaltung ist ein Konzept, bei dem die Anlage mit vielen kleinen Sensoren bestückt wird, um in Echtzeit Daten zum Zustand der Anlage und einzelner Anlagenteile zu erfassen und auszuwerten. So kann man Fehlermuster erkennen und frühzeitig Gegenmaßnahmen planen, wodurch unnötig lange Standzeiten von Anlagen verhindert werden sollen (vgl. Reinheimer 2017: 37). Ein Beispiel für einen solchen Sensor wird im folgenden Kapitel erläutert.

2.2 Definition und Eigenschaften eines „Smart Sensor"

Klassischerweise ist ein Sensor ein Element, das eine physikalische Größe in eine elektrische Größe umwandelt. So liefern heutzutage die meisten Sensoren ein analoges Ausgangssignal (z.B. 4-20mA), welches von übergeordneten Elementen wie etwa einer SPS aufgenommen und verarbeitet wird.

Ein Smart Sensor kann viel mehr. Laut Definition liefert dieser ein digitales Signal über eine standardisierte Schnittstelle, wie z.B. Ethernet oder auch eine drahtlose Datenverbindung. Über diese bidirektionale Schnittstelle ist der Sensor mit einer eindeutigen Adresse ansprechbar (vgl. Sauerer 2013: 19). Da so die Anzahl der noch zu vergebenen IP-Adressen in Zukunft nicht ausreichen wird, um alle Teilnehmer des Netzes eindeutig identifizieren zu können, ist für die Zukunft in der TCP/IP-Kommunikation die Ablösung des IPv4 Standards durch IPv6 notwendig (siehe Kapitel 1.2).

Der Smart Sensor verfügt über eine integrierte Datenverarbeitung, das heißt er ist in der Lage die analog aufgenommenen Signale zu digitalisieren und zu verarbeiten. Das kann von einfachen logischen Operationen, über komplexe

Messwertverarbeitung bis hin zur Messwertbewertung gehen. Für diese Verarbeitungen verfügen die Sensoren über Datenspeicher, in denen sie z.B. vorangegangene Messwerte speichern können (vgl. Sauerer 2013: 19).

Des Weiteren sollte der Sensor über interne Abgleich- und Diagnosefähigkeiten verfügen, so dass der Sensor automatisch oder manuell durch den Anwender einen Null-Abgleich machen kann, um optimal eingestellt zu sein. Mit der Diagnosefähigkeit soll der Sensor in der Lage sein, Fehler eigenständig zu erkennen, z.B. durch eine Plausibilitätsprüfung der Messergebnisse. Im Fehlerfall könnte der Sensor eigenständig versuchen den Fehler zu beheben oder zumindest eine Fehlermeldung an die übergeordneten Systeme schicken.

In einigen Einsatzbereichen ist es auch sinnvoll, Sensoren autark, also ohne externe Energieversorgung einzusetzen. In diesen Fällen müssen die Sensoren über eine Energiegewinnung (z.B. Photovoltaik) oder zumindest einem Energiespeicher verfügen.

Ein Beispiel für die ersten Entwicklungen eines industriellen Smart Sensors ist ein von ABB entwickelter Sensor zur Überwachung von Niederspannungsmotoren (siehe Bild 2.1).

Bild 2.1 Schematisches Montagebeispiel des Sensors auf einem Motor (Quelle: http://new.abb.com/motors-generators/de/motoren-generatorenservice/erweitertes -service-angebot/smart-sensor)

Dieser Sensor kann, wie auf dem Bild zu sehen, direkt auf das Gehäuse des Motors montiert werden. Er vereint in einem Gehäuse verschiedene MEMS (Micro-Electro-Mechanical Systems), die unterschiedliche Messdaten des Motors wie z.B. Vibration und Temperatur aufnehmen. Diese werden intern sofort digitalisiert und vorverarbeitet. Die Daten werden dann über Bluetooth an ein Handy oder Tablet geschickt. Der Sensor verfügt über einen internen

Akku und kommt somit komplett ohne Kabelverbindungen aus. Softwaremäßig läuft er mit einer Firmware mit FOTA (Firmware Over-The-Air). Der Vorteil einer solchen Firmware ist, dass diese z.B. über das Smartphone aktualisiert werden können. So können auch ältere Sensoren über ein Firmware-Update um neue Funktionen erweitert werden. Die Daten auf dem Smartphone können entweder vom Benutzer selbst analysiert, oder weiter zu einer Cloud geleitet werden, wo sie gespeichert und ausgewertet werden (siehe Weiterführung des Beispiels in Kapitel 2.4).

Dieser Sensor vereint schon einige „intelligente" Eigenschaften und darf daher zu Recht als Smart Sensor bezeichnet werden. Für den aktuellen Stand des Marktes ist er schon sehr fortschrittlich. Allerdings wird sich in Zukunft sicher auch noch einiges entwickeln müssen, wie z.B. die digitale Schnittstelle.

2.3 Dezentrale Intelligenz

In der klassischen Automatisierung ist die Intelligenz sehr stark zentriert. Meist gibt es für eine Anlage nur eine Stelle, an der z.B. durch eine SPS die komplette Intelligenz der Steuerung sitzt. Alle Rohdaten, die durch Sensoren in der ganzen Anlage aufgenommen werden, kommen hier an und werden verarbeitet. Alle Steuerbefehle, die in der Anlage ausgeführt werden, kommen von hier. Die restlichen Teile der Anlage sind mehr oder weniger nur dazu da, um der zentralen Intelligenz zuzuarbeiten oder deren Steuerbefehle auszuführen.

In der modernen Automatisierung geht der Trend immer mehr zur dezentralen Intelligenz. Diese „ist eine Voraussetzung für eine dezentrale Steuerung. Sie beschreibt die für den Ansatz Industrie 4.0 wichtige Fähigkeit von Produktionsmitteln und -anlagen individuell und ortsunabhängig, für den Produktionsprozess relevante Informationen an ein dezentrales Steuerungssystem weitergeben zu können" (Roth 2016: 39). Nur mit diesem Ansatz lässt sich realisieren, dass ein System, das genau, flexibel und performant sein soll, effektiv arbeitet. Würde man die in Zukunft stark steigende Anzahl an Informationen weiterhin an eine zentrale SPS leiten und nur dort verarbeiten, wären z.B. schnelle Reaktionen auf kleine Änderungen eines Messsignals nur schwer möglich. Deshalb bedarf es der Entwicklung neuer Konzepte mit integrierter und verteilter Intelligenz, anstelle der starren Strukturen der zentralen Automatisierungssysteme (vgl. Wörner 2013).

Eine Anlage würde dann aus vielen eingebetteten Systemen („Embedded Systems") bestehen, die z.B. verschiedene Überwachungs-, Mess-, oder Steuerungs- und Regelfunktionen für ihren Teil der Anlage übernehmen würden.

Oftmals werden RFID-Chips (Radio Frequency Identification-Chip) als eine der Schlüsseltechnologien im Hinblick auf die Entwicklung von Anlagen mit dezentraler Intelligenz bezeichnet. Bei diesen Chips handelt es sich um kleine Sender-Empfänger-Systeme, die teilweise wesentlich kleiner als ein 1-Cent-Stück und dünner als ein Blatt Papier sein können. Sie können einige hundert Bits speichern und kommen komplett ohne eigene Energieversorgung aus. Möchte man etwas auf den Chip schreiben oder davon lesen, kann man das über einen entsprechenden Transmitter tun. Der RFID-Chip bzw. Transponder wird durch die hochfrequenten elektromagnetischen Wellen des Lesegerätes beschrieben. Zusätzlich erzeugt er durch Induktion aus dem Signal des Transmitters die nötige Energie, die er zum Speichern und Schicken der Daten an das Lesegerät braucht. Diese Kommunikation kann über Reichweiten von bis zu 30 Meter und ohne direkten Sichtkontakt stattfinden (vgl. Roth 2016: 51ff).

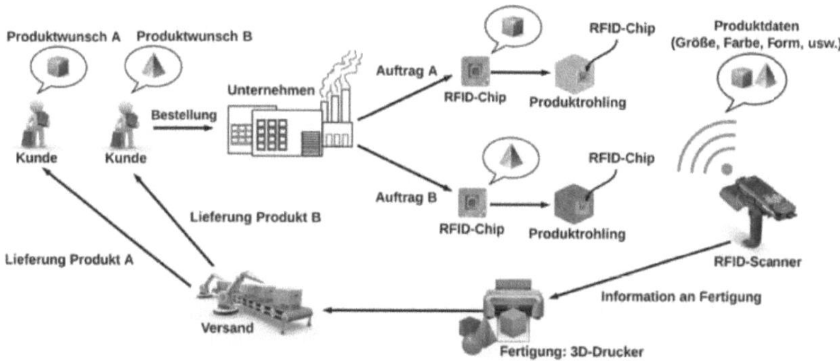

Bild 2.2 Beispiel eines Produktionsablaufs mit RFID-Chips (Quelle: Roth 2016: 53)

Wie im Kapitel 2.1 erläutert, ist eine Forderung der Industrie an die Sensorik die Möglichkeit der Massenindividualisierung (Mass Customization) der produzierten Produkte. Diese lässt sich zum Beispiel, wie mit dem Produktionsablauf im Bild 2.2 dargestellt, durch die Verwendung von RFID-Chips realisieren. Hierbei wird das Produkt am Anfang des Produktionsprozesses mit einem RFID-Chip versehen. Dieser enthält grundsätzliche Informationen über das Produkt (Abmessungen, Farbe, usw.) oder die einzelnen Produktionsschritte bzw. Maschinen (nötige Fertigungsschritte usw.). So kann ein RFID-Scanner vor jeder Maschine den Chip auslesen und so als dezentrale Intelligenz direkt die Maschine für das Produkt individuell richtig einstellen. Die Chips werden daher auch „Smart Label" genannt. Durch diese kann das Produkt schon während des Produktionsvorgangs jederzeit genau identifiziert und einem Kunden zugeordnet werden. Das ist z.B. auch ein Vorteil für das Qualitätsmanagement.

Ein weiterer Vorteil der RFID-Transponder z.B. gegenüber Barcodes ist die Beständigkeit gegen äußere Einflüsse wie z.B. Öl, Feuchtigkeit oder Schmutz. Nachteilig ist momentan noch der Preis, der sich im niedrigen bis hohen zweistelligen Cent-Bereich bewegt und somit die Verwendung der Chips nur für teurere Produkte lohnend ist (vgl. Roth 2016: 52). Allerdings sollte der Preis durch Fortschritte in der Produktion und Entwicklung solcher Chips und durch die steigende Nachfrage nach ihnen sinken.

2.4 Vertikale Integration

Durch die im vorherigen Abschnitt beschriebene Entwicklung von einer zentralen zu einer dezentralen Intelligenz verändert sich zwangsläufig auch die Automatisierungspyramide. Es gibt nun nicht mehr nur zwei Kommunikationswege (von unten nach oben und von oben nach unten) sondern viele eingebettete Systeme, die alle untereinander vernetzt sind.

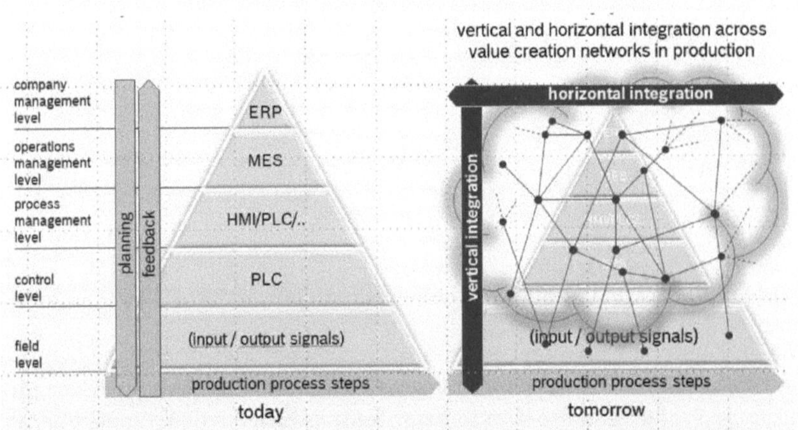

Bild 2.3 Die Entwicklung der Automatisierungspyramide (Quelle: http://docplayer.org/11270498-Das-internet-der-dinge-dienste-auf-dem-weg-in-die-produktion.html)

In der Grafik sieht man links den klassischen Aufbau der Automatisierungspyramide, wie man ihn aus der Vergangenheit und Gegenwart kennt, und rechts die vermutliche zukünftige Entwicklung. Wie links zu sehen ist, ist die Pyramide klassisch in sechs Ebenen aufgeteilt. Ganz unten kommt die Sensor-/Aktorebene (in Grafik grau). Darüber kommt die Feldebene mit den Prozesssignalen, Ein- und Ausgabemodulen, die meist über einen Feldbus verbunden sind. Eine Ebene höher ist dann die Steuerungsebene mit der SPS, welche die Steuerung und Regelung übernimmt. Sie ist direkt dem Prozessleitsystem in

16

der Prozessleitebene untergeordnet, welches für die Bedienung und Überwachung aller zu einem Prozess gehörigen Anlagen zuständig ist. Eine Ebene darüber ist die Betriebsebene mit einem MES (Manufacturing Execution System), welches alle Produktionsdaten erfasst und z.B. für die Produktionsfeinplanung und das Qualitätsmanagement zuständig ist. Die oberste Ebene ist schließlich die Unternehmensebene mit einem ERP-System (Enterprise-Resource-Planing) welches für die ganze Unternehmensorganisation, Produktionsplanung und Bestellungen zuständig ist.

Durch die Dezentralisierung der Intelligenz und die Vernetzung vieler eingebetteter Systeme, ändert sich dieses Bild. Die Kommunikation kann nicht mehr nur zur nächsthöheren bzw. –unteren Ebene stattfinden, sondern auch über Ebenen hinweg. Jeder kann mit jedem kommunizieren. Da hierdurch die vertikalen Strukturen gebrochen oder zumindest auflockert werden, spricht man von der „vertikalen Integration". Die so veränderte Struktur wird deshalb oft auch als „Automatisierungswolke" bezeichnet (siehe Grafik 2.3).

Wolke ist hier auch ein gutes Stichwort, denn es bietet sich an, die Verarbeitung der großen, anfallenden Datenmenge (Big Data) in einer Cloud zu realisieren. Die große Menge der aufkommenden, zum Teil durch den Sensor vorverarbeiteten Daten wird oft als Big Data bezeichnet. Dieser Begriff kann größtenteils mit drei „V" beschrieben werden: Volume, Variety, Velocity. Volume (Menge) beschreibt die immer größer werdende Menge an Daten, die geliefert wird. Velocity (Geschwindigkeit) meint die Bereitstellung der Daten in Echtzeit. Variety (Bandbreite der Datentypen und –quellen) meint, dass es zu einer Ansammlung von teils vorverarbeiteten und strukturierten und teils unstrukturierten Daten kommt (vgl. Samulat 2017: 118).

„Mit der steigenden Anzahl der ständig mit dem Internet verbundenen und Daten liefernden Sensoren entsteht eine riesige Menge an Daten, die geradezu auf neue Analysefunktionen warten" (Samulat 2017: 118). Wie oben erwähnt, sehen viele in Cloud-Systemen eine geeignete Lösung, mit Big Data und ihren Eigenschaften umgehen zu können. Das „Cloud Computing" z.B. beschreibt die Bereitstellung verschiedenster IT-Dienste von Speicherplatz bis hin zu richtigen Dienstleistungen über das Internet. Ein Teil der IT-Infrastruktur des Unternehmens wird so ausgelagert und bei einem externen Anbieter angemietet. So können kosten-, zeit- oder arbeitsintensive Dienste ausgelagert bzw. begrenzte IT-Ressourcen des Unternehmens kompensiert werden (vgl. Roth 2016: 55).

Im Fall der Sensordaten ist es z.B. oft sinnvoll, diese in einer Cloud auszuwerten, da dies einige Vorteile mit sich bringt. Etwa kann in der Cloud eine Sensordatenfusion durchgeführt werden, bei der Daten verschiedener Sensoren verknüpft werden und so Ausgabedaten von „höherer Qualität" gewonnen werden, da individuelle Abweichungen so ausgeglichen werden. Des Weiteren ist die Aufbereitung der Daten in spezialisierten Clouds dank der größeren Erfahrungswerte und mehr Fachwissen der Betreiber der Cloud auf diesem Gebiet oft besser, als bei einer eigenen Aufbereitung. Die so aufbereiteten Daten werden auch Smart Data genannt. Noch ein Vorteil ist die mobile Verfügbarkeit der Daten in Echtzeit. So können die aktuellen Sensordaten jederzeit und überall ausgelesen werden. Diese und viele weitere Vorteile führen dazu, dass der Trend in der Automatisierungstechnik zu Cloud Computing geht und dies auch als nötige Grundlage für Industrie 4.0 und CPPS (vgl. Kapitel 2.5) gesehen wird (vgl. Roth 2016: 54-56).

Anhand der Fortführung des Sensorbeispiels aus Kapitel 2.2 soll nun noch auf ein heutiges Beispiel zu Cloud Computing eingegangen werden.

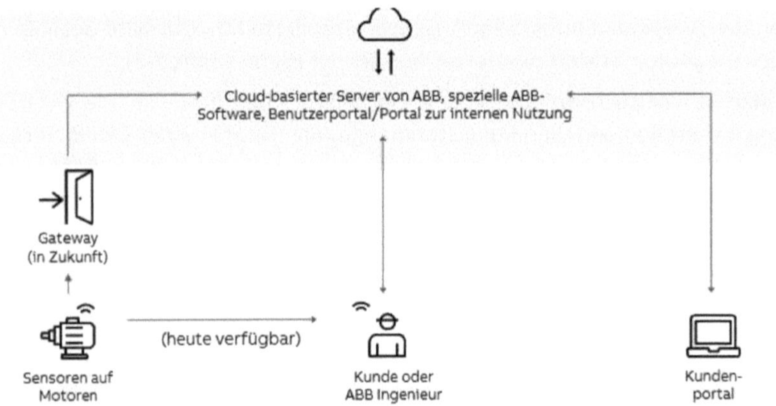

Bild 2.4 Kommunikationswege der Cloud-Lösung (Quelle: http://new.abb.com/docs/librariesprovider100/default-document-library/abb-ability-smart-sensor-v2.pdf)

Wie in Kapitel 2.2 schon erwähnt, werden die aufgenommenen Messwerte derzeit noch vom Sensor per Bluetooth an ein Handy geschickt, dort entweder vom Kunden ausgewertet oder weiter an eine spezielle Cloud geschickt. Zukünftig soll auch eine direkte Verbindung von Sensor zu Cloud über ein Gateway möglich sein. Hieran erkennt man, dass die Entwicklung momentan noch sehr am Anfang steht. Die Daten werden nun in der Cloud durch spezielle Algorithmen analysiert und zu verwertbaren Informationen umgesetzt. Diese Informationen werden dann für den Kunden z.B. auf dem Smartphone bereitgestellt. Dabei kann es sich von sehr intuitiven Anzeigen wie etwa einer Ampel, die anzeigt ob der Motor noch in Ordnung ist, über eine Trendanalyse bis hin zu den aktuellen Messdaten handeln. Anhand dieses Beispiels werden die o.g. Vorteile von Cloud Computing erkennbar.

2.5 CPPS – Cyber-physisches Produktionssystem

Das Cyber-physische Produktionssystem ist im Prinzip die komplette Umsetzung der in den vorherigen Kapiteln beschriebenen Zukunftsvisionen. Erst wenn diese Konzepte wie vertikale Integration, dezentrale Intelligenz, Cloud Computing usw. durchgängig umgesetzt sind, kann das CPPS realisiert werden. Es beschreibt die Gesamtheit einer Produktionsanlage in der Smart Factory (vgl. Roth 2016: 42). Das CPPS besteht aus dem Verbund mechanisch/elektrischer Systeme (Embedded Systems) mit informationstechnischen Komponenten wie z.B. Clouds, die weit über die Mauern einer Fabrik hinausreicht. Sämtliche produktionsrelevanten Komponenten müssen über eine herstellerunabhängige Schnittstelle miteinander verbunden sein. Alle Daten und Dienste werden über weltweit nutzbare Clouds verwaltet (vgl. Grafik 2.3). Das System soll aus den vorhandenen Daten über die aktuellen Produktionsprozesse, Lieferungen, Auslastung usw. selbstständig und situationsbedingt Entscheidungen treffen. Diese Daten sind zum Teil aktuelle Sensordaten aber eben auch Daten aus dem ERP wie Bestellungen, Aufträge usw. So könnte z.B. durch die Staumeldung eines LKWs, der Rohmaterial bringen soll, die Produktion automatisch ein wenig verlangsamt werden, um einen Produktionsstillstand zu vermeiden. Um selbstständig und situationsbedingt handeln zu können, bedarf es sehr vieler Informationen, die durch Sensoren gewonnen werden und professionell für die Entscheidungsfindung verwertbar aufbereitet werden.

Bis ein solches CPPS jedoch Realität werden kann, ist es noch ein weiter Weg in der Entwicklung und Umsetzung all dieser neuen Strukturen und Techniken. Der Weg bis dorthin wird schrittweise erfolgen. So kann man sich z.B. vorstellen, dass irgendwann einige Steuerungen schon über dezentrale Intelligenz und Cloud Computing realisiert werden, jedoch die echtzeitkritischen Steuerungen noch prozessnah bleiben (vgl. VDI 2013: 4). Wenn der Weg jedoch konsequent weitergegangen wird, ist auch denkbar, dass ebenfalls die echtzeitkritischen Steuerungen dezentral realisiert werden können.

Literatur

Samulat, Peter, *Die Digitalisierung der Welt,* Springer-Verlag, 2017.

Roth, Armin(Hrsg), *Einführung und Umsetzung von Industrie 4.0,* Springer-Verlag, 2016.

Hesse, Stefan; Schnell, Gerhard, *Sensoren für die Prozess- und Fabrikautomation,* 6. Auflage, Springer-Verlag, 2014.

Reinheimer, Stefan, *Industrie 4.0 – Herausforderungen, Konzepte und Praxisbeispiele,* Springer-Verlag, 2017.

Bauernhansl, Thomas; ten Hompel, Michael; Vogel-Heuser, Birgit, *Industrie 4.0 in Produktion, Automatisierung und Logistik,* Springer-Verlag, 2014.

VDI, 2013, Cyber-Physical Systems:Chancen und Nutzen aus Sicht der Automation. Link (abgerufen am 22,03.2018) *https://www.vdi.de/uploads/ media/Stellungnahme_Cyber-Physical_Systems.pdf*

Sauerer, Josef, 2013. Smart Sensors. Fraunhofer-Institut für Integrierte

Schaltungen IIS. Link (abgerufen am 17.11.2017): http://www.fvee.de/ fileadmin/publikationen/Workshopbaende/ws2013/ws2013_03_02.pdf

Walter, Klaus-Dieter,2016. *Wo bleibt der Sensor für die Industrie 4.0?*. Link(abgerufen 02.03.2018): https://www.elektrotechnik.vogel.de/wo-bleibt-der-sensor-fuer-industrie-40-a-529141/

Woller, Prof. Dr. Jörg F.,2015. *IO-Link für smarte Sensoren.* Link(abgerufen 03.03.2018): http://www.elektroniknet.de/elektronik/automation/fuer-smarte-sensoren-119458-Seite-3.html

ABB, 2017.*ABB Ability Smart Sensor.* Link(abgerufen 13.03.2018): http://new.abb.com/docs/librariesprovider100/default-document-library/abb-ability-smart-sensor-v2.pdf

Wörner, Nicole,2013. *Auf dem Weg zur dezentralen Intelligenz.* Link (abgerufen 14.03.2018) http://www.elektroniknet.de/markt-technik/industrie-40-iot/auf-dem-weg-zur-dezentralen-intelligenz-95027.html

VDI, 2013, Cyber-Physical Systems: Chancen und Nutzen aus Sicht der Automation

Autor

Daniel Roderich ist dualer Student bei der Firma Zahnen Technik GmbH in Arzfeld. Im Rahmen des dualen Studiums hat er eine Ausbildung zum Elektroniker für Betriebstechnik absolviert und studiert an der Hochschule Trier Elektrotechnik mit der Vertiefungsrichtung Automation und Energie.

3 Auftrags- und Fertigungssteuerung in der Smart Factory

E. Kochold, Hochschule Trier, FB Technik

Abstract: Das Internet of Things wird in Zukunft auch in der industriellen Fertigung Einzug finden. Auf den folgenden Seiten soll ein Ausblick auf die Fabrik der Zukunft gegeben werden. Welche technischen und organisatorischen Maßnahmen sind zur Realisierung einer Smart Factory nötig? Welche Vorteile bringt die flächige Vernetzung intelligenter Gegenstände? Insbesondere die Fertigungssteuerung und die Logistik werden grundlegende Veränderungen erfahren, welche ebenfalls im Folgenden betrachtet werden.

Keywords: Cyber-physische Systeme(CPS), Losgröße 1, Dezentrale Steuerung, Big Data, Virtual Reality, Industrie 4.0

3.1 Individualisierung der Produktion („Losgröße 1")

In vielen Branchen wird der Wunsch des Kunden nach dem „personalisierten Produkt" immer größer. Gefordert wird das auf die Wünsche des Kunden maßgeschneiderte Produkt, welches sich abgrenzt von der „Massenproduktion".

Mit herkömmlichen Fertigungsanlagen ist eine solche Individualisierung nur sehr schwer unter wirtschaftlichen Bedingungen zu realisieren, da die derzeit genutzten Produktionsanlagen zu unflexibel sind. Meist benötigt ein einziger Typwechsel eine längere Umbauphase, in welcher keine Fertigung stattfinden kann. Daher ist das Fertigen kleiner Losgrößen äußerst unwirtschaftlich und wurde daher in der Vergangenheit vermieden. Der Wunsch der Kunden nach möglichst individuellen Produkten steht also im Gegensatz zu dem Ziel der Unternehmen nach einer stetigen Steigerung der Produktivität.

Diese Problematik führt zu veränderten Anforderungen an die „Fabrik der Zukunft". Zielsetzung ist es, Produkte möglichst wirtschaftlich, in kleinen Stückzahlen und individuell nach Kundenwunsch zu fertigen. Diese Forderungen können nur durch konsequenten Einsatz von Methoden des „Internet of Things" bewältigt werden.

Durch „Industrie 4.0" ergibt sich aber die Chance für deutsche Unternehmen ihr Wettbewerbsfähigkeit im internationalen Markt auch in Zukunft zu erhalten. Auch deswegen wird aktuell in verschiedenen Forschungsprojekten, teilweise gefördert vom Bundesministerium für Bildung und Forschung, zum Thema „Smart Factory" und Industrie 4.0 geforscht.

Eine wirtschaftliche Produktion von kleinen Losgrößen kann erreicht werden, wenn es gelingt den Bereich der Auftrags- und Fertigungssteuerung so auszugestalten, dass dieser sich autonom selbst reguliert und steuert. Dadurch erreicht man die benötigte Flexibilität der Fertigungsprozesse. Ein aufwendiges Umbauen der Anlage beim Wechsel der Konfiguration würde so z.B. entfallen.

Realisiert werden kann die Massenproduktion bis hin zu Losgröße 1 durch die Benutzung von Cyber-physischen Systemen(CPS). Das bedeutet, dass das zu fertigende Produkt selbst in der Lage ist Informationen über seine geplante Konfiguration zu speichern und mit den Anlagen/Komponenten der Fertigung zu kommunizieren. Eine genaue Erläuterung der CPS folgt im nächsten Abschnitt.

In der praktischen Realisierung könnte die Produktion in Zukunft so ablaufen: Der Kunde kann zunächst mit einem Konfigurator sein personalisiertes Produkt entwerfen. Diese Daten werden im Anschluss an die Auftrags- und Fertigungssteuerung übertragen. Außerdem erhält der Produkt-Rohling die nötigen Informationen und speichert diese z.B. über ein „Smart-Label". Das Werkstück ist nun in der Lage an jeder einzelnen Fertigungsstation selbsttätig seine Daten/Konfiguration mit der Anlage auszutauschen. Somit kann an jeder Station der Produktionsanlage, der für das individuell konfigurierte Produkt benötigte Fertigungsschritt ausgeführt werden. Die Kunden erhalten so ihre gewünschten Produkte Gleichzeitig ist so eine Produktivitätssteigerung der gesamten Fertigung möglich.

Tritt eine Störung an einer der Stationen auf, so ist die Fertigungssteuerung in der Lage, den Ablauf der Aufträge so umzustellen, dass die fehlerhafte Station vorrübergehend aus dem Produktionsablauf genommen wird. Andere Aufträge werden dann entsprechend vorgezogen. Die Stillstandszeiten innerhalb der Fertigung können so auf ein Minimum reduziert werden.

3.2 Cyber-physische Systeme (CPS)

Intelligente Anlagen, Objekte und Produkte werden als Cyber-physische Systeme bezeichnet und bilden eine Grundlage der „Smart Factory". Grundlage der CPS ist die Idee, sämtliche an der Produktion beteiligten Objekte (Anlagen, Maschinen, Produkte) mit Rechenleistung zur Information– und Datenverarbeitung auszustatten. Durch die rasante Entwicklung in der Mikroelektronik in den letzten Jahren, ist es möglich leistungsfähige, energiesparende Mikroprozessoren auf kleinsten Raum unterzubringen.

Daraus folgt, dass sämtliche Bestandteile der „Smart Factory" in der Lage sind Daten zu verarbeiten, diese Daten können z.B. über verschiedene Arten von Sensoren generiert werden.

Außerdem sind CPS in der Lage, Daten intern zu speichern. Dadurch wird es möglich, dass „Intelligente Produkte" ihre individuelle Konfiguration am Anfang der Produktion aufgespielt bekommen, und dann im weiteren Lauf des Produktionsprozesses diese Daten mit den Fertigungsanalagen austauschen.

Für diesen Austausch untereinander, sind Cyber-physische Systeme in der Lage über das „Internet der Dinge" miteinander zu kommunizieren. Diese Vernetzung von „Smarten-Objekten" führt zum Entstehen von großen Datenmengen (Big-Data). Diese wiederum müssen durch eine entsprechende IT-Infrastruktur bearbeitet bzw. analysiert werden können, um daraus einen Nutzen für die Produktion zu erzielen. Die Vernetzung von vielen CPS zu einem großen Verbund, bezeichnet man auch als „Cyber-physisches Produktionssystem" (CPPS).

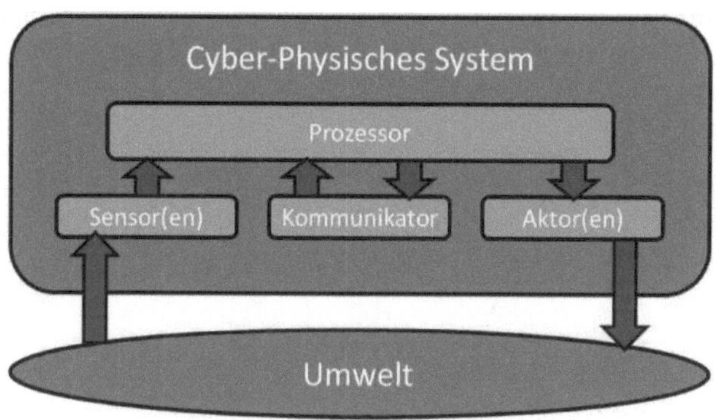

Bild 3.1 Prinzipieller Aufbau eines CPS [1]

Mithilfe der erzeugten Datenmenge ist eine gezielte Steuerung bzw. Analyse der Produktionsabläufe möglich. Auf Änderungen in der Auftragslage oder Engpässen im Materialfluss kann so schnell und flexibel reagiert werden. Die Fabrik der Zukunft ist also durch den Einsatz Cyber-physischer Systeme in der Lage, ihre Auftrags- und Fertigungssteuerung automatisch und autonom zu bewältigen.

3.3 Dezentrale Steuerung

Eine weitere Grundlage der Smart Factory ist die Dezentralisierung der Steuerungssysteme. In herkömmlichen Industriebetrieben kommen zentrale Steuerungen zum Einsatz. Diese bestehen meist aus einer Speicherprogrammierbaren Steuerung (SPS), die sich in Verbindung mit Relais/Schützen in einem

---

[1] https://images.vogel.de/vogelonline/bdb/815400/815467/26.jpg

Schaltschrank befindet. Sensoren und Aktoren der Fertigungsanlage sind über eine feste Verkabelung mit der Steuerung verbunden.

Nachteil dieser zentralen Steuerung sind meist der erhebliche Verkabelungs-aufwand beim Aufbau der Anlagen. Das führt dazu, dass solche Steuerungen ortsgebunden und dadurch sehr unflexibel sind. Nachträgliche Änderungen ziehen meistens einen großen Aufwand an Umbaumaßnahmen mit sich, auch der Programmieraufwand der SPS ist bei größeren Änderungen der Anlage meist sehr komplex.

Herkömmliche industrielle Fertigungen können prinzipiell über die „Automatisierungspyramide" (Siehe Bild 2.2) bildlich dargestellt werden. Diese Pyramide besteht aus verschiedenen Ebenen die hierarchisch angeordnet sind und die verschiedenen Bereiche der Fertigung darstellen. Eine dieser Ebenen enthält die zentrale Steuerung der Fertigungsanlage, und beschreibt weiterhin grafisch mit welchen untergeordneten und übergeordneten Ebenen die Steuerung kommuniziert.

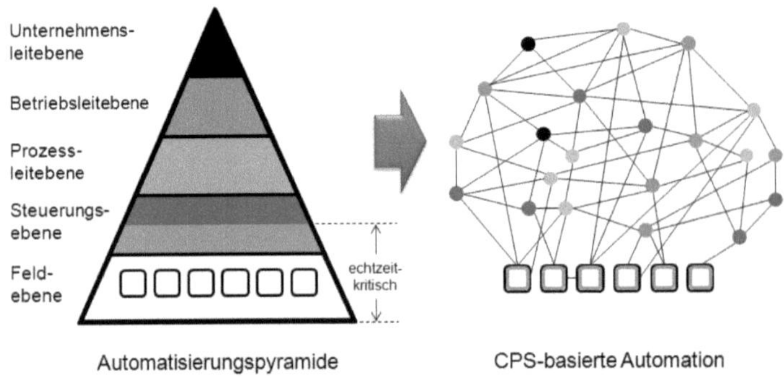

Bild 3.2 Übergang von der klassischen Automatisierungspyramide zur Cloud[2]

Die klassische Automatisierungspyramide wird in Zukunft an ihre Grenzen stoßen. Einer der Gründe dafür ist die hohe Menge an Daten, die durch die Steuerung in Echtzeit verarbeitet werden müssen. Der Lösungsansatz für diese Problematik besteht darin, die Rechenleistung der Fertigungsanlage dezentral auf alle Komponenten zu verteilen. Dies erreicht man durch den Einsatz von Cyber-physischen Systemen (Siehe Abschnitt 2.2) und die Vernetzung der CPS untereinander durch das „Internet of Things".

---

[2] http://netzkonstrukteur.de/wp-content/uploads/2014/01/Automatisierungspyramide-Automatisierungscloud.jpg

In Zukunft wird sich die bekannte „Automatisierungspyramide" somit langsam auflösen und die Grenzen zwischen den bisherigen Ebenen werden verschwimmen. Es entsteht eine „Automatisierungscloud", in der die durch die CPS gewonnen Datenmengen in Echtzeit abgespeichert werden und im Anschluss mit Analytic-Tools ausgewertet werden können. Durch diesen dezentralen Steuerungsansatz ist die Produktion der Zukunft flexibler und leistungsfähiger.

3.4 Maschine-zu-Maschine-Kommunikation (M2M)

In der „Smart Factory" ist ein schneller automatisierter Austausch von Daten zwischen den Maschinen nötig. Dazu wird **im Idealfall** eine drahtlose und herstellerunabhängige Kommunikationsschnittstelle **angestrebt**. Diese muss in der Lage sein, große Mengen an Daten in Echtzeit zu übertragen, **um** so die Kommunikation zwischen den verschiedenen Ebenen der Automatisierungspyramide zu gewährleisten. Diese Schnittstellen werden auch als „Maschine-zu- Maschine-Kommunikation" (M2M-Kommunikation) bezeichnet.

Die Erzeugung und Sammlung von großen Datenmengen ist ein großer Vorteil der „Fabrik der Zukunft". Diese von Sensoren oder Aktoren erzeugten Daten können in Anschluss mit Analyse-Tools ausgewertet und somit zur Optimierung bzw. Kontrolle der Fertigungsprozesse verwendet werden. Die Software-Tools sind in der Lage, aus der Analyse der großen Datenmenge Rückschlüsse zu ziehen bzw. Muster zu erkennen. Die Eigenschaft der Software daraus Vorhersagen zu treffen und/oder auch selbständig Optimierungen durchzuführen bezeichnet man als „künstliche Intelligenz" (KI).

Es existieren aktuell in der Industrie eine Vielzahl von unterschiedlichen Übertragungsprotokollen und -techniken, wie z.B.: WLAN, Ethernet, GPRS, GMS, TCP, http, etc. Das führt dazu, dass teilweise eine Kommunikation zwischen einzelnen Komponenten aufgrund dieser Typenvielfalt nicht möglich ist.

Die reibungslose Kommunikation aller Objekte kann nur realisiert werden, wenn dazu einheitliche Standards bzw. Schnittstellen geschaffen werden. Diese Problematik stellt eine der größten Herausforderungen der nächsten Jahre da.

Zurzeit gibt es verschiedene Ansätze zur Problemlösung. Einer dieser Ansätze ist z.B. der OPC UA-Standard (Object Linking and Embedding for process control - Unified Architecture). Dieser wurde von ca. 470 internationalen Firmen entwickelt und stellt damit einen De-facto-Industriestandard da. Ziel dieses Standards ist es, die plattformunabhängige Kommunikation, sowie Daten- und

Informationsaustausch zwischen den verschiedenen Komponenten der Produktion zu ermöglichen. Somit erfüllt dieser Standard die Voraussetzungen für eine funktionierende herstellerunabhängige M2M-Kommunikation.

Es wird sich zeigen welcher Standard sich in Zukunft durchsetzen und etablieren wird. Es ist jedoch sicherlich nötig, solche Industriestandards langfristig in die nationale und internationale Normung zu überführen.

3.5 Mensch-Maschine-Interaktion (MMI)

Aufgrund der steigenden Komplexität der Fertigungsanlagen innerhalb der „Smart Factory" stellt sich die Frage, wie die Einbindung des Menschen in den Produktionsprozess effektiver realisiert werden kann.

Ein zentrales Merkmal der „Smart Factory" ist zwar die sich selbst organisierende bzw. sich selbst steuernde Fertigung. Trotzdem wird es auch in Zukunft nötig sein, den Menschen als letzte Entscheidungsinstanz bzw. als Problemlöser bei Störungen mit in den Fertigungsprozess einzubeziehen.

Ein weiterer Faktor, der die Notwendigkeit von neuen Mensch-Maschine-Schnittstellen unterstreicht, ist die große Anzahl von Daten die innerhalb der Fertigung durch die Cyber-physischen System erzeugt werden. Diese müssen ansprechend und sinnvoll für den Menschen aufbereitet und visualisiert werden.

Es werden also neue intuitive Schnittstellen benötigt, welche auch von technisch weniger versierten Menschen sicher und einfach bedient werden können. Aktuell gibt es zusammenfassend zwei bedeutende Lösungsansätze für diese Problematik:

Durch Virtual Reality (virtuale Realität, kurz VR) wird eine rein künstliche und digitale Welt in 3D erzeugt. Der Anwender trägt dazu z.B. einen speziellen Helm oder eine Brille. Durch die dreidimensionale Darstellung, die z.B. aus der Unterhaltungstechnik bekannt ist, werden mittels Einsatz von Software- und Hardwarelösungen die menschlichen Sinne getäuscht und so eine „virtuelle Welt" erzeugt. In der Praxis könnte mit dieser Technik die virtuelle Abbildung von komplexen Fertigungsprozessen möglich sein. Insbesondere in der Planungsphase der Prozesse kann so schon ein realistischer Eindruck über die Umsetzbarkeit geliefert werden.

Ein ähnlicher Ansatz ist Augmented Reality (erweiterte Realität, kurz AR), bei diesem Konzept wird mit Hilfe von speziellen Brille die reale Welt um digitale Information erweitert. Der Mensch wird also durch das Einblenden weiterer Informationen bei seinem Handeln unterstützt.

Als praktisches Beispiel könnten man sich Zukunft Facharbeiter vorstellen, die zur Wartungs- oder Reparaturarbeiten eine AR-Brille tragen. Durch diese werden direkt ins Sichtfeld Anweisungen und Arbeitsschritte bildlich an der Anlage dargestellt.

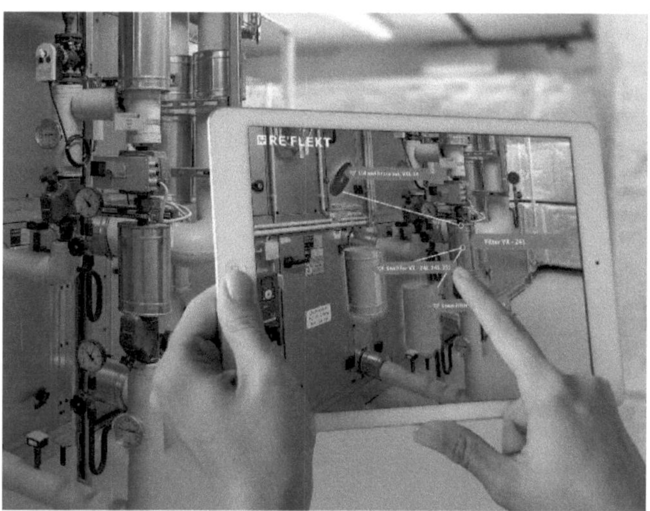

Bild 3.3 Einsatz von Augmented Reality bei Wartungsarbeiten mittels Tablet[3]

3.6 Logistik in der Smart Factory

Der Logistiksektor gilt in Deutschland als Schlüsselbranche. Mit ca. 3 Millionen Beschäftigten und rund 258 Milliarden Umsatz (Im Jahr 2016) hat die Logistik eine große Bedeutung für den Wirtschaftsstandort Deutschland. Mit Blick in die Zukunft steht diese Branche vor großen Herausforderungen. Durch die Globalisierung entstehen neue Märkte und die Auftragslage nimmt zu, jedoch steigt gleichzeitig auch der Konkurrenzdruck für deutsche Logistik-Unternehmen auf dem internationalen Markt. Weitere Herausforderungen sind die größere Typenvielfalt, abnehmende Losgrößen sowie die „On-Demand" – Produktion. Hiermit bezeichnet man die zeitnahe Fertigung von Produkten, die erst nach Bestellung der Kunden erfolgt.

Um diese Herausforderungen zu bewältigen, ist es nötig, dass sich die Logistikbranche mit neuen innovativen Technologien auseinandersetzt, bzw. durch entsprechende Maßnahmen die derzeitigen Prozesse weiter optimiert.

---

[3] https://www.ke-next.de/files/upload/post//2016/05/120762/reflekt-ar_recuperator_02_parts.jpg

Im Rahmen des „Internet of Things" lassen sich viele Optimierungsmaßnahmen für die Zukunft ableiten. So ist es denkbar, dass in Zukunft der Transport von Waren und Gütern autonom abläuft. Ein sich selbst organisierendes Logistiknetz bestehend aus intelligenten und vernetzten Komponenten wäre dazu nötig. Vorteile dieser Zukunftsvision wären optimierte Material- und Warenflüsse, die zu einer gesteigerten Wirtschaftlichkeit der gesamten Logistik führen würde.

Ein Technologieansatz um diese Vision in die Realität zu überführen, ist der Einsatz von RFID bzw. Smart-Labels. Unter RFID (Radio Frequency Identification) versteht man eine Technologie, die in der Lage ist, berührungslos Informationen zu speichern bzw. zwischen einem Sender und Empfänger auszutauschen. In der Regel werden dazu RFID-Chips benutzt, die eine geringe Baugröße aufweisen. Großer Vorteil bei dieser Technik ist, dass RFID-Chips keine eigene Energieversorgung benötigen. Durch ein Hochfrequenzsignal wird mittels Induktion die benötigte Energie geliefert und gleichzeitig der Datenaustausch zwischen RFID-Chip und einem speziellen Lesegerät durchgeführt. Weitere Vorteile der Chips sind geringe Herstellungskosten und eine hohe Lebensdauer. Als „Smart Labels" wird eine spezielle Form von RFID-Chips bezeichnet, die in einer sehr flachen Bauform ausgeführt sind und sich so wie normale Etiketten auf den Produkten anwenden lassen.

Schon heute ist es für die Kunden möglich, den Verlauf von Warensendungen zu verfolgen. Durch den flächendeckenden Einsatz der neuen Technologien, wie z.B. RFID, lassen sich Materialbewegungen oder Materialverfügbarkeit noch besser verfolgen bzw. überwachen. Bestandserfassung bzw. Inventurprozesse lassen sich durch kontinuierlichen Datenabgleich optimieren. Auch eventuelle Material-Engpässe in der Produktion können durch Einsatz von „IoT-Methoden" frühzeitig erkannt und behoben werden.

In der heutigen Zeit ist bereits in vielen Fertigungen eine „Just-in-Time"- Produktion Standard. Diese wird in der Fabrik der Zukunft weiter verfeinert werden können, sodass sich die Lagerhaltung auf ein Minimum reduzieren lässt. Mit Hilfe von „Smart-Labels" lassen sich Information auf den Waren speichern. Somit entsteht ein „Digitales Produktgedächtnis", d.h. der Werdegang eines Produktes lässt sich auch im Nachhinein noch genau verfolgen.

Ein Großteil dieser technologischen Bausteine ist bereits verfügbar. Herausforderung ist die Kombination dieser Teilsysteme zu einem funktionierenden, autonomen Gesamtsystem. Dies erfordert die Standardisierung über den gesamten Verlauf der Lieferkette, indem z.B. gemeinsame Schnittstellen geschaffen werden.

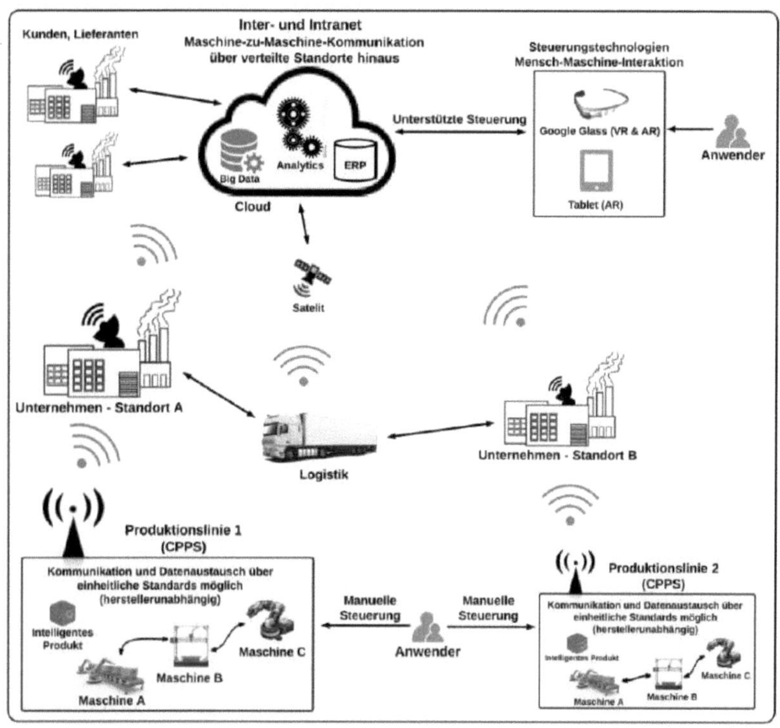

Bild 3.4 Zusammenspiel zwischen Logistik und den Komponenten der „Smart Factory"
[Roth 2016]

Als weiteres praktisches Beispiel kann man die automatische Materialbestellung innerhalb einer Produktionslinie nennen. Melden die Sensoren einer Fertigungsanlage einen sich anbahnenden Mangel an Material, wird autonom über das IoT eine Nachbestellung des benötigten Materials beim Lieferanten in Auftrag gegeben. Der Warenverlauf des bestellten Materials kann in Echtzeit verfolgt werden. Kommt es zu Störungen im Lieferprozess, z.B. weil ein LKW im Stau steht, so wird dies den beteiligten Komponenten mitgeteilt. Das Logistiknetz ist in einem solchen Fall in der Lage, alternative Lieferwege bzw. Liefermöglichkeiten zu entwickeln. Die Fertigungssteuerung kann sich auf einen drohenden Materialengpass einstellen, und wenn nötig die Reihenfolge der Aufträge so umstellen, dass ein Produktionsstillstand vermieden wird.

Literatur

Roth, A. ed., 2016. *Einführung und Umsetzung von Industrie 4.0: Grundlagen, Vorgehensmodell und Use Cases aus der Praxis*. Springer-Verlag.

Kaufmann, T., 2015. *Geschäftsmodelle in Industrie 4.0 und dem Internet der Dinge: der Weg vom Anspruch in die Wirklichkeit*. Springer-Verlag.

Brand, L., Hülser, T., Grimm, V. and Zweck, A., 2009. Internet der Dinge: Übersichtsstudie. *Düsseldorf: Eigenverlag VDI Technologiezentrum*.

Samulat, P., 2017. *Die Digitalisierung der Welt: Wie das Industrielle Internet der Dinge aus Produkten Services macht*. Springer-Verlag.

Andelfinger, V.P. and Hänisch, T. eds., 2014. *Internet der Dinge: Technik, Trends und Geschäftsmodelle*. Springer-Verlag.

Autor

Erek Kochold studiert Elektrotechnik, Fachrichtung Automation und Energie, an der Hochschule Trier.

Vor seinem Studium absolvierte er eine Ausbildung zum Elektroniker für Betriebstechnik bei einem großen Industrieunternehmen.

4 Potentiale der Smart Mobility im ÖPNV

O. Kühnel, Hochschule Trier, FB Technik

Abstract: Der öffentliche Personennahverkehr kann nicht als unabhängige Einheit in der Verkehrslandschaft betrachtet werden. Er muss multimodal verknüpft werden, sich in die Erwartungen und Anforderungen verschiedenster Nutzertypen integrieren und sich flexibel und dynamisch den gegebenen Verkehrssituationen anpassen können. Dabei sollen die Barrieren für die Nutzung verringert bis gänzlich abgebaut werden, wozu beispielsweise die bargeldlose Bezahlung der Verkehrsangebote sowie eine intuitive Echtzeit-Informationsversorgung, die möglichst alle Nutzer erreicht, von großer Bedeutung sind.

Keywords: ÖPNV, Ticketing, ITCS, Echtzeit, Umwelt, Daten

4.1 Bedeutung von Mobilität und Smart Mobility

Der wichtigste Anspruch an Mobilität ist es, sich als Individuum in einem oder mehreren geografischen Räumen frei bewegen zu können[4]. Sie ist heute essentieller denn je, denn sie eröffnet Möglichkeiten in allen Lebensbereichen: vom Familienbesuch über den spontanen Shopping-Trip bis zum täglichen Pendeln zur Arbeitsstätte. Ohne Mobilität bliebe uns ein Großteil der Aktivitäten und Möglichkeiten im Leben, ob kurzfristig oder perspektivisch, verwehrt.

Es ist daher von Bedeutung, sich das „Recht auf Mobilität" vor Augen zu halten. Unabhängig von Ort, Zeit, Fähigkeiten und Budget sollten den Menschen Mobilitätsangebote zur Verfügung stehen bzw. möglichst barrierelos verfügbar gemacht werden. Dies ist ein hoher Anspruch, jedoch unabdingbar für die Zukunftsfähigkeit unserer Gesellschaft und Wirtschaft.

Doch wir stehen nicht mittellos vor dieser Mammutaufgabe. Die Palette der zur Verfügung stehenden technischen und informationstechnischen Werkzeuge und Systeme ist sehr groß und wird jeden Tag größer. Das größte Potential liegt dabei sicherlich darin, über den Tellerrand jenseits von klassischen abgeschlossenen Strukturen zu blicken und sich mit den Nutzern und anderen Verkehrsteilnehmern zu verknüpfen – Stichwort *Smart Data*. Dieser Sammelbegriff fasst allgemein die heutzutage intelligente/smarte Verarbeitung und Nutzung von Massendaten, sog. *Big Data* und dessen zahlreiche Unterkategorien zusammen. In Bezug auf Mobilität, spezifischer auf den ÖPNV, betrachten

---

[4] vgl. Flügge, Smart Mobility, S. 1

wir genauer den Bereich *Smart City* mit dessen großem Teilbereich *Smart Mobility*.

4.2 Forderungen und Erwartungen an den ÖPNV

Das Bedürfnis der Menschen, sich von A nach B bewegen zu können, ist ein so grundlegendes, dass man sich in der Geschichte bis zum ersten Auftauchen des Homo Sapiens zurückbewegen muss, um die ganze Entwicklung der Mobilität überblicken zu können. Zu Beginn bestand keine Wahl: man ging zu Fuß, ob lokal in der Gemeinde oder global neue Lebensbereiche und Kontinente erkundend. Schon bald nahmen sich die Menschen Nutztiere wie Pferd oder Esel zu Hilfe, wodurch sich in wesentlich kürzerer Zeit Strecken überwinden ließen. Dies ermöglichte gleichzeitig auch den Gütertransport in größeren Mengen. Durch Wagen und Karren wurden die Kapazitäten nochmals wesentlich erweitert. Als mit der Industrialisierung schließlich Fahrzeuge entwickelt wurden, die sich autark bewegen konnten, war es nur noch eine Frage der Ingenieurskunst, diese immer weiter zu optimieren, bis wir heute behaupten können, nahezu jeden Ort auf unserem Planeten mit verschiedensten Verkehrsmitteln erreichen und sowohl kurze, als auch lange Distanzen, mit entsprechenden Verkehrsmitteln verknüpfen zu können. Die Entwicklung schreitet immer weiter voran: die Zukunft liegt sicherlich in der Verbindung von Mobilitätselementen mithilfe der Echtzeitvernetzung durch das Internet, dem Internet of Things, zur Effizienzsteigerung und Optimierung der Verkehrsströme und -verbindungen und der Nutzerakzeptanz und -erfahrung.

Ein wesentlicher Typ von Mobilität neben dem Individualverkehr ist der öffentliche Personenverkehr. Er ermöglicht es, viele Menschen gleichzeitig auf einer bestimmten Route mit einem Fahrzeug wie einem Bus oder Zug zu transportieren. Dies ist heute von entscheidender Bedeutung, um die Überlastung unserer Verkehrswege, besonders in Städten und Ballungsgebieten und die damit einhergehende Umweltbelastung, zu reduzieren. Der öffentliche Personenverkehr kann untergliedert werden in den Fernverkehr, wie beispielsweise Städteverbindungen und den Nahverkehr, innerhalb und um Städte. Diesem öffentlichen Personennahverkehr („ÖPNV"), wollen wir im Folgenden näher betrachten.

Schauen wir uns zunächst die verschiedenen Nutzertypen an, die den ÖPNV nutzen. Folgende können grob unterschieden werden:

Schüler und Berufspendler, die täglich eine bestimmte Strecke in Anspruch nehmen.

Menschen ohne Auto oder Führerschein, die für die Erledigung der alltäglichen Aufgaben und Aktivitäten auf den ÖPNV angewiesen sind. Dazu zählen insbesondere Kinder und Schüler in ihrer Freizeit, Studenten, ältere Menschen, Menschen mit Behinderung und natürlich auch solche, die sich freiwillig dazu entschieden haben, auf ein Auto zu verzichten.

Gelegenheitsfahrer und Touristen, die für die Wege in die Stadt und innerhalb der Stadt oder für einen Ausflug den ÖPNV nutzen.

Ein paar typische Merkmale sind in der folgenden Tabelle zusammengetragen.

Tabelle 4.1 Merkmale verschiedener Nutzertypen im ÖPNV

	Schüler/Pendler	**Ohne Auto**	**Gelegenheit**
Uhrzeit	Montag-Freitag zu Stoßzeiten (morgens, mittags, abends)	jederzeit, junge Menschen auch spät/Nacht	Wochenende und Feiertage, ganztägig, Saison
Strecken	Wohnort zu Schule/Arbeit und zurück	in die City, zum Einkaufen/Arzt/...	in die City, zu Veranstaltungen, ins Umland
geeignete Tickets	Abo/Jobticket (konkret)	Abo/Mehrfahrt (flexibel)	Tageskarte/Gruppenkarte, Einzelfahrt
Kenntnis/Erfahrung im Verkehrsnetz	gut (meist auf „ihre Strecke" beschränkt)	sehr gut	auf Informationen angewiesen
Hauptkriterium	Pünktlichkeit	Erreichbarkeit	Verständlichkeit

Das jeweilige Hauptkriterium stellt den wichtigsten Faktor für den jeweiligen Nutzertyp dar. Pünktlichkeit, Erreichbarkeit und Verständlichkeit sollten also zusammengenommen immer das Ziel bei der Planung und dem Betrieb eines Verkehrsnetzes sein. Neben diesen drei Gruppen, die bereits regelmäßig den ÖPNV nutzen, gibt es diejenigen, die entweder nicht auf ihr Auto verzichten wollen, für die kein geeignetes ÖPNV-Angebot zur Verfügung steht oder denen die Hürden für die Nutzung schlichtweg zu hoch sind. Besonders für all jene, aber natürlich auch für bereits den ÖPNV Nutzende, sollten in Zukunft Lösungen entwickelt werden, um eben solche Hürden abzubauen und die Adaptivität des Nahverkehrs zu steigern.

Neben den Nutzertypen unterscheidet sich auch der Personennahverkehr an sich. Hierbei gibt es den Stadtverkehr und den Überland- bzw. Regionalverkehr. Beschränkt sich der Stadtverkehr auf die Erschließung der Innenstadt und der Stadtteile mit einem meist dichten Netz an Verbindungen, läuft der Regionalverkehr zügig aus der Stadt heraus und verbindet sie mit Ortschaften im Umland. Linien, die ausschließlich auf dem Land verkehren, ergänzen das meist sternförmig um die Stadt ausgerichtete Netze mit Querverbindungen.

Auf dem Land ergeben sich je nach Raumstruktur im Gegensatz zum urbanen Raum verschiedene Schwierigkeiten. Je dünner und verstreuter der rurale Raum besiedelt ist, umso schwerer ist es, ein attraktives Liniennetz mit klassischen öffentlichen Verkehrsmitteln wie Bus oder Zug zu etablieren. Gleichzeitig bedeutet jedoch ein nicht attraktives öffentliches Verkehrsnetz auf dem Land, dass man dort auf Individualverkehr angewiesen ist. Es ist also die Aufgabe, nach Möglichkeiten zu suchen, um dieses Dilemma lösen. Ein bereits bestehender Ansatz ist es, Kleinbusse oder Taxen bei Bedarf fahren zu lassen. Dieses „Rufbus-" oder „Anruf-Sammel-Taxi (AST)" genannte System beruht auf einer rechtzeitigen Bestellung der Fahrt durch einen oder mehrere Fahrgäste. Im Gegensatz zum klassischen Taxi sind die Fahrten an einen Fahrplan gebunden und meist im örtlichen ÖPNV-Tarifsystem integriert. Eine Stufe weiter gehen Sharing-Angebote, die sich ausschließlich an Nach- bzw. Anfrage orientieren. Solche Systeme sind bereits ein Schritt in Richtung flexible nachfrageorientierte Angebote im ÖPNV.

Neben verschiedenen Nutzertypen und Verkehrsangeboten muss auch die Herangehensweise und „Ausstattung" der Fahrgäste betrachtet werden. Technisch versierte Menschen suchen via Smartphone in Apps, die bereits häufig wesentlich mehr als den reinen Fahrplan beinhalten, nach ihrer nächsten und besten Verbindung, wobei sich in einigen Verkehrsverbünden auch schon direkt das passende Ticket auf das Handy laden lässt (*Smart Ticketing*). Viele hingegen sind noch auf den Aushangfahrplan angewiesen oder profitieren von Echtzeit-Anzeigetafeln an den Haltestellen, die die nächsten Abfahrten anzeigen. Mit Hilfe smarter Technologien lassen sich Bedarfe, Auslastung und Verkehrssituationen analysieren und das Angebot dahingehend optimieren. Dies erfordert jedoch, dass eine ausreichend große Menge an Datenquellen zur Verfügung steht. Dies können sowohl Sensoren in Straßen und Fahrzeugen sein, aber natürlich auch das Smartphone eines jeden Nutzers, vorausgesetzt, er besitzt eines und stimmt einer Datenübertragung zu.

4.3 Verkehrsdatenanalyse

Smarte Technologien bauen alle auf einem gemeinsamen Fundament auf: Daten. Sie sind die „Erfahrungsquelle" eines Systems und geben durch tiefgründige Analyse ein recht genaues Bild dessen ab, was sie repräsentieren, abhängig von den verfügbaren Datenmengen und -quellen. In smarten Datenverarbeitungssystemen werden Teilnehmer und Gegenstände zu intelligenten Objekten[5]. Grundlegend dafür ist die flächendeckende Verfügbarkeit von schnellem Internet, optimaler Weise der aktuellen Standards 4G oder 5G.

---

[5] vgl. Flügge, Smart Mobility, S. 97

Wir betrachten einmal die technische Entwicklung im Bereich Verkehr. Am Beispiel einer Lichtzeichenanlage (LZA) wird diese sehr deutlich. Zu Beginn hatte eine LZA ein durch eine Relaisschaltung fest vorgegebenes Programm. Durch Ausrüstung mit Zeitgebern ließ sich dieses Programm zeitabhängig umstellen, um beispielsweise zu Stoßzeiten andere Phasenlängen zu schalten. Da diese LZA jedoch keinerlei Daten von außen zugeführt bekommt, ist sie sozusagen „blind". Mit Ausrüstung von Induktionsschleifen in der Fahrbahn ändert sich das und eine bedarfsabhängige Schaltung wird möglich. Speziell für öffentliche Verkehrsmittel bestand damit die Möglichkeit, diesen Vorrang zu gewähren. Die Kommunikation mit der LZA erfolgt dabei entweder, bei dedizierten Busspuren, ebenfalls über Schleifen in der Fahrspur oder über eine Funkverbindung zwischen Fahrzeug und LZA. Noch einen Schritt weiter gehen Fahrzeug-Zählsysteme, die der LZA die Anzahl der Fahrzeuge auf den Spuren mitteilen. Die Registrierung erfolgt dabei durch optische Systeme der Bildanalyse oder auch RFID-Technik. Die Zusammenfassung aller LZA in einem Gebiet in einem zentralen Steuerrechner ermöglicht schließlich eine bessere Abstimmung auf den Verkehrsfluss und Integration in ein bestehendes Verkehrsleitsystem.

Schauen wir uns nun die Systeme an, die speziell im ÖPNV zum Einsatz kommen oder in Entwicklung sind. Die Grundlage für den überwachten und gesteuerten Betrieb von Nahverkehrssystemen ist die Standortbestimmung aller sich im Einsatz befindlichen Fahrzeuge. Es wird dabei zwischen logischer und physikalischer Ortung unterschieden. Da die Routen, die befahren werden, vorgegeben sind, stellt die logische Ortung, realisiert bspw. über einen Wegstreckenzähler, den Standort auf dieser Route dar. Nachteil dieses recht simplen Systems: bei Abweichung von der Route, z.B. durch Umleitungen, stimmt die Information nicht mehr. Daher wurden in regelmäßigen Abständen Infrarot-Ortsbaken (bei Schienenfahrzeugen auch Zugbeeinflussungs-Magnete) entlang der Strecke montiert, die punktuell den logischen Standort korrigierten. Heutzutage wird die kontinuierliche physikalische Ortung hinzugezogen. Via GPS wird der Standort des Fahrzeugs metergenau bestimmt, und die logische Ortung dadurch korrigiert. Die Übertragung des Standorts an den Leitrechner erfolgt via Datenfunk oder Mobilfunk. Aus diesen Daten errechnet der Leitrechner dann zusammen mit dem Fahrplan die aktuelle Abweichung. Mit einer hohen Fahrzeugdichte lässt sich somit in gewissem Maße auch die Verkehrslage einschätzen.

Wie bereits angesprochen, kommen auch LZA-Beeinflussungssysteme zum Einsatz. Dabei meldet sich ein Fahrzeug (in der Regel Tram oder Bus) über Datenfunk an einer LZA an und überträgt Routeninformationen, damit diese weiß, welche Fahrspur geschaltet werden soll. Die Auslösung dieser Anforderungen geschieht anhand der logischen Ortung des Fahrzeugs auf der Route

durch den Bordrechner oder den zentralen Leitrechner (ITCS) an fest vorgegebenen Meldepunkten. Die Verkehrsdatenanalyse findet dabei im LZA-Rechner
statt. Besonders bei mehreren Anmeldungen und den zusätzlich vorhandenen
Daten aus den Induktionsschleifen, oder bei modernen Fahrzeug-Zählsysteme,
muss das System ständig die optimale Reihenfolge und Dauer der Grünphasen
approximieren. Außerdem können Prioritäten, zum Beispiel aufgrund einer
Verspätung eines Fahrzeugs, berücksichtigt werden.

Im fahrzeuglokalen Bereich kommen Fahrgastzähleinrichtungen zum Einsatz.
Diese können entweder zu rein statistischen Zwecken Daten sammeln, oder
aber, verbunden mit dem Leitrechner, Echtzeit-Informationen zur Fahrzeug-
besetzung übermitteln. Über zwei in kleinem Abstand hintereinander ange-
ordnete Lichtschranken über jeder Tür kann zwischen ein- und aussteigenden
Fahrgästen unterschieden werden.

Mithilfe smarter Technologien kann der Datenpool wesentlich erweitert werden. Man stelle sich vor, jedes private oder gewerbliche Fahrzeug in der Stadt
sendet Daten an einen zentralen Leitrechner. Dies könnten Standort und aktuelle Geschwindigkeit sein. Daraus ließe sich ein detailliertes Bild der aktuellen Verkehrslage erzeugen. Ein solches System stellt beispielsweise Google bereits bei Maps[6] zur Verfügung. Es sammelt die Daten aller Verkehrsteilnehmer,
die Google Maps nutzen und der Datenübertragung zustimmen, und stellt die
aktuelle Verkehrsbelastung farblich dar. Mit geeigneter Leittechnik ließe sich
so ein Verkehrsleitsystem einrichten, dass mit flexibler Beschilderung und LZA
den Verkehrsfluss, vor allem in Spitzenzeiten, optimieren kann.

Die Integration der immer zahlreicher werdenden Sensoren und Systeme wird
neben deren Entwicklung auch immer cleverer. Statt großer technischer Ap-
paraturen am Straßenrand kann die bereits bestehende Infrastruktur genutzt
werden. In den fast überall vorzufindenden Laternenmaste beispielsweise
kann ein Bündel an Sensoren und Technik nahezu unsichtbar untergebracht
werden, wie Zähleinrichtungen, Geschwindigkeitsmessung, Luftqualität,
WLAN/Mobilfunk-Versorgung und einiges mehr. Komponenten, die in Fahrzeugen integriert sind, sind für den Fahrer ebenfalls meist unsichtbar verbaut.
Neben diesen Einrichtungen ist das Smartphone eines jeden Verkehrsteilneh-
mers ebenfalls eine Komponente, die genutzt werden kann.

---

[6] https://www.google.de/maps

4.4 Intermodales Verkehrsmanagement

Ein gutes Nahverkehrssystem ermöglicht es Nutzern, ohne Hürden und möglichst schnell von A nach B zu gelangen. Dies erfordert gut gewählte Direktverbindungen, kurze Reisezeiten, optimal aufeinander abgestimmte Umsteigemöglichkeiten, eine gute Verkehrsinfrastruktur, eine smarte Steuerung und leichte sowie intuitive Orientierungsmöglichkeiten für die Nutzer. Je nach Vorhandensein existieren in einer Stadt Liniennetze für verschiedene urbane Verkehrsmittel, wie U- und S-Bahnen, Trams und Omnibusse, welche einen möglichst problemlosen Umstieg untereinander ermöglichen sollten. Diese Verbindung verschiedener Systeme bezeichnet man als gebrochenen oder multimodalen Verkehr. Existiert beispielsweise ein U- und S-Bahn-Netz innerhalb einer Stadt, welches die Hauptverkehrsachsen abdeckt, gibt es Buslinien, die eine Zubringerfunktion zu Verknüpfungspunkten erfüllen und somit eine Feinerschließung des Stadtgebiets ermöglichen. Auf dem Land existiert meist nicht eine solche Vielzahl an Verkehrsmitteln, sondern häufig lediglich Bus- und Zugverkehr, wobei die genannten Kriterien dort genauso gelten.

Je nach örtlichen Gegebenheiten und Stadtgröße wird die Planung zunehmend komplexer. Den Planern steht dabei jedoch Software zur Verfügung, die die Optimierung ausführen kann. Dies geschieht mithilfe mathematischer Optimierungsmethoden[7]. Als Basis dienen dabei empirische Daten aus den bereits vorgestellten Systemen – je zahlreicher und detaillierter die Daten vorliegen, umso besser kann optimiert werden. Außerdem werden dabei natürlich die Vorgaben wie Betriebskosten, Streckenlängen, Fahrzeiten, Fuhrpark und Anderes berücksichtigt.

Doch ein optimiertes Verkehrsnetz ist nicht alles. Da der Betrieb in der Realität immer durch unvorhergesehene Ereignisse vom geplanten Soll abweicht, ist zum einen die Reaktionsfähigkeit als auch eine stets aktuelle Fahrgastinformation von großer Bedeutung. An jeder Haltestelle müssen nach der Verordnung über den Betrieb von Kraftunternehmen im Personenverkehr (BOKraft)[8] die bedienenden Linien und deren Fahrpläne angezeigt werden. Doch diese Mindestausstattung sollte bei modernen Anlagen mindestens durch eine Echtzeit-Auskunft in Form eines DFI-Anzeigers (Dynamische Fahrgastinformation) erweitert werden. Durch den zentralen Leitrechner können dazu die tatsächlichen Abfahrtszeiten der nächsten Fahrzeuge via Anzeiger an der Haltestelle angezeigt werden. Steht man noch nicht an der Haltestelle, kann man die Information via App des Verkehrsbetriebs oder -verbundes abrufen. Denkbar wäre auch eine Ausrüstung der Haltestellen mit digitalen Fahrplänen in Form

---

[7] vgl. Reinhardt, Öffentlicher Personennahverkehr, S. 445ff.
[8] http://www.gesetze-im-internet.de/bokraft_1975/

von Monitoren. Dadurch ließen sich Korrekturen einfach anwenden, ohne Papierfahrpläne ändern zu müssen, und auch kurzzeitige Änderungen und Hinweise einfach hinzufügen.

Weiterhin erwähnenswert sind recht neue, sogenannte Smart-Assist-Systeme, die dem Fahrer stetiges Feedback zu seiner Fahrweise geben[9]. Dazu analysieren sie in Echtzeit Fahrzeugparameter wie Geschwindigkeits-, Beschleunigungskurven und Bremsverhalten und geben dem Fahrer stetig Rückmeldung (z.B. in Form von Ampelfarben rot-gelb-grün) und Unterstützung, um einen maximal sparsamen, effizienten und komfortablen Fahrstil zu erreichen. Dies reduziert den Verschleiß, den Treibstoffverbrauch und damit auch die Umweltbelastung und die Betriebskosten, wobei gleichzeitig der Fahrkomfort gesteigert wird. Durch regelmäßige mittel- und langfristige Auswertung der Daten kann so den Fahrern ihre Effizienzsteigerung dargestellt und mitgeteilt werden, was als Motivation und weiterer Ansporn genutzt werden kann. Erweitert werden können diese Systeme durch eine detaillierte technische Aufzeichnung und Analyse von weiteren Fahrzeugdaten, mit deren Hilfe die Wartung und Reparatur des Fuhrparks effizienter gemacht werden kann.

Der bereits angesprochene zentrale Leitrechner stellt das Herzstück des Verkehrssystems dar. Die korrekte Bezeichnung lautet ITCS (intermodal transport control system, bis 2005 auch RBL (rechnergestütztes Betriebsleitsystem) genannt). Dort werden alle Daten des Betriebs gebündelt und verwertet. Es ordnet bspw. die Fahrzeuge den Umläufen zu, ermittelt die Fahrplanlage, steuert die Fahrgastinformation, schaltet LZA-Anforderungen, stellt Weichen und überwacht Anschlüsse. Dies ermöglicht einen bis zu einem bestimmten Grad automatischen Betrieb. Unter anderem die Anschlusssicherung als Teil dieses Systems ist eine vor allem auf weniger dicht getakteten Verbindungen eine wichtige Komponente. Niemand möchte warten, weil der Anschlussbus oder -zug nicht gewartet hat. Da das System den Standort jedes Fahrzeugs kennt, kann es ermitteln, wie lange ggf. gewartet werden muss oder ob abgefahren werden kann. Darüber wird dann ein Hinweis an den Fahrer und ggf. die Fahrgäste ausgegeben.

Allgemein kann man sagen, dass für Aufgaben, die früher viele konzentrierte Mitarbeiter erforderte, heute ein System verantwortlich ist, das alles im Blick hat. Natürlich sind überwachende Mitarbeiter, die im Ernstfall auch manuell eingreifen können, weiterhin unabdingbar. Des Weiteren ist der flexiblen Steuerung des öffentlichen Personennahverkehrs insofern eine Grenze gesetzt, als dass dieser nach einem mehr oder weniger starren (getakteten) Fahrplan auf festen Routen verkehrt. Hier würde ein nachfrageorientiertes und

---

[9]   https://telematik-markt.de/telematik/echtzeit-unterstützung-der-busfahrer-bezug-auf-ihr-fahrverhalten

adaptiveres Verkehrsangebot eine Lockerung dieser Strukturen erfordern oder zusätzlich angeboten werden müssen.

4.5 Smart Ticketing

„Wer mit dem Bus fährt sollte am besten den Fahrpreis kennen und das abgezählte Kleingeld bereithalten" – dies war lange Zeit, und ist auch heute noch in vielen Fällen, die einzige Möglichkeit, abgesehen von Abonnements, um Zutritt zum ÖPNV zu erlangen. Doch eine Veränderung steht schon vor oder gar in der Tür: *Smart Ticketing*.

Schon seit Jahren ist es bei einem großen Teil der Nutzer zur Normalität geworden, Waren und Dienstleistungen online und bargeldlos zu bezahlen – sei es durch Online-Banking-Services der Hausbank oder durch alternative Zahlungsplattformen. Wenige Klicks genügen und das Geld ist sofort transferiert, ganz ohne Kleingeld oder Geldscheine. Viele Verkehrsunternehmen und -verbünde haben daher ihre Apps, die häufig bereits eine Verbindungssuche und Echtzeitauskunft anbieten, erweitert, um im gleichen Zuge ein passendes Ticket zu buchen. Da das Smartphone sowieso in vielen Fällen immer dabei ist, ist es das Ticket damit auch.

Grundsätzlich gibt es verschiedene Wege, um auf Papierfahrscheine und Kleingeld im ÖPNV verzichten zu können: chipkartenbasierte oder mobilgerätbasierte Systeme. Chipkarten-Systeme können heutzutage bereits häufiger vorgefunden werden. Die einmal erworbene Chipkarte im EC-Karten-Format kann mit Abo-Tickets oder einem Geldbetrag aufgeladen werden, welcher bei Nutzung eines Verkehrsmittels durch Lesegeräte erfasst und belastet wird. So erfolgt eine bargeldlose und automatische Abrechnung, die je nach Ausbaustufe des Systems einen verhältnismäßigen Betrag zur gefahrenen Wegstrecke oder der durchfahrenen Tarifzonen ermittelt. Die Kommunikation zwischen Karte und Lesegerät erfolgt dabei über die RFID-Technologie – solche kontaktlos benutzbaren Karten werden auch Transponderkarten genannt.

Mobilgerätebasierte Systeme bieten einen Vorteil: es wird keine Chipkarte benötigt, sondern lediglich das eigene Smartphone und die passende App. Nach erstmaliger Einrichtung der App und der Zahlungsmodalitäten können Tickets per Fingerwisch gebucht werden. Dabei können jederzeit die erworbenen Tickets und deren Gültigkeit eingesehen werden. Zur Benutzung der Tickets wird entweder das Ticket auf dem Handy bei Bedarf vorgezeigt oder es kann je nach Ausbau der Technik per NFC ausgelesen werden. Die Komfortfunktionen bei der Buchung und Bedienung werden dabei stetig ausgebaut.

Einen Schritt weiter gehen bereits einige Verkehrsverbünde, beispielsweise der Verkehrsverbund Rhein-Neckar (VRN). Er bietet, zusätzlich zum bisherigen

Tarifsystem, einen sogenannten Luftlinientarif[10] an. Zu einem Grundpreis von 1,20€ werden zwischen Start- und Zielpunkt der Fahrt lediglich die tatsächlich zurückgelegten Luftlinien-Kilometer je 0,20€ dazugerechnet, unabhängig von der gegebenen Linienführung. Die Ermittlung erfolgt GPS basiert mittels Log-In und Log-Out Erkennung des Gerätes im Verkehrsmittel. Damit wird das klassische Waben-System, bei dem innerhalb einer Wabe ein Preis gezahlt wird, und die Anzahl der durchfahrenen Waben die Preisstufe angibt, abgelöst durch eine faire und dem tatsächlichen Weg entsprechende Preisberechnung. Dieser Luftlinientarif ist ein gutes Beispiel dafür, wie bisherige Methoden durch zeitgemäße, individuelle und smarte Lösungen abgelöst werden.

Literatur

Flügge, B., 2016. Smart Mobility. *Trends, Konzepte, Best Practices für die intelligente Mobilität. Springer Vieweg.*

Proff, H., Schönharting, J., Schramm, D., Ziegler, J., 2012. Zukünftige Entwicklungen in der Mobilität. *Betriebswirtschaftliche und technische Aspekte. Springer Gabler.*

Reinhardt, W., 2012. Öffentlicher Personennahverkehr. *Technik – rechtliche und betriebswirtschaftliche Grundlagen. Vieweg+Teubner.*

Autor

Oliver Kühnel ist Studierender der Elektrotechnik, Fachrichtung Informationstechnologie und Elektronik im 7. Semester an der Hochschule Trier.

---

[10] https://www.vrn.de/tickets/ticketuebersicht/luftlinie/tarif/index.html

5 Smart Mobility im Stadtverkehr

C. Schäfer, Hochschule Trier, FB Technik

Abstract: Die steigenden Verkehrslasten im Stadtverkehr gilt es, in Zukunft mit neuen Möglichkeiten der Digitalisierung zu bewältigen. Der Begriff Smart Mobility umfasst dabei intelligente und nachhaltige Lösungsansätze, die der Schaffung einer bedürfnisgerechten Mobilität dienen sollen. Hierbei handelt es sich mitunter um die intelligente Vernetzung der Verkehrsteilnehmer, um vorhandene Verkehrsangebote optimal zu nutzen. Des Weiteren bieten innovative Verkehrssysteme die Möglichkeit, bestehende Infrastrukturen zu verbessern. Smart Mobility kann somit in Zukunft den Alltag des mobilen Menschen in der Stadt erheblich erleichtern.

Keywords: Mobilität, intelligenter Verkehr, Vernetzung, Datenerfassung

5.1 Anforderungen an die Mobilität

In der heutigen Gesellschaft ist der Trend zu steigender Mobilität unverkennbar. Das tägliche Leben ist geprägt durch das Bedürfnis, frei beweglich und ständig mobil zu sein. Aber was zeichnet die zukünftige Mobilität aus?

Unabhängigkeit, Flexibilität und Zuverlässigkeit stellen wichtige Anforderungen dar. Der private und berufliche Alltag sorgt dafür, dass die Menschen eine Vielzahl von Orten ansteuern und immer weitere Wege hinter sich lassen. So legt der mobile Mensch von heute durchschnittlich etwa 39 Kilometer am Tag zurück. Ziel ist es, diese Mobilitätsleistungen möglichst schnell und komfortabel zu bewältigen. Um in seiner Freiheit uneingeschränkt handeln zu können, möchte der Mensch individuell entscheiden können, auf welche Art und Weise er sich fortbewegt. Der Großteil der Bevölkerung greift hierzu nach wie vor auf das eigene Auto zurück, wodurch alleine in Deutschland derzeit über 46 Millionen Pkws zugelassen sind.

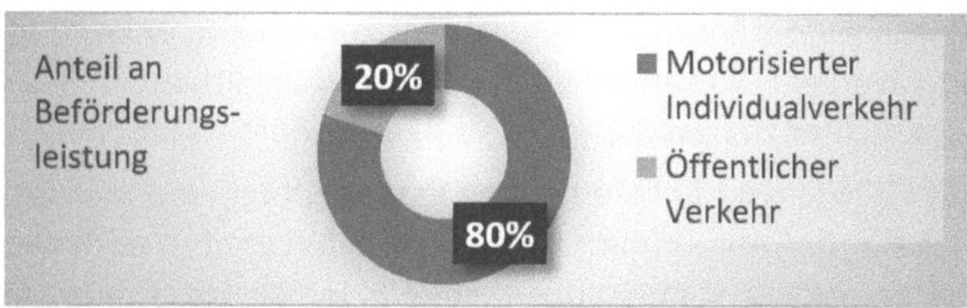

Bild 5.1 Personenverkehr in Deutschland (Quelle: stat. Bundesamt)

Der Drang nach Mobilität führt somit zu einem erhöhten Verkehrsaufkommen. Dies verursacht einerseits eine Belastung der Verkehrsteilnehmer, beispielsweise durch viele Staus und somit längere Wegzeiten. Aber auch die negativen Einflüsse auf die Umwelt durch CO_2-Emissionen der Fahrzeuge, besonders in städtischen Gebieten, sind nicht zu vernachlässigen.

Deshalb zählt zu den Herausforderungen für die Mobilität der Zukunft, das Bewusstsein der Gesellschaft für die Nutzung von alternativen Verkehrsmitteln zu öffnen. Es soll mit Hilfe einer intelligenten Vernetzung der Teilnehmer eine gesunde Mischung von Fortbewegungsmitteln im Verkehr entstehen. Dennoch wird das Auto sicherlich auch in Zukunft eine tragende Rolle im Verkehr einnehmen. Hier kommt es darauf an, durch Digitalisierung der vorhandenen Verkehrsinfrastruktur diese effizienter zu nutzen und somit Verkehrslasten zu reduzieren.

5.2 Ausgangslage Stadtverkehr

Vor allem in Großstädten bringt das steigende Verkehrsaufkommen enorme Probleme mit sich. Es bestand schon immer eine enge Beziehung zwischen Stadt- und Verkehrsentwicklung. Das liegt hauptsächlich daran, dass die Mobilität der Menschen die Stadt in besonderem Maße prägt.

Die Entwicklung der Verkehrsmittel hatte deshalb im Laufe der Geschichte großen Einfluss auf die Struktur der Stadt. Die Städte haben sich dabei von kompakten Anordnungen immer weiter verabschiedet. Bereits mit der Erfindung von Eisenbahnen hat sich die Entfernung zwischen Wohnort und dem eigentlichen Stadtzentrum zunehmend vergrößert. Als letztendlich das Auto in den 1950er Jahren den Durchbruch schaffte und dieses durch Massenproduktion jedem Bürger zur Verfügung stand, erlebte das Leitbild der Großstadt eine Revolution. Die Strukturen wurden weiträumiger und es folgte eine strikte Trennung zwischen Wohn-, Arbeits- und Freizeitgebieten. Um die entstandenen Entfernungen zu bewältigen, war der Bedarf eines Autos zur Gewährleistung der Mobilität in der Großstadt unverzichtbar. Da der Ausbau des öffentlichen Verkehrs zu dieser Zeit als unwirtschaftlich erachtet wurde, setzte man beim Ausbau der Verkehrsinfrastruktur zunehmend auf den motorisierten Individualverkehr. So kam es beim Versuch, den vorhandenen Aufbau der Stadt autogerechter zu gestalten zum stetigen Verlust städtischer Qualitäten.

Durch diesen Prozess ist unsere heutige Stadt geprägt vom motorisierten Individualverkehr. Das Auto nimmt trotz längerer Wegzeiten nach wie vor ganz klar die Vormachtstellung im Stadtverkehr ein. Die bestehende Verkehrsinfrastruktur kommt dabei besonders zu Stoßzeiten schnell an ihre Grenzen. Entstehung von Staus, Verschmutzung der Luft und die ewige Parkplatzsuche sind nur einige Beispiele für Verkehrslasten mit denen sich die Menschen alltäglich rumschlagen müssen. Auch die Sicherheit der Teilnehmer leidet unter diesen Umständen.

Die Ziele und Leitbilder einer modernen Zukunftsstadt haben sich verändert. Urbane Qualitäten werden wieder mehr geschätzt. Zudem nehmen Energieeffizienz und Klimaschutz einen immer größeren Stellenwert ein. Die Mobilität soll jedoch weiterhin gesichert sein. Doch wie kann die Verkehrssituation verbessert werden? Eine Stadt, die über viele Jahre hinweg entstanden ist, lässt sich nicht einfach umbauen, um solche Probleme in den Griff zu bekommen. Es müssen also andere Lösungen gefunden werden. Hier kommt der Begriff Smart Mobility ins Spiel. Die Mobilität der Zukunft soll neue Möglichkeiten bieten, den aktuellen Zustand zu verbessern.

5.3 Verkehrsdatenanalyse

Grundlegend für den Einsatz intelligenter Verkehrssysteme ist die Erfassung und Übertragung von Verkehrsdaten. Es existieren unterschiedliche Einrichtungen, die einzeln oder in Kombination ausgeführt werden, um diesen Aufgaben gerecht zu werden.

Tabelle 5.1 Stationäre Erfassungseinrichtungen für Verkehrsdaten

Typ	Funktionsweise	Anwendung
Taster	Mechanische Betätigung	Fußgängererkennung an Ampelkreuzungen
Induktionsschleifen	Schwingungseinheit mit Grundfrequenz gespeist; Frequenzveränderung durch Fahrzeug	Erkennung von Fahrzeugen an Ampelkreuzungen
Radar/Mikrowellendetektor	Emission von hochfrequenten GHz-Signalen, die von Fahrzeugen reflektiert werden	Erkennung von bewegten Fahrzeugen
Passiv Infrarot Detektoren	Erkennung von Temperaturunterschieden zwischen Umgebung und Objekt	Klassifikation von Objekten, beispielsweise große Gruppen
Ultraschalldetektoren	Akustische Signalimpulse werden gesendet und reflektiert	Entfernungsmessung; Fahrzeugzählung
Optische Videodetektion	Videokamerasystem mit Auswertung	Fahrzeugerkennung, Grünzeitbemessung

Problematisch bei diesen stationären Erfassungseinrichtungen ist jedoch, dass nur ein kleiner räumlicher Ausschnitt des Verkehrsgeschehens erfasst wird. Erschwerend kommt hinzu, dass die Straßennetze über eine ungleich verteilte Ausstattung von Sensoren verfügen.

Neuere Ansätze berücksichtigen deshalb die Nutzung mobiler Verkehrsdaten, die von einzelnen Verkehrsteilnehmern kontinuierlich zur Verfügung gestellt werden. Man spricht hierbei von Floating-Car-Data (FCD). Diese Daten ermöglichen die Erfassung des individuellen Fahrtverlaufs eines Autos. Die Fahrzeuge müssen über einen GPS-Empfänger verfügen, um die exakte Position zu ermitteln. Zusammen mit verschiedenen Messdaten, z.B. Geschwindigkeit, werden die Daten über Mobilfunk an eine Zentrale weitergeleitet. Dort werden die Informationen gesammelt und können für die Steuerung des Verkehrs genutzt werden. Um neben Geschwindigkeit und Position weitere Informationen zu erlangen, wurde der FCD-Ansatz zum XFCD-Ansatz weiterentwickelt. Mit Extended-Floating-Car-Data (XFCD) ergibt sich die Möglichkeit, durch Auswertung von Fahrzeugthermometer, Regensensor, Bremsen und anderen fahrzeugintegrierten Sensoren Rückschlüsse auf den Straßenzustand oder Witterungsverhältnisse zu ziehen. Ein Nachteil des FCD bzw. XFCD-Ansatzes ist jedoch, dass hierbei lediglich der Fahrtverlauf eines einzelnen Fahrzeuges beschrieben wird. Dies kann zu Problemen bei der Bewertung des kollektiven Verkehrszustandes führen.

Weitere Systeme nutzen zur Datenerfassung zusätzlich die Beobachtung der Fahrzeugumgebung, besonders des Gegenverkehrs, um Verkehrskenngrößen zu ermitteln. Diese Methode wird als FCO (Floating Car Observer) bezeichnet.

Durch das Zusammenspiel vorhandener stationärer Datenerfassungseinrichtungen und mobiler Verkehrsdaten einzelner Verkehrsteilnehmer kann die Qualität der Informationen zur Bewertung der Verkehrslage signifikant gesteigert werden.

5.4 Intelligente Verkehrssysteme

Eine Perspektive, die sich durch die Digitalisierung eröffnet, ist der Einsatz intelligenter Verkehrssysteme. Darunter werden informationstechnische Anwendungen verstanden, die der Erfassung, dem Austausch und der Verarbeitung verkehrsbezogener Daten dienen. Der Einsatz solcher Fahrzeug- und Infrastruktursysteme führt zu einer Steigerung von Effizienz und Sicherheit im Straßenverkehr. Hierunter fallen beispielsweise intelligente Ampelsteuerungsanlagen.

Ampelanlagen sind im Stadtverkehr unverzichtbar. Sie dienen der Regelung des Verkehrs und schaffen somit Sicherheit für alle Beteiligten, sodass etwa

Fußgänger trotz des hohen Verkehrsaufkommens die Straße gefahrlos überqueren können. Oft vertreten Autofahrer allerdings die Auffassung, dass die Grünphasen der Ampeln viel zu kurz sind und der Verkehrsfluss unnötig behindert wird. Nicht selten steht man an einer roten Ampel, obwohl weit und breit kein anderer Verkehrsteilnehmer zu sehen ist. Hierbei handelt es sich um eine Festzeitsteuerung. Die Steuerung realisiert eine immer wiederkehrende Folge von Grünzeiten. Problematisch dabei ist die fehlende Anpassung der Ampelsteuerung an die aktuelle Verkehrslage.

Sinnvoller ist es die Grünzeitverteilung flexibel an die gegenwärtige Situation anzugleichen. Diese Methode bringt jedoch erheblich größeren Aufwand mit sich. Zurzeit sind die Ampeln oft nur mit induktiven Sensoren, die sich im Straßenbelag befinden, ausgestattet. Diese Sensoren sind häufig sehr nahe an der Ampelanlage platziert, sodass der Beobachtungsraum beschränkt ist. Mit der vorliegenden Sensorik kann eigentlich nur eine Aussage darüber getroffen werden, ob sich gerade ein Fahrzeug vor der Ampel befindet. Wichtige Kenndaten wie die Summe der Wartezeit oder die Anzahl der Halte einzelner Fahrzeuge können nicht ermittelt werden.

Eine Verbesserung kann die Kommunikation zwischen Fahrzeug und Infrastruktur schaffen. Durch eine Vernetzung profitieren beide Seiten. Die Ampelanlagen können durch die Fahrtverlaufsdaten der Verkehrsteilnehmer ihren Beobachtungshorizont erweitern und somit die Grünzeiten intelligenter schalten. Aber auch die Autofahrer profitieren von der Kooperation zwischen Fahrzeug und Lichtsignalsteuerung. Die Ampelanlagen verfügen nämlich über Informationen, die für die Verkehrsteilnehmer von Nutzen sein können.

Attraktiv für den Nutzer wäre beispielsweise eine Auskunft über die Zeitdauer von Grün- und Rotzeiten. Somit ergibt sich die Möglichkeit, dass im Auto angezeigt wird, wie lange die nächste Ampel noch grün bzw. rot ist. Die Autofahrer würden damit effizienter an die Haltelinie heranrollen, wenn sie genau wüssten, dass die Ampel in jedem Fall rot sein wird. Auch die Bereitschaft den Motor bei langen Rotzeiten abzustellen, steigt durch diese Information. Ein kleinerer Teil der Bevölkerung würde diesen Hinweis unglücklicherweise wohl auch als Herausforderung sehen, die Grünphase durch Geschwindigkeitserhöhung doch noch zu bekommen. Im Ausland wird ein solches System häufig mit Count-Down-Anzeigen an der Ampelanlage umgesetzt. Die Kosten für solche infrastrukturseitigen Möglichkeiten kann man sich in der heutigen Zeit allerdings sparen. Es müssen auch keine Autos teuer aufgerüstet werden, um die entsprechende Kommunikation zu ermöglichen. Der Großteil der Verkehrsteilnehmer ist in Besitz eines mobilen Endgerätes, das über eine standardisierte drahtlose Kommunikationsschnittstelle und einen GPS-Empfänger verfügt. Die Fahrzeugdaten können damit über eine entsprechende Software an die Lichtsignalsteuerung übermittelt werden. Über den gleichen Übertragungsweg erhält der Autofahrer die entsprechenden Informationen zu Grünzeiten auf sein mobiles Endgerät.

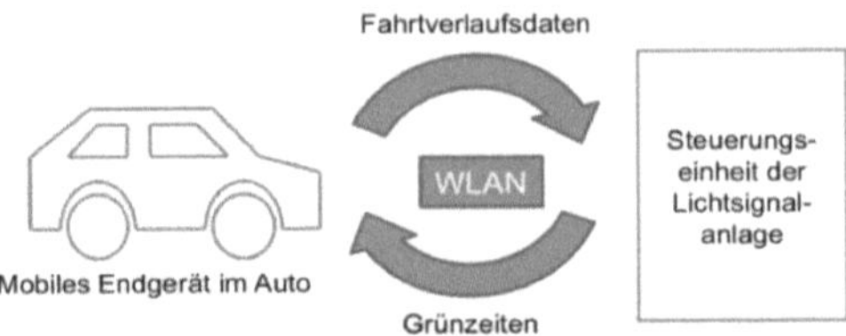

Bild 5.2 Kommunikation zwischen Fahrzeug und Lichtsignalanlage

Aber nicht nur die intelligente Steuerung von Ampelanlagen ist eine mögliche Nutzung von Smart Mobility im Stadtverkehr. Durch die Menge an Verkehrsdaten, die durch die Vernetzung und Kommunikation zur Verfügung steht, ergeben sich auch große Verbesserungen im Bereich Navigation und Verkehrslenkung. Störungen des Verkehrsablaufs durch vorhersehbare Ereignisse, zum Beispiel Baustellen oder Veranstaltungen, können besser berücksichtigt werden, um den Verkehr effizienter zu steuern. Hierbei kann gezielt auf Alternativrouten zurückgegriffen werden, um Staus zu vermeiden.

5.5 Intermodale Verkehrsnutzung

Neben der Optimierung der vorhandenen Verkehrsinfrastruktur kann Smart Mobility auch Einfluss auf die Verkehrsmittelwahl der Menschen nehmen. Der Begriff Intermodalität spielt hierbei eine tragende Rolle. Doch was verbirgt sich hinter diesem Ausdruck?

Hierunter versteht man eine Verkettung von verschiedenen Verkehrsmitteln. Das bedeutet, dass Verkehrsteilnehmer zur Bewältigung eines einzigen Weges eine Variation von Fortbewegungsmitteln nutzen und sich nicht nur auf das komfortable eigene Auto beschränken. In der Logistik ist dieses Vorgehen schon lange selbstverständlich. Produzierte Waren werden häufig von Flugzeugen, Schiffen und Lastkraftwagen verkettet transportiert bis sie letztendlich am Zielort angelangen. In der Stadt von morgen soll dies auch auf den Personenverkehr zutreffen.

Die Aufgabe einer intelligenten Mobilität ist es, die intermodale Verkehrsnutzung attraktiver zu gestalten. Dies geschieht beispielsweise durch Plattformen, die diverse Dienstleister und Verkehrsmittel bei der Reiseplanung miteinander verknüpfen. Damit soll es möglich sein, Reisestrecken per App über verschiedene Verkehrsmittel hinweg zu planen. Zwingend notwendig sind hierfür erneut die Verkehrsdaten, damit optimale Wegstrecken und Zeiten berechnet werden können. Dabei fließen Echtzeitinformationen von Staus, Bussen und Bahnen ein. Die Reiseplanung könnte sich also unterwegs ändern, wenn etwa ein Bus Verspätung hat. Die Wahl des Verkehrsmittels wird somit in Abhängigkeit der Verkehrssituation entschieden. Dem Nutzer wird damit verdeutlicht, dass Alternativen gegenüber dem eigenen Auto in vielen Situationen vorzuziehen sind, um Wegzeiten zu reduzieren. Die Nutzung des öffentlichen Nahverkehrs wird gestärkt, indem dieser im Stadtverkehr durch eigene Fahrspuren oder Bevorzugung bei Ampelsteuerungsanlagen Vorteile mit sich bringt. Nach wie vor sollen aber auch Autos in den intermodalen Verkehr integriert werden, weil diese durch ihre Flexibilität den Nutzer auf dem letzten Stück des Weges bis vor die eigene Haustür bringen.

Vor allem neue Mobilitätskonzepte wie Car Sharing oder Fahrradverleihsysteme ohne feste Standplätze erlangen zunehmend an Bedeutung. Steigende Nutzerzahlen verdeutlichen, dass solche Angebote von den Kunden geschätzt werden. Besonders die jüngere Generation weist einen Wandel in der Mobilitätseinstellung auf. Der Besitz eines eigenen Autos verliert an Bedeutung und die bedarfsorientierte Nutzung von kollektiv zur Verfügung gestellten Fahrzeugen findet zunehmend Zuspruch.

In Zukunft könnte unser Weg zur Arbeit vom Wohnungsgebiet außerhalb der Innenstadt dann wie folgt ablaufen: Die dienstleisterübergreifende App zeigt mit Blick auf die aktuelle Verkehrslage verschiedene Reisemöglichkeiten durch Nutzung von Bus, Bahn, Car Sharing und Leihfahrrad an. Aufgrund des schönen Wetters entscheiden wir uns, heute den Weg zur Bushaltestelle zu Fuß zurückzulegen. Anschließend befördert uns der Bus zum nächstliegenden Bahnhof. Von dort gelangen wir mit dem Zug zum Hauptbahnhof in die Innenstadt. Am Hauptbahnhof steht für uns ein Leihfahrrad bereit, mit dem wir die letzten Meter bis zur Arbeitsstelle bewältigen.

Bild 5.3 Intermodaler Reiseverlauf

Auf den ersten Blick erscheint dieser Ansatz sehr umständlich. Deshalb ist es enorm wichtig, dass lange Umsteigezeiten vermieden werden und die Verkehrsmittel nahtlos ineinander übergreifen. Je nach Situation kann natürlich nach wie vor das eigene Auto genutzt werden. Es soll als integraler Bestandteil einer intermodalen Verkehrsnutzung in der Stadt verstanden werden.

5.6 Smart Services im Stadtverkehr

Spricht man heutzutage von Smart Services, so versteht man darunter digitale Dienstleistungen, die auf der Analyse großer Datenmengen basieren. Eine intelligente Verarbeitung hilft dabei, die Angebote individuell auf den Nutzer anzupassen. Häufig werden diese über digitale Plattformen, zum Beispiel Apps, dem Nutzer zugänglich gemacht und stehen deshalb jederzeit und ortsunabhängig zur Verfügung. Diese Applikationen ermöglichen es, bestehende Dienstleistungen aufzuwerten oder neue Lösungen zu schaffen. Auch im Stadtverkehr finden Smart Services eine Vielzahl von Anwendungen.

Hierzu zählt unter anderem die intelligente Parkplatzsuche. Die Suche nach einem Parkplatz kostet den Autofahrer durchschnittlich etwa 100 Stunden im Jahr und macht rund ein Drittel des Verkehrs in Innenstädten aus (Siemens, 2015). Parkhäuser verfügen in der Regel über ein Zählsystem, dessen aktueller Status jedoch nur selten online zur Verfügung steht. Ein Großteil der Parkplätze befindet sich auch außerhalb von Parkhäusern. Hier stellt sich immer die Frage, wo noch freie Plätze vorhanden sind, die gezielt angefahren werden können. Das kostet den Autofahrer viel Zeit und Nerven und schadet der Umwelt.

Smart Mobility bietet durch intelligente Sensorik und Software Chancen, diesen überflüssigen Verkehr zu reduzieren. Eine mögliche Systemvariante wird bereits von Siemens in einem Pilot-Projekt in Berlin eingesetzt. Es handelt sich dabei um ein Radarsensorsystem. Die Sensoren befinden sich direkt im Umfeld der Parkplätze und können einen Bereich von bis zu 30 Meter überwachen. Aufgrund der kompakten Größe ist es problemlos möglich, diese direkt an Straßenlaternen oder Hauswänden zu platzieren.

Bild 5.4 Radarsensorsystem (Quelle: https://www.siemens.com/ press/de/events /2015/mobility/2015-09-smart-parking.php#event-toc-2)

Die Radarsensoren senden Mikrowellen aus, die reflektiert werden. Je nach Besetzung der Parklücken, verändern sich die reflektierten Signale. Die Software berechnet damit auf welchen Positionen sich Autos befinden und welche

Größe diese haben. Anschließend werden die Messdaten über Mobilfunk an die Verkehrsmanagementzentrale weitergeleitet. Hier werden die Daten verarbeitet und nutzergerecht aufbereitet. Der Autofahrer erfährt über sein Smartphone oder Navigationsgerät die Echtzeitbelegung der Parkplätze und kann dies auf seiner Route berücksichtigen. Ein besonderer Vorteil bietet sich dadurch, dass die Software selbstlernend arbeitet. Sie erkennt somit wiederkehrende Muster in der Parkplatzbelegung und ist deshalb in der Lage, zukünftig Prognosen zur Verfügbarkeit von Parkplätzen zu erstellen.

Neben der intelligenten Parkplatzsuche gibt es viele weitere Smart Services im Stadtverkehr. Unter anderem ist eine verkehrsträgerübergreifende Ticketbuchung möglich, die den intermodalen Verkehr unterstützen soll. Es ist dadurch nicht mehr notwendig, verschiedene Tickets für Bus oder Bahn zu erwerben, da alle Kosten über dieselbe Plattform abgerechnet werden.

5.7 Perspektiven der Smart Mobility im Stadtverkehr

Die Zeit der intelligenten vernetzen Mobilität hat längst begonnen. Car Sharing-Programme oder Fahrradverleihsysteme, die über Apps gebucht werden können, finden immer mehr Zuspruch. Vorhandene Mobilitätsplattformen, die intermodale Reiseplanungen möglich machen, haben das Potenzial, unsere Mobilität nachhaltig zu verändern. Zudem haben sich diverse Pilot-Projekte im Bereich der intelligenten Parkplatzsuche oder der kooperativen Lichtsignalanlagen als sehr erfolgsversprechend herausgestellt. Die Ergänzung der Datenerfassung durch Fahrtverlaufsdaten von Verkehrsteilnehmern bietet enorme Gewinne.

Doch noch immer bilden die neuen Mobilitätskonzepte eher die Ausnahme. Eine der größten Herausforderungen stellt dabei die Änderung der Einstellung gegenüber Alternativen zum eigenen Auto dar. Das Auto wird in der Gesellschaft nach wie vor häufig als Statussymbol angesehen. Besonders die ältere Generation gilt es, von neuen Ansätzen zu überzeugen. Ein weiteres Problem ist der Umgang mit Daten. Anbieter von Mobilitätsangeboten werden zukünftig umfassenden Einblick in unsere Daten haben. Dies ist schlichtweg die Voraussetzung für deren Nutzung. Der Umgang mit Daten ist allerdings ein sehr brisantes Thema. Nicht selten werden wir in den Medien mit dem Missbrauch von Daten konfrontiert. Es müssen entsprechende Vorkehrungen getroffen werden, um den Datenschutz zu gewährleisten. Eine Vernetzung aller Verkehrsteilnehmer birgt außerdem die Gefahr von Hackerangriffen. Die Vorstellung, die Kontrolle über das eigene Auto als Opfer eines digitalen Angriffs zu verlieren, verbreitet große Angst und Sorgen.

Die Furcht vor der Digitalisierung des Verkehrs muss der Bevölkerung durch Hervorhebung der sich eröffnenden Möglichkeiten genommen werden. Es wird sicherlich noch einige Zeit dauern, bis diese Hürden überwunden sind. Smart Mobility ist ohne Zweifel in der Lage, den Alltag der Menschen zu erleichtern. Der Zielgedanke dabei ist die Schaffung einer Mobilität mit weniger Staus und Unfällen, einer Parkplatzfindung statt einer Parkplatzsuche und effizienteren, umweltschonenden Transportwegen.

Literatur

Proff, H., Schönharting, J., Schramm, D. and Ziegler, J., 2012. Zukünftige Entwicklungen in der Mobilität. Betriebswirtschaftliche und technische Aspekte. Wiesbaden: Gabler.

Kühnel, C., 2012. Verkehrsdatenerfassung mittels Floating Car Observer auf zweistreifigen Landstraßen (Vol. 23). kassel university press GmbH.

Flügge, B. ed., 2016. Smart Mobility: Trends, Konzepte, Best Practices für die intelligente Mobilität. Springer-Verlag.

Holzberger, J., 2016. Digitalcourage. Link (abgerufen am 24.03.2018): https://digitalcourage.de/themen/smart-everything/smart-mobility-immer-auf-dem-rechten-weg

Sandrock, M. and Riegelhuth, G. eds., 2014. Verkehrsmanagementzentralen in Kommunen: Eine vergleichende Darstellung. Springer-Verlag.

Autor

Christian Schäfer ist Studierender im Fach Elektrotechnik mit der Vertiefung Automation und Energie an der Hochschule Trier. Er absolviert ein praxisintegriertes Studium in Kooperation mit der Firma Westnetz GmbH. Vor Beginn seines Studiums schloss er eine Ausbildung zum Elektroniker für Betriebstechnik im Bereich Schaltanlagenbau ab.

6 Platooning als Form des automatisierte Fahrens

M. Lehnertz, Hochschule Trier, FB Technik

Abstract: Durch die zunehmende Vernetzung im Kfz werden neue Formen der Transportation ermöglicht. Vor allem die fahrzeugübergreifende Vernetzung erlaubt im Straßenverkehr signifikante Verbesserungen in vielen Bereichen. Ein vielversprechendes Konzept ist das Platooning (Konvoy-Prinzip). In diesem Kapitel soll gezeigt werden, welche Möglichkeiten durch den Einsatz von Platooning im Straßengüterverkehr sowie im Personenverkehr entstehen. Hierzu werden die grundlegende Funktionsweise und die praktische Umsetzung beschrieben und die damit auftretenden Herausforderungen betrachtet.

Keywords: Güterverkehr, Personenverkehr, vehicle to vehicle communication, automated driving.

6.1 Das Konzept des Platooning

Beim Platooning handelt es sich um eine Vernetzung von mindestens zwei aufeinanderfolgenden Fahrzeugen, wobei hier ein Datenaustausch systemkritischer Informationen stattfindet. Bei diesen Daten handelt es sich um Sensor- und Fahrzeugdaten, wie mitunter die Geschwindigkeit, aber auch Entfernungen zu vorausfahrenden Fahrzeugen oder Objekten. Die Erwartungen sind, dass dieser Austausch eine teilweise Automatisierung der folgenden Fahrzeuge erlaubt und eine höhere Verkehrseffizienz, sowie einen geringeren Verbrauch von Kraftstoffen ermöglicht.

Da sich die Anforderungen beim Güterverkehr und beim Personenverkehr stark unterscheiden, müssen unterschiedliche Lösungen eingesetzt werden.

So muss beim Platooning zwischen einer statischen Anbindung und einer dynamischen Verbindung unterschieden werden. Bei der statischen Verbindung von Fahrzeugen ist die Verbindung manuell vor Beginn der Fahrt einzurichten, wodurch ein Wechsel in beziehungsweise aus einem Platoon nicht während der Fahrt möglich ist. Die dynamische Verbindung hingegen ermöglicht ein schnelles Aus- und Einbinden in ein Platoon auch während der Fahrt.

Eine ebenso wichtige Unterscheidung, die getroffen werden muss, ist die Trennung von autonomen und automatisierten Fahren, wobei letzteres die Grundlage des Platoonings darstellt. Während beim autonomen Fahren das Fahrzeug lediglich seine eigenen internen Sensordaten zur Verfügung hat, kann beim automatisierten Fahren zusätzlich auf Daten von externen Quellen zugegriffen werden, hierbei kann es sich um andere Fahrzeuge, aber auch um fest installierte Sensoren handeln. Ein Beispiel wäre eine Erfassung von Unfällen auf Autobahnen durch fest installierte Sensoren oder Kameras, welche dem Fahrzeug frühzeitig übermittelt werden können.

6.2 Anwendung im Güterverkehr

Wenn man sich die Anforderungen im Güterverkehr ansieht, so ist eines der wichtigsten Ziele die Kraftstoffreduktion, da die Kraftstoffkosten einen Großteil der Ausgaben von Speditionen darstellen. Das Prinzip mittels Platooning ist recht simpel, denn es wird lediglich der Abstand der Fahrzeuge reduziert. Dies wird durch den Datenaustauch der Fahrzeuge ermöglicht, welche Geschwindigkeit und Bremsbefehle synchron verarbeiten können, um so ein gleichzeitiges Reagieren auf Gefahren zu ermöglichen. Die Reaktionszeit des folgenden Fahrzeuges wird dabei erheblich gesenkt, wodurch die Verringerung des Abstandes keine Sicherheitskriterien im Straßenverkehr verletzen. Das vollständige Verzichten auf den Abstand ist jedoch nicht möglich, da weitere Einflüsse eine Rolle beispielsweise bei der Bremswirkung spielen, so würde der reduzierte Luftwiderstand, aber auch eine unterschiedliche Beladung signifikante Änderungen am Bremsweg erzeugen, wodurch hohe Sicherheitsrisiken auftreten. Wie in Bild 6.1 gut zu erkennen ist, sind erhebliche Verbesserungen bei dem Luftwiderstand möglich.

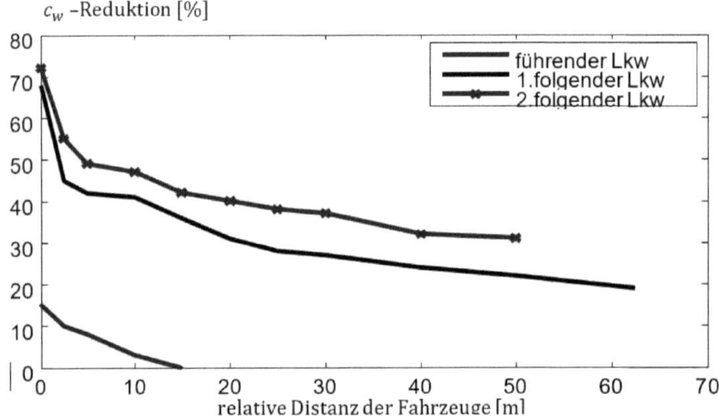

Bild 6.1 Abhängigkeit des Luftwiderstands vom Fahrzeugabstand[11]

---

[11] Quelle: An Experimental Study on the Fuel Reduction Potential of heavy Duty Vehicle Platooning (abgerufen am 14.11.2017))

Die Grafik zeigt die Reduktion des spezifischen Luftwiderstandskoeffizienten in Abhängigkeit der Abstände zwischen den einzelnen Fahrzeugen in einem Konvoi von 3 Fahrzeugen. Die in ersten Tests ermittelten Ergebnisse zeigten, dass durch die Abstandsverringerung bei unveränderten Fahrzeugen eine Ersparnis von 4,7% - 7,7% erreicht werden kann. Bei ungleichen Fahrzeugen beziehungsweise Beladungen sinkt diese allerdings leicht ab. So tritt nur noch eine Verbesserung von 3,8% - 6,9% ein, wenn das führende Fahrzeug 10t leichter als das folgende ist und bei einem 10t schwererem Leitfahrzeug 4,3% – 6,9%.

Beim zweiten großen Kostenpunkt von Speditionen handelt es sich um die Personalkosten. Mittels erweiterten Formen des Platooning kann auch die Anzahl der benötigten Fahrer reduziert werden. So ist eine Anwendung die vollständige Automatisierung des folgenden Fahrzeuges. Dadurch wird in den hinteren Fahrzeugen auf Fahrer verzichtet, welche effektiv das benötigte Personal um die Anzahl der folgenden Fahrzeuge reduziert. Dies ist allerdings nur bei gleichen Zielen der verschiedenen Transporter möglich, da das leitende Fahrzeug immer benötigt wird. Diese Vorgehensweise kann auch in der Form abgewandelt werden, indem ein Konvoy ohne Pausenzeiten weiterfahren kann, hierbei wechseln sich die Fahrzeuge gleichmäßig in der Position des leitenden Fahrzeuges ab. Dies hat den entscheidenden Vorteil, dass der Treibstoffverbrauch, sowie der Verschleiß auf alle Fahrzeuge verteilt und zusätzlich die Anzahl der untätigen Fahrzeuge verringert wird. Um diese vollständige Automatisierung jedoch zu ermöglichen, sind einige zusätzliche Voraussetzungen zu beachten. So müssen erweiterte Funktionen wie das Halten der Spur und ein Notfallstoppen im Fall des Verlustes der Verbindung zum leitenden Fahrzeug implementiert werden.

Ein weiterer Vorteil ist die Erhöhung der Kapazitäten der Straßen. Dies wird vor allen Dingen von staatlichen Organisationen gefördert. Der Hauptnutzen besteht hierbei in der Reduktion beziehungsweise der Verhinderung von Verkehrsstaus und der Verbesserung der allgemeinen Effizienz der Verkehrsnetze. Dies wird einerseits durch den reduzierten Abstand, aber auch die synchrone Geschwindigkeit der Verkehrsteilnehmer erreicht, da ein Stau sich meist durch die unterschiedlichen Geschwindigkeiten der einzelnen Verkehrsteilnehmer bildet. Allerdings werden hierfür natürlich größere Konvois benötigt, da einzelne Fahrzeuge keinen signifikanten Einfluss haben.

6.3 Anwendung im Personenverkehr

Im Personenverkehr steht das autonome Fahren seit längerer Zeit im Fokus und so gibt es auch bereits beim Platooning viele Projekte, die die Einbindung von Pkws in Konvois voranbringen und eine automatisierte Fahrzeugführung ermöglichen. Anders als beim Güterverkehr spielt dabei allerdings vor allem der Komfort eine sehr wichtige Rolle. Hier muss ein nahtloses Übergehen in den Platooning-Betrieb ermöglicht werden. Dies ist besonders beim Nahverkehr schwierig, da es hier oft vorkommt, dass Fahrzeuge nicht lange dieselbe Route fahren, wodurch nur ein kurzzeitiger Effekt erzielt wird. Das elektronische Verbinden der Fahrzeuge muss daher automatisch über Knopfdruck durchführbar sein.

Bild 6.2 PKW-Platooning hinter einem LKW[12]

Bei Langstrecken hingegen kann das Platooning effizient genutzt werden, denn hier können wie beim Güterverkehr die Vorteile der Treibstoffreduktion, sowie des automatisierten Fahrens langfristig genutzt werden. Dabei bietet sich vor allem die Ankopplung an Transportfahrzeuge an. Einmal verbunden kann der Fahrer dann die Kontrolle übergeben und sich um sonstige Aktivitäten kümmern, jedoch muss der Fahrer jederzeit bereit sein die Kontrolle über das Fahrzeug binnen weniger Sekunden wieder zu übernehmen, da es sich, anders als beim statischen Konvoi, hier nur um eine dynamische Anbindung handelt bei der das leitende Fahrzeug eventuell abbiegt oder die Spur wechselt, ohne dass das hintere Fahrzeug dies vorausplanen kann.

Wie auch beim Güterverkehr ist auch hier die effiziente Nutzung von Straßen durch erhöhte Verkehrsdichte ein wichtiges Ziel, welches hauptsächlich von staatlichen Organisationen unterstützt wird.

---

[12] Overview of Platooning Systems (am 15.11.2017)

6.4 Technische Voraussetzungen

Um auch nur die einfachste Form des Platooning, das Verringern des Abstandes, einsetzen zu können, muss eine sichere und stabile Verbindung zwischen den Fahrzeugen erstellt und der Abstand zum vorausfahrenden Fahrzeug sicher gemessen werden.

Hierbei ist die wichtigste Voraussetzung das sichere und schnelle Übermitteln von Daten, denn sie müssen binnen weniger Millisekunden unter anderem Bremsbefehle übermitteln können. Diese Kommunikation basiert auf den bereits in den Normen festgelegten Standards DSRC (Dedicated Short Range Communication IEEE 802.11p) und WAVE (Wireless Access for Vehicular Environment). Die DRSC stellt dabei die untersten zwei Schichten des OSI-Referenzmodells dar, wobei DRSC Teil der Normenfamilie für WLAN (Wireless Local Area Network) ist. Die physische Übertragung nutzt das Frequenzband von 5,850-5,925GHz. Darauf aufbauend stellt WAVE die oberen Schichten des OSI-Modells dar.

Nicht weniger wichtig ist auch die Abstandsmessung zum vorausfahrenden Fahrzeug. Die gängigste Methode ist derzeit die Radarerkennung, hierbei wird mittels eines Senders und Empfängers gemessen, wie schnell die Radarwellen reflektiert werden. Aus der gemessenen Laufzeit wird dann die Entfernung bestimmt.

Da viele Anwendungen erweiterte Funktionen benötigen, werden weitere Sensoren und Systeme benötigt. Dabei ist das Halten der Spur eine der entscheidendsten Eigenschaften. Die Spurerkennung wird hier meist von kamerabasierten Systemen übernommen. Diese haben jedoch den Nachteil bei schlechten Wetterbedingungen oder Fahrbahnen Fehler zu verursachen, da eine eindeutige Identifikation der Fahrbahnmarkierung nicht mehr möglich ist. Deshalb setzen einige Projekte auf separate Markierung speziell für die automatisierten Fahrzeuge. Allerdings wird damit der Betrieb nur auf speziell präparierten Straßen möglich.

Weitere Bedingungen ergeben sich aus dem kompletten Verzicht von Personal bei den folgenden Fahrzeugen. Diesbezüglich muss auch in Notsituation die Funktionalität sichergestellt werden. So muss Beispielsweise im Falle des Verlustes der Verbindung das Fahrzeug selbstständig zum Stehen kommen, ohne dabei sich oder andere Verkehrsteilnehmer zu gefährden. Die naheliegendste Lösung hierfür ist auf ähnliche Systeme wie beim autonomen Fahren zurückzugreifen, da sich auch hier das Fahrzeug ohne Hilfestellungen von außen selbstständig steuern muss. Diese Systeme basieren auf verschiedenen Sensoren die sich gegenseitig ergänzen um eine Rundumsicht des Fahrzeuges zu ermöglichen.

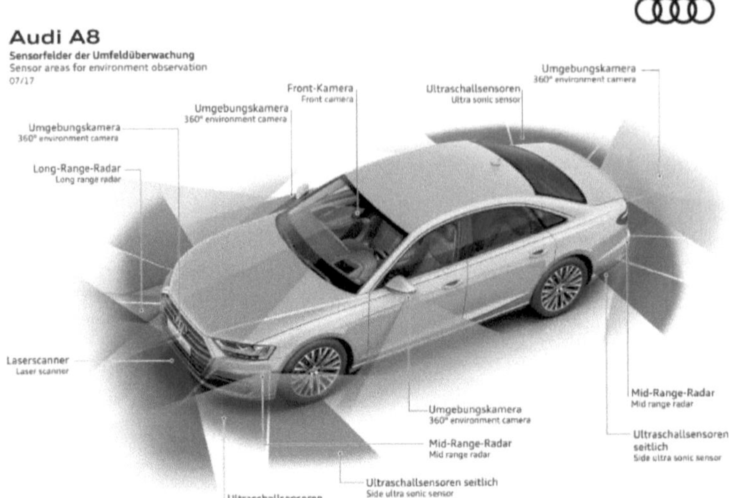

Bild 6.3 Sensorik des autonomen Fahrens[13]

6.5 Zu lösende Probleme

Bei der Implementierung des Platooning treten noch viele Probleme auf, die eine öffentliche Nutzung noch verhindern. Einer der entscheidenden Faktoren ist hierbei das Verhalten der von Personen gesteuerten Fahrzeuge. So muss bei einem Konvoi von nur 2 Lkws bereits die Länge in Betracht gezogen werden, welche der Konvoi auf der Straße einnimmt. So können Autobahnauffahrten aber auch Überholvorgänge deutlich erschwert werden und damit die Verkehrssituation sogar verschlimmern. Ebenso stellt ein Überholvorgang seitens des Konvois eine Problematik dar. Zudem müssen Situationen wie das Einscheren anderer Verkehrsteilnehmer zwischen die Fahrzeuge gelöst werden. Diese würden vor allem bei vollautomatisiert folgenden Fahrzeugen ein großes Problem darstellen. Ein Konvoi aus mehr als 2 Nutzfahrzeugen ist daher problematisch. Eine mögliche Lösung wäre, eine dedizierte Fahrbahn bereitzustellen, jedoch würde das entweder die mögliche Verkehrsdichte der verbleibenden Fahrbahnen erhöhen oder den Neu- oder Ausbau des Straßennetzes erfordern.

Hervorzuheben sind außerdem kleinere Hindernisse innerhalb von Ortschaften, wie das Aufsplitten des Konvois an Ampeln oder Kreuzungen. Dies könnte

---

[13]   http://www.buzzriders.com/2017/07/der-neue-audi-a8-was-heute-technisch-machbar-ist-ganz-ohne-elektroantrieb/ (abgerufen am 19.01.18)

enorme Probleme verursachen, falls die Fahrzeuge automatisiert fahren und an diesen Stellen selbstständig agieren müssen. Dabei stoßen sie an dieselben Grenzen der momentanen autonomen Fahrzeuge, besitzen jedoch keinen Fahrer der im Notfall eingreifen kann. Eine Nutzung des Platooning innerhalb geschlossener Ortschaften ist daher für fahrerlose Fahrzeuge mit dem heutigen Stand der Technik nicht ohne weiteres umzusetzen.

Da viele Organisationen beziehungsweise Hersteller an eigenen Entwicklungen arbeiten, welche teils unterschiedliche Technologien verwenden, wird eine übergreifende Anbindung verschiedener Projekte nicht möglich sein. Vor allem bei Nutzfahrzeugen wird die gewünschte Exklusivität der einzelnen Hersteller ein großes Hindernis darstellen. Dies wird unweigerlich dazu führen, dass sich Flotten unterschiedlicher oder sogar der gleichen Logistikunternehmen nicht miteinander verbinden können, wenn die Fahrzeuge nicht vom gleichen Hersteller sind. Bei diesem Problem wird es jedoch möglicherweise keine Verbesserung seitens der Hersteller geben und müsste vom Staat reguliert werden.

Entscheidende Hindernisse sind auch in der rechtlichen Grundlage zu finden, so ist die öffentliche Nutzung von Platooning noch nicht erlaubt. Derzeit finden lediglich vereinzelt Testfahrten auf öffentlichen Straßen statt. Einige der problematischsten Vorschriften sind dabei jene, die sich mit dem Mindestabstand auseinandersetzen, denn hier arbeiten die Gesetze gegen die beim Platooning angestrebte Verringerung des Abstands. Beispielsweise ist im §4 der StVO ein Mindestabstand von 50m bei Fahrzeugen über 3,5t vorgeschrieben.

Weitere Hürden treten bei Schadensfälle auf, die auch bei automatisiertem Fahren reguliert werden müssten. Diese Probleme werden wahrscheinlich spezielle Gesetze und Forderungen an Fahrer der Leitfahrzeuge hervorbringen, so ist es denkbar, dass spezielle Führerscheine erforderlich werden, da mehrere Fahrzeuge gleichzeitig geführt werden. Die Ziele im Personenverkehr der komfortablen dynamischen Anbindung werden aus diesen Gründen heraus nicht in nächster Zeit umzusetzen sein.

Ein Problem welches auch in anderen Bereichen bereits vorhanden ist, aber keine große Beachtung findet, ist die Möglichkeit bei jedweder Verbindung auch eine Angriffsfläche für computerbasierte Angriffe zu bieten. So könnte auf persönliche Daten zugegriffen und im Extremfall die Kontrolle des Fahrzeuges durch solche Angriffe übernommen werden. Bereits bei den heutigen Fahrzeugen gibt es zahlreiche Möglichkeiten von außen Zugriff auf die Steuerungssysteme zu erhalten. Bei Platooning verschärft sich dieses Risiko allerdings deutlich, denn das Nutzen der vehicle-to-vehicle-Kommunikation öffnet den Angriffen eine komplett neue Schwachstelle in der Datenübertragung, außerdem liegt aus der Anwendung heraus eine hohe Reichweite der Signale zu

Grunde. Die Hersteller müssen daher ihre Sicherheitsvorkehrungen erweitern. Auch wird ein regelmäßiges Updaten der Software nötig sein, um die Sicherheit während der gesamten Lebensdauer zu gewährleisten, was zusätzliche Ressourcen in Bezug auf Entwicklungs- und Servicepersonal des Herstellers erfordern wird.

Nicht zuletzt wird das automatisierte Fahren auch von den Fahrzeugführern abhängen, denn diese müssen bereit sein, entweder nachfolgende Fahrzeuge zu übernehmen oder die Kontrolle über ihr eigenes Fahrzeug abzugeben. Daher muss bei den jetzigen Fahrern das nötige Vertrauen in die Technik aufgebaut werden. Um dieses allerdings zu erreichen, müssten vor allem das Personal der Logistikunternehmen schon heute sensibilisiert werden, um einen direkten Einsatz des Platooning bei Beginn der Einführung großflächig zu erreichen. Ansonsten könnte sich die tatsächliche Nutzung weiter verschieben, wenn nur wenige Unternehmen bereit sind, finanzielle Mittel in Platooning zu investieren.

6.6 Ausblick

Derzeit entwickeln verschiedene Organisationen neue Konzepte für das Platooning. Die Vorgehensweise vieler Nutzfahrzeughersteller kann am Beispiel von Scania veranschaulicht werden. Die Ziele liegen hier vor allem in der Reduktion des Treibstoffverbrauchs. Die ursprünglichen Konzepte haben jedoch keine vollständige Automatisierung der folgenden Fahrzeuge vorgesehen, sondern lediglich die Verringerung des Abstandes zwischen den Fahrzeugen. Seit Anfang 2017 laufen in Singapur Tests mit vollständiger Automatisierung mit 4 Fahrzeugen im Konvoi. Dabei werden nur Nutzfahrzeuge unterstützt und es wird keine dedizierte Fahrbahn benötigt.

Bei SATRE (Safe Road Trains for the Environment) hingegen handelt es sich um ein Projekt, welches von der europäischen Kommission kofinanziert wird. Hier wird stärker auf Komfort, Sicherheit und Verkehrseffizienz gezielt. Auch hier wird keine besondere Fahrspur benötigt, jedoch geht der Ansatz auch auf PKWs ein. LKWs sollen als Leitfahrzeuge dienen, an denen sich PKWs dynamisch dem Konvoi anschließen und diesen wieder verlassen können. Dabei können die Fahrer der folgenden PKWs die Kontrolle abgeben und sich mit anderen Dingen beschäftigen.

Im Gegensatz dazu setzt das kalifornische Projekt Path auf eine dedizierte Fahrspur für im Konvoi fahrende Fahrzeuge. Dabei sollen Probleme, die mit anderen Verkehrsteilnehmern auftreten könnten, verhindert werden. Anders als die anderen Projekte wird hier davon ausgegangen, dass alle Fahrzeuge automatisiert fahren, also auch die leitenden Fahrzeuge. Ein Mischen unterschiedlicher Fahrzeuge (PKW/LKW) ist allerdings nicht vorgesehen. Der Abstand der Fahrzeuge wird momentan mit 3-4m getestet. Die Ziele liegen hier auf einer Erhöhung der Kapazität der Autobahnen und einer Verbesserung der Energieeffizienz.

Anders als die bereits beschriebenen Konzepte handelt es sich bei dem Projekt Energy ITS (Intelligent Transport Systems) des japanischen Finanzministeriums um ein Konzept mit dem Schwerpunkt auf den Ersatz von fehlendem Personal durch automatisierte Fahrzeuge. Ein weiteres Ziel ist aber auch hier die effizientere Energienutzung beim Transportverkehr. Die derzeitigen Tests arbeiten mit 3 LKWs in einem Konvoi bei 80 km/h und einem Abstand von 10m. Es werden spezielle Straßenmarkierungen vorausgesetzt, um die Spur halten zu können.

Viele Projekte werden auf öffentlichen Straßen erprobt. Es ist geplant, in den nächsten Jahren die rechtlichen Voraussetzungen zu schaffen und damit Platooning zu etablieren. Dabei sind vor allem die einfachen statischen Formen der Nutzfahrzeughersteller weit vorangeschritten, welche keine vollständige Automatisierung fordern und damit Fahrzeugführer als Rückfallebene besitzen. Bei den dynamischen oder auch vollautomatisierten Konzepten hingegen existieren noch etliche Hindernisse, die eine Einführung wohl noch verzögern werden.

Literatur

Andelfinger, V., P., Hänisch, T., 2015. Internet der Dinge Technik Trends Geschäftsmodelle. Springer Gabler.

Bergenhem, C., Huang, Q., Benmimoun, A., Robinson, T., 2010. Challenges Of Platooning On Public Motorways. Link (abgerufen am 10.11.2017) https://pdfs.semanticscholar.org/c5af/ e2bfbf86062e00149504fd185c94b8a6d74a.pdf

Robinson, T., Chan, E., Coelingh, E., 2010. Operating Platoons On Public Motorways: An Introduction To The SATRE Platooning Programme. Link (abgerufen am 10.11.2017) https://www.researchgate.net/profile/Erik_Coelingh/ publication/268300380_Operating_Platoons_On_Public_Motorways_An_Introduction_To_The_SARTRE_Platooning_Programme/links/ 5630af3a08ae336c42eb531b/Operating-Platoons-On-Public-Motorways-An-Introduction-To-The-SARTRE-Platooning-Programme.pdf

Alam, A., A., Gattami, A., Johannson, K., H., 2010. An Experimental Study On The Fuel Reduction Potential of Heavy Duty Vehicle Platooning. Link (abgerufen am 14.11.2017) http://www.diva-portal.org/smash/get/diva2:495889/ FULLTEXT01.pdf

Bergenhem, C., Shaldover, S., Coelingh, E., Englund, C., Sadayuki, T., 2012. Overview of platooning systems. Proceedings of the 19th IST Orld Congress, Oct 22-26, Wien, Konferenzbeitrag. Link (abgerufen am 15.11.2017) http://publications.lib.chalmers.se/records/fulltext/174621/lo-cal_174621.pdf

Janssen, R., Zwijnenberg, H., Blankers, I., de Kruijeff, J., 2015. Truck Platooning: Driving The Future Of Transportation. Link (abgerufen am 21.11.2017) https://www.tno.nl/en/about-tno/news/2015/3/truck-platooning-driving-the-future-of-transportation-tno-whitepaper/

DESTATIS Statistisches Bundesamt Transport und Verkehr Link (abgerufen am 15.12.2017) https://www.destatis.de/DE/ZahlenFakten/Wirtschaftsbereiche/ TransportVerkehr

Alam A., 2014. Fuel-Efficient Heavy-Duty Vehicle Platooning. Stockholm, Doctoral Thesis. Link (abgerufen am 15.12.2017). https://pdfs.seman-ticscholar.org/983b/08e97fc88d10bc0dac1444b5318c1baa6d93.pdf

Autonome Lkws auf öffentlichen Straßen in Singapur. Link (abgerufen am 17.01.2018) https://www.scania.com/de/de/home/experience-scania/fea-tures/autonomous-truck-platoon-in-singapore.html

Autor

Marcel Lehnertz ist Student der Elektrotechnik mit der Vertiefungsrichtung Automation und Energietechnik an der Fachhochschule Trier.

7 Wearables zur Fernüberwachung und -Diagnose

M. Quintus, Hochschule Trier, FB Technik,

Abstract: In diesem Paper sollen die Anwendungsmöglichkeiten von tragbaren Biosensoren („Wearables") beschrieben werden. Besonderes Augenmerk liegt hierbei auf den verschiedenen Sensortypen, sowie auf der Kommunikation mit behandelnden und überwachenden Stellen. Weiterhin werden die unterschiedlichen Tragemöglichkeiten der Wearables beschrieben und deren medizinisch-diagnostische Verwendung ausgewertet.

Keywords: Internet-of-things (IoT), Smart Health, Sensoren, Wearables, Diagnostik

7.1 Die Sensoren

Für die Diagnose und Überwachung des körperlichen Zustands eines Menschen kann eine Vielzahl an unterschiedlichen Sensoren verwendet werden. Je nachdem, wie sie am Körper des Patienten getragen werden, stehen besondere Gruppen von Sensoren zur Verfügung.

Sensoren, die in Kleidung eingearbeitet werden, ermöglichen die größte Vielfalt an Messungen. Temperatur-, Druck-, Höhen-, und Beschleunigungssensoren liefern wertvolle Informationen über Bewegungen und Körperaktivität des Anwenders. Mit ihrer Hilfe kann ein Bewegungsprofil erstellt und krankhafte Zustände erkannt werden. Zusätzlich können Elektrokardiogramme (EKG, engl. ECG) und Elektromyogramme (EMG) aufgezeichnet werden. Diese Messungen liefern wichtige Vitalparameter, die im Zuge einer Diagnose durch den behandelnden Arzt oftmals in der Praxis durchgeführt werden müssen. Die Kombination dieser Sensoren ermöglicht es dem Arzt somit eventuelle Erkrankungen des Bewegungsapparates zu erkennen, die dem Patienten nur im Alltag auffallen, nicht aber im Behandlungszimmer.

Besonders bekannt sind Smartwatches und sog. „Fitness-Tracker". Diese Wearables sind im privaten Komsumentenbereich bereits weit verbreitet, um die persönliche Fitness digital festzuhalten und das jeweilige Training dem aktuellen Leistungsstand anzupassen. Beschleunigungssensoren, Puls-, und Körpertemperaturmessungen gehören bei diesen Wearables schon zur Grundausstattung. Spezieller sind hier Pulsoximeter und Elektrodermographen. Ein Pulsoximeter ermöglicht Messungen der Sauerstoffkonzentration im Blut des Anwenders. Elektrodermographen prüfen mittels der elektrischen Eigenschaften der Haut Aussagen über ihre Beschaffenheit.

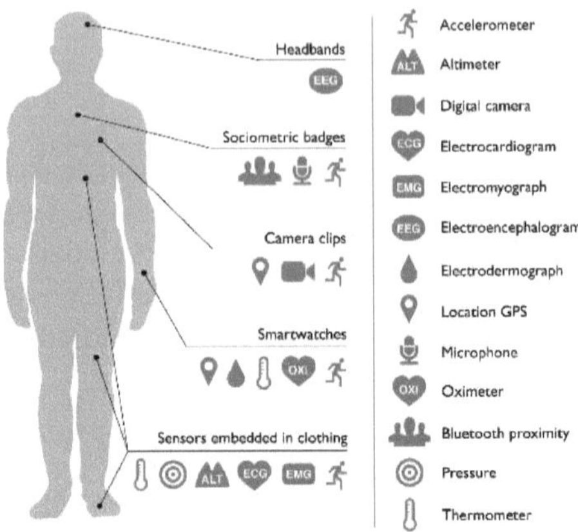

Bild 7.1 Verwendbare Sensoren und wie sie getragen werden können (Piwek 2016)

7.2 Die Tragemöglichkeiten

Wie bereits erwähnt, können die Sensoren der Wearables auf viele unterschiedliche Arten getragen werden. Die prominentesten Beispiele stellen dabei wohl Smart-Watches und der Fitness-Tracker dar. Beide werden am Handgelenk getragen und kommunizieren entweder drahtlos mit einem verbundenen Smartphone oder sie zeigen Messwerte direkt über ein integriertes Display an.

Bild 7.2 Fitbit® Flex 2 links (https://www.fitbit.com/de/home), Samsung Gear 2 rechts (http://www.samsung.com/de/consumer/mobile-devices/wearables/gear/SM-R3800GNADBT/)

Eine weitere Tragemöglichkeit, welche unter anderem von einem koreanischen Ingenieursteam bereits erfolgreich getestet wurde, ist die Sensor-Kleidung.

Ihre Entwicklung soll die Körperhaltung des Trägers ermitteln. Verwendet wurde hierbei ein eigens für diese Anwendung entwickeltes, leitfähiges Garn, welches Schlüsselstellen im Stoff des Kleidungsstückes durchzieht. Mit einem integrierten FPCB (engl. Flexible Printed Circuit Board, Flexible Platine) kann das Sensor-Modul angebracht und entfernt werden, welches mit einem Computer (vorerst noch drahtgebunden) kommuniziert.

Vorteile dieser Tragemethode sind vor allem die Vielfalt an Sensoren, die in Kleidung integriert werden kann. Wie man am Beispiel des koreanischen Forschungsteams erkennt, können auch komplett neue Sensortypen an die Aufgabenstellung angepasst werden. In Kombination mit leichten und unauffälligen Stoffen, sowie einer Drahtlosnetzwerkschnittstelle bietet diese Technologie die besten Zukunftsaussichten, wenn es um Überwachung und Diagnose von Patienten geht.

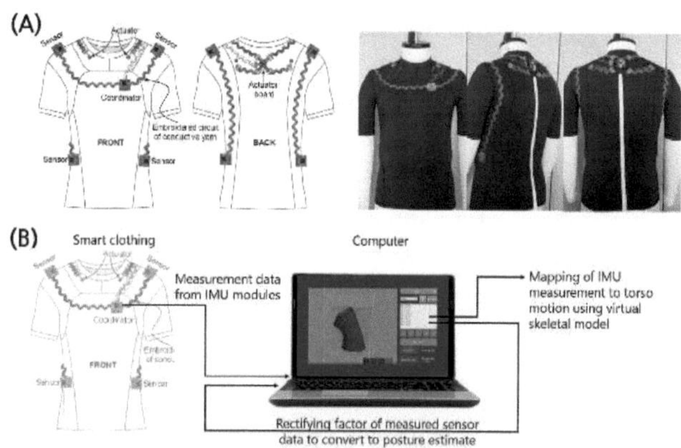

Bild 7.3 Sensorkleidung zur Haltungsanalyse (Kang 2017)

Ein weiteres schönes Beispiel ist der „Smart Ring" von Oura. Er wirbt damit, das fortschrittlichste Wearable zu sein, wenn es um die Verbesserung der Schlafqualität geht. Er verwendet eine Kombination aus Temperatur und Pulssensoren. Die Messwerte werden vom Ring an ein Smartphone gesendet. Dort werden diese Daten dann ausgewertet und benutzerfreundlich präsentiert.

Bild 7.4 Oura „Smart Ring" (https://ouraring.com/)

7.3 Drahtlose Kommunikation

Die Kommunikation eines Wearables lässt sich grob in drei Teile gliedern. An erster Stelle steht die Messung von Vitalparametern und allen anderen relevanten Parametern. Diese werden dann, wahlweise direkt über ein eingebautes WiFi-Modul oder mithilfe einer anderen Funkschnittstelle über ein zentrales Datenerfassungs- und Sendemodul, an einen Cloud-Server gesendet. Ein Lesezugriff auf die dort gespeicherten Daten erfolgt dann durch autorisiertes Fachpersonal über bereits vorhandene Computer und Netzwerkstrukturen.

Bei der Entwicklung von Wearables sind ein geringes Gewicht und lange Laufzeiten erforderlich. Das verhindert oftmals eine Implementierung von WiFi-Modulen in das Gerät, da diese relativ viel Platz in Anspruch nehmen können und einen erhöhten Stromverbrauch mit sich bringen. Um dieses Problem zu umgehen, können Funkschnittstellen verwendet werden, die mit einer Basisstation in Verbingung stehen. Hierbei können beispielsweise Bluetooth, ZigBee oder ANT zum Einsatz kommen.

Bei diesen Technologien handelt es sich um Nahbereichs-Datenübertragungssysteme, die vor allem sichere Verbindungen, geringen Leistungsverbrauch und kleinere Bauteilgröße ermöglichen. Die Skalierbarkeit wird ebenfalls verbessert. Ein Bluetooth-Master kann mit bis zu sieben Bluetooth-Slaves in Verbindung stehen. ZigBee schafft es nicht nur, Stern-Topologien aufzubauen, sondern auch Baum- und Netz-Topologien, welche die Kommunikation zwischen Sensormodulen ermöglicht.

Tabelle 7.1 Drahtlos-Interfaces

Drahtlos Interface	Reichweite	Datenrate	Leist.-bedarf	Max. Anz. Knoten	Topologien	Sicherheit
Bluetooth	1–100 m	1–3 Mbps	2.5–100 mW	1 Master 7 Slaves	P2P, Stern	56–128 Bit Key
ZigBee	10–100 m	250 kbps	35 mW	65,533	P2P, Stern, Baum, Netz	128-bit AES
WiFi	150–200 m	54 Mbps	1 W	255	P2P, Stern	WEP, WPA, WPA2
ANT	30 m	20–60 kbps	0.01–1 mW	65,533 pro Kanal	P2P, Stern, Baum, Netz	64-Bit Key

Bereits in Entwicklung und besonders vielversprechend ist das ANT-Interface. Größter Vorteil dieses Kommunikationssystems ist der extrem geringe Stromverbrauch der Chips. Außerdem sind auch komplexere Netzwerktopologien möglich, welche zum Beispiel Broadcasts (ein Sender, mehrere Empfänger) und „Many to One"-Verbindungen (Ein zentraler Empfänger, mehrere Sender) ermöglichen. Die maximale Anzahl von 65533 Knoten lässt besonders komplexe Sensorsysteme zu, die in der Anwendung sogar untereinander kommunizieren können.

Eine im August 2017 veröffentlichte Studie von Takeshi Onoue und seinem Team verwendete eine Kombination aus Bluetoothfähigen Messgeräten und einem Smartphone (Kyocera S301) mit einer entsprechenden, vorinstallierten Applikation. Die Messwerte wurden dann über das Smartphone in einen gesicherten Cloud-Server hochgeladen und konnten von Gesundheitsexperten in einem externen Call Center, aber auch lokal vom Patienten selbst oder anwesenden Gesundheitsexperten ausgelesen werden.

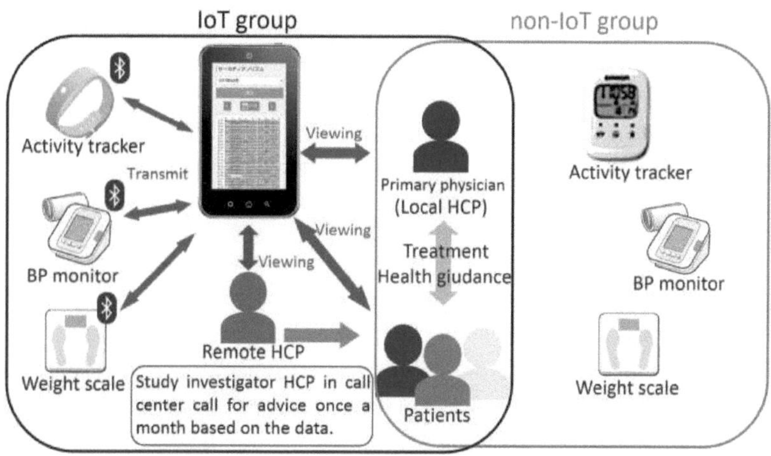

Bild 7.5 Netzwerktopologie der Studie von Takeshi Onoue (Onoue2017)

7.4 Medizinischer Nutzen von Wearables

Eines der größten, aktuellen Probleme im medizinischen Bereich ist der Fachkräftemangel. Besonders im ambulanten Bereich ist diese Entwicklung zu spüren, da immer weniger Pflegekräfte eine stark ansteigende Anzahl an Patienten versorgen müssen. Eine Studie des Statistischen Bundesamtes und des Bundesinstitutes für Berufsbildung (Afentakis/Maier) aus dem Jahr 2010 bestätigt, dass bei gleichbleibender Beschäftigungsstruktur und Pflegefallwahrscheinlichkeit, ein Mangel von rund 200.000 Pflegekräften bis 2025 zu erwarten ist.

An dieser Stelle lässt sich durch das Internet of Things der Arbeitsablauf des Pflegedienstes optimieren. Ein Beispiel wäre die Überwachung von Patienten mit Diabetes. Wo heute noch täglich Hausbesuche zur Blutzuckerkontrolle notwendig sind, könnte in naher Zukunft ein Wearable in einem IoT zum Einsatz kommen. Vorstellbar wäre ein unauffälliger Ring oder ein Armband, welches eine zentrale Stelle informiert, sobald der Patient zu viel oder zu wenig Blutzucker hat. Mit dieser Technologie würde bereits ein kleiner Teil der täglichen Hausbesuche zur Blutzuckermessung einer ambulanten Pflegekraft wegfallen. Pflegestationen können dadurch die vorhandenen Fachkräfte besser und effektiver auf ihre Patienten aufteilen.

7.5 Absehbare Probleme und Herausforderungen

Mit der neuen Technologie des Internet of Things entstehen sowohl generelle als auch speziell auf die medizinische Anwendung bezogene Probleme und Herausforderungen.

An aller erster Stelle steht die Sicherheit der übermittelten Daten. Datenschutz stellt besonders im medizinischen Bereich eine zentrale Anforderung dar, da es sich um sehr vertrauliche Daten handelt. Jede Verbindung über ein unzureichend gesichertes Netzwerk birgt die Gefahr, dass unautorisierte Dritte sich Zugang zu medizinischen Daten von Einzelpersonen, im schlimmsten Fall sogar aller Patienten verschaffen können. Der Schutz der Daten z.B. durch eine Verschlüsselung wird somit zwingend notwendig.

Eine weitere wichtige Anforderung ist der Stromverbrauch der Wearables selbst. Der intelligenteste Smart-Ring nützt dem Anwender wenig, wenn bereits nach zwei Stunden keine Signale mehr übermittelt werden können. Besonders problematisch wird es, wenn eine Vielzahl an Sensoren in ein einzelnes Wearable verbaut werden und in Echtzeit Daten erfassen und weiterleiten. Aber nicht nur die Hardware beeinflusst den Stromverbrauch. Ineffiziente Programmierung und Datenverarbeitung, sowie komplexe Verschlüsselungsmethoden können die Laufzeit von Wearables ebenfalls deutlich verringern.

Dritter Problempunkt ist die Verwendbarkeit der Geräte. Sowohl die Anwendung, die Tragbarkeit und die Robustheit stellen Herausforderungen an die Entwickler von Wearables dar und erfordern viele Kompromisse, um ein Ideales Produkt entwickeln zu können.

In der Anwendung sollte ein ideales IoT-Gerät die komplette Einrichtung in Eigenregie durchführen können und ein Minimum an Intervention durch den Anwender erfordern. Nach dem „Plug and Play"- Prinzip sollte ein IoT-Netzwerk auch beliebig um neue Geräte und speziell Wearables erweiterbar sein. Ein zu aufwändig konzipiertes System würde viele potentielle Anwender, die von den Funktionen profitieren könnten eher von einer Anschaffung abschrecken. Ein System, bei dem die Anwender überhaupt keinen Einfluss ausüben, könnte bei technischen Problemen zu längerfristigen Ausfällen des Systems führen.

Das wohl entscheidende Kriterium bei der Anschaffung eines MIoT-Systems aus Sicht des Patienten ist die Tragbarkeit. Wearables sollen den ganzen Tag getragen werden können, um eine konstante Datenerfassung zu ermöglichen. Damit die Einschränkungen im Alltag möglichst geringgehalten werden, sind Gewicht und Komfort besonders wichtig. Smart-Ringe und Smart-Watches zeigen hier, dass ein bekanntes Tragegefühl (Ringe und Armbanduhren) ausgenutzt werden kann, um neue IoT-Funktionen zu Implementieren. Smart-Clothing ist sogar noch besser geeignet, um möglichst viel Technologie möglichst unauffällig am Körper des Anwenders anzubringen. Das Gewicht der Einzelkomponenten kann effektiv auf den Körper verteilt werden. Die beste Funktionalität und Anwenderfreundlichkeit nützt dem Träger nichts, wenn er täglich einen Rucksack voll mit der ausgetüfteltsten Technologie mit sich herumtragen muss.

7.6 Fazit

Die Entwicklung von Wearables in einem Internet of Things hat bereits einige Fortschritte gemacht. Sensoren werden immer kleiner und effizienter. Die Kommunikation der Einzelkomponenten ganzer Sensorsysteme verwendet einen eigens für dieses Anwendungsgebiet entwickelten Standard und komfortable Tragemöglichkeiten wurden bereits erfolgreich getestet.

Für eine flächendeckende Anwendung muss allerdings die Benutzerfreundlichkeit verbessert werden, sodass z.B. auch Senioren von den neuen Systemen überzeugt werden können. Besonders in der Fernüberwachung sind sie es, die am meisten davon profitieren können.

Wearables haben ein großes Potenzial, der Problematik einer immer älter werdenden Bevölkerung und einer Unterversorgung durch ambulante Pflegekräfte entgegenzuwirken.

Literatur

1. Gao W, Emaminejad S, Nyein HY, Challa S, Chen K, Peck A, et al. Fully integrated wearable sensor arrays for multiplexed in situ perspiration analysis. Nature. 2016;529(7587):509–514.

2. Mostafa Haghi et al. Wearable Devices in Medical Internet of Things: Scientific Research and Commercially Available Devices. Online PMCID: PMC5334130

3. Piwek L, Ellis DA, Andrews S, Joinson A (2016) The Rise of Consumer Health Wearables: Promises and Barriers. PLoS Med 13(2): e1001953. https://doi.org/10.1371/journal.pmed.1001953

4. Kang, Sung-Won, et al. "The Development of an IMU Integrated Clothes for Postural Monitoring Using Conductive Yarn and Interconnecting Technology." Sensors 17.11 (2017): 2560.

5. Onoue T, Goto M, Kobayashi T, et al. Randomized controlled trial for assessment of Internet of Things system to guide intensive glucose control in diabetes outpatients: Nagoya Health Navigator Study protocol. Nagoya Journal of Medical Science. 2017;79(3):323-329. doi:10.18999/nagjms.79.3.323.

6. Majumder S, Mondal T, Deen MJ. Wearable Sensors for Remote Health Monitoring. Evoy S, Fidan B, eds. Sensors (Basel, Switzerland). 2017;17(1):130. doi:10.3390/s17010130.

7. https://www.bundesgesundheitsministerium.de/themen/pflege/pflege-kraefte/beschaeftigte/?L=0

8. ANT-Interface: https://www.thisisant.com/developer/components/d52

Autor

Martin Quintus ist Student der Medizintechnik an der Hochschule Trier.

8 IoT-Sensorik in der Telemedizin

H. Pütz, Hochschule Trier, FB Technik

Abstract: Die Verwendung diverser Sensoren in der Medizintechnik hat in den letzten Jahren massiv zugenommen. Über Telemonitoring erreicht man eine Überwachung von Patienten mittels vernetzter Sensoren aus der Ferne. Der Patient erhält dadurch Lebensqualität in den eigenen vier Wänden zurück, es fallen jedoch eine Vielzahl an sensiblen persönlichen Daten an, mit denen verantwortungsvoll umgegangen werden muss.

Keywords: IoT-Sensorik, drahtlose Sensoren, Telemonitoring, Ambient Assisted Living, Medizintechnik

8.1 Anforderungen an Sensoren für Telemonitoring

„Die Bedeutung von IT im Gesundheitswesen hat in den letzten zehn bis 15 Jahren stark zugenommen" (Müller-Mielitz, 2017). Deshalb liegt es nur nahe, die Grundidee des Internet of Things, Gegenstände mit technischer Intelligenz auszustatten und über das Internet miteinander zu vernetzen, für die in der Medizintechnik verwendete Sensorik zu nutzen.

Unter Telemonitoring versteht man die Fern-Überwachung und -Unterstützung von ambulanten Patienten in ihrer häuslichen Umgebung mittels Sensorik. Der Bedarf hierfür entsteht vor allem aus dem fortschreitenden demographischen Wandel der Gesellschaft und den dadurch zunehmend benötigten Behandlungskapazitäten sowohl in Krankenhäusern als auch in Arztpraxen. Doch die Anzahl der Ärzte steigt nicht wesentlich an, in ländlichen Regionen kommt es gar zu einem Ärztemangel durch die zunehmende Abwanderung in die Städte. Daraus lassen sich zwei große Ziele für IoT-Sensorik ableiten. Einerseits eine kontinuierliche Überwachung durch direkt am Körper getragene Sensoren, die es den Patienten ermöglichen, möglichst lange im gewohnten Umfeld bleiben zu können. Andererseits gilt es, das Gesundheitssystem durch eine Reduktion der Hospitationszeit oder das gänzliche Vermeiden eines Krankenhausaufenthalts bzw. Arztbesuchs zu entlasten. Hieran haben auch die Kostenträger, also die Krankenkassen, ein großes Interesse.

Betrachtet man die Sensorik unter dem Gesichtspunkt des Telemonitorings, muss man den Begriff des Ambient Assisted Living (AAL) nennen. Hierbei handelt es sich um Systeme, die in der Lage sein sollen, Menschen aktiv und autonom, ohne weitere Bedienung, zu unterstützen. Dies sind selbstlernende Systeme, die sich an ihre Nutzer anpassen können (Picot & Braun, 2011).

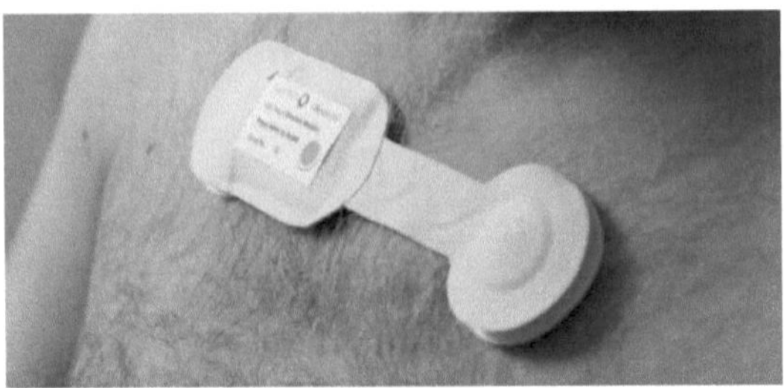

Bild 8.1 IoT-Sensorik zur Erfassung des EKG[14]

Moderne IoT-Sensoren sammeln und verarbeiten selbstständig immer mehr Daten und gewährleisten eine kontinuierliche Überwachung der Vitalparameter von Patienten. Dabei generieren sie automatisch in einer zentralen Datenbank Statistiken zu beispielsweise Körpertemperatur, EKG, Herzfrequenz oder auch zur Sauerstoffsättigung im Blut über einen langen Zeitraum. Durch Datenverarbeitung sollen solche Systeme Verschlechterungen im Gesundheitszustand selbstständig erkennen können und die nötigen Schritte einleiten. Dies kann vom Versenden einer einfachen SMS an die Angehörigen über eine Information an den behandelnden Arzt bis hin zu einer Alarmierung des Rettungsdienstes reichen, wenn zum Beispiel definierte Grenzwerte für Vitalparameter überschritten werden.

Die Komplexität besteht bei der Entwicklung solcher Sensorik in der Signalverarbeitung, die relevante Ereignisse aus der Datenflut herauszufiltern versucht. Das Sensorsystem übernimmt gesundheitliche Erinnerungs- und Warnfunktionen und sorgt für ein Versorgungsplus durch kontinuierliche Betreuung. Man erreicht also eine gesteigerte Sicherheit und mehr Lebensqualität in im eigenen Zuhause. Zu beachten ist jedoch, dass diese Sensorik immer gut gewartet werden muss. Es muss eine durchdachte Fehlererkennung in der Signalverarbeitung integriert sein, um falsche Diagnosen vermeiden zu können oder lebenswichtige Ereignisse nicht zu übersehen. Dafür wird eine zuverlässige medizinische Messtechnik benötigt für die durch die ohnehin benötigte Vernetzung auch eine internetbasierte Fernwartung denkbar wäre.

Aus dem Anwendungsfeld direkt am Patienten ergibt sich eine Vielzahl an Herausforderungen an die Sensoren. Die Sensorik muss unter den Aspekten der Umgebungssensitivität, Interaktion und Mobilität entwickelt werden. Die Mobilität ist hierbei der schwierigste Faktor dessen Komplexität vor allem in den am Körper tragbaren Sensoren und dem Herausfiltern von Bewegungsartefak-

---

[14]   http://www.mobihealthnews.com/17068/isansys-secures-ce-mark-for-wearable-wireless-medical-sensor

ten besteht. Es muss eine flächendeckende drahtlose Internetverbindung gewährleistet sein, um überall auf virtuelle Ressourcen zugreifen zu können. Sensorik, die nur im Haus des Patienten genutzt wird, muss eine drahtlose Nahfeldkommunikation, beispielsweise Bluetooth oder NFC, zur Verfügung stellen, um mit einer ans Internet angebundenen Basisstation zu kommunizieren. Darüber hinaus muss das Sensorsystem sehr kompakt und unauffällig sein, da es direkt am Körper getragen, gegebenenfalls sogar in Kleidung integriert wird. Es darf den Patienten zu keinem Zeitpunkt stören oder gar behindern. Jedes derartige System muss aber trotzdem, wie bereits erwähnt, immer eine einwandfrei funktionierende Datenerfassung haben, aber auch eine zuverlässige Datenverarbeitung, -weiterleitung sowie -speicherung gewährleisten. Ein störungsfrei operierendes mobiles Netzwerk ist also Grundvoraussetzung für den Betrieb.

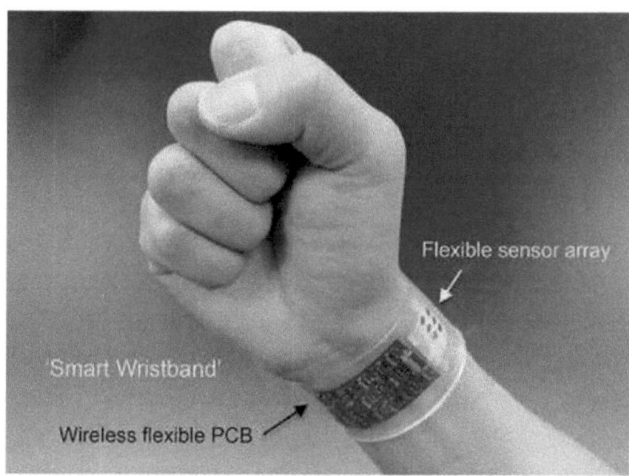

Bild 8.2 „Smart Wristband" zur Überwachung medizinischer Werte über den Schweiß[15]

Ein entscheidender Faktor ist ebenso, dass die Leistungsaufnahme im Betrieb möglichst gering ist, um sehr lange Laufzeiten ermöglichen zu können. Müssen nur wenige Daten übertragen werden und wird nur wenig Datenverarbeitung direkt am mobilen Sensorsystem betrieben, kann der Stromverbrauch verringert werden. Bei all dem spielt der Medizintechnik in die Karten, dass immer kleinere und sparsamere Mikroelektronik zur Verfügung steht. Als Alternative gibt es die Idee des Energy Harvesting indem man versucht „Energie aus der Umwelt zu entnehmen" (Brand, et al., 2009). Dies wäre beispielsweise über das Nutzen der Wärmeenergie, die der menschlichen Körper abgibt, denkbar. Kontinuierliches Abtasten bedeutet jedoch nicht, dass permanent Daten erfasst werden müssen. Laut des Nyquist-Theorems genügt es „ein kontinuierliches Signal mit einer bestimmten Maximalfrequenz mit mindestens doppelt

---

[15] http://news.berkeley.edu/2016/01/27/wearable-sweat-sensors/

so großer Frequenz" abzutasten, „um aus den Messwerten - den so genannten Samples - den Signalverlauf verlustfrei reproduzieren zu können" (Kreuzer, 2009). Reduziert man die Häufigkeit der Messungen also auf das Minimum, ergibt sich ein weiteres Potential den Energiebedarf zu senken.

Man benötigt eine ganzheitliche Lösung aus allen beteiligten Forschungsfeldern wie Elektrotechnik, Informatik und Medizin. Oberste Prämisse bei der Entwicklung muss aber immer sein, dass der Patient im Mittelpunkt steht. Die Sensorik muss sich nach dem Menschen richten der sie benutzen soll und nicht der Mensch nach der Sensorik.

8.2 Wandel der Arzt-Patient-Interaktion

Grundvoraussetzung für eine erfolgreiche medizinische Behandlung ist das gegenseitige Vertrauen zwischen Patient und behandelndem Mediziner. Misstraut der Patient dem Arzt in seinen Empfehlungen, steht das einer erfolgreichen Genesung ebenso im Wege wie es der Fall ist, wenn der Arzt sich nicht darauf verlassen kann, dass er vom Patienten alle benötigten Informationen zu seiner Erkrankung erhält.

Die Digitalisierung des Gesundheitswesens über Internet-fähige Sensoren allein kann jedoch nicht für eine Verbesserung der Behandlung sorgen. Es wird damit eine Effizienzsteigerung in der Versorgung angestrebt. Es darf nicht angenommen werden, dass immer mehr Technik in der Medizin auch ein Mehr an Gesundheit impliziert. Das oberste Ziel ist also die Sicherung und Verbesserung der Qualität sowie Effektivität in der Gesundheitsversorgung. Alle erfassten Daten sollen allen am Heilungsprozess beteiligten Ärzten und Krankenhäusern zur Verfügung stehen und als Entscheidungsunterstützung dienen.

Traditionell herrschte zwischen Patient und behandelndem Arzt ein asymmetrisches Verhältnis durch das unausweichliche Kompetenzgefälle. Der Mediziner entschied die Behandlung seines Patienten, der Patient vertraute seinem Arzt und tat, was dieser für angemessen hielt. Heutzutage ist der Patient hingegen wesentlich besser informiert und hinterfragt die Behandlungsvorschläge des Arztes kritisch. Dazu informiert er sich immer häufiger über Massenmedien wie dem Internet. Kommunikation beinhaltet neben der Übermittlung von Informationen auch das Verstehen des Gesagten des Gegenübers. Der Arzt muss versuchen, durch verständliche Sprache das Kompetenzgefälle zu überwinden. Hier fand eine Entwicklung vom vertrauenden Kranken hin zu einem aktiv an der gesundheitlichen Entscheidungsfindung beteiligten Patienten statt. Der Patient erhält durch IoT-Sensorik die Chance aktiv am Behandlungsablauf mitzuwirken, denn er kann natürlich genauso wie der Arzt auf die gesammelten Daten zugreifen und diese für sich bewerten. Dies führt zu einer

Stärkung der Patientenautonomie und einer aktiven Patientenkontrolle. Erhält der Patient ausführliche Informationen und ist er an Entscheidungsfindungen beteiligt, führt das zu einem besseren Outcome (Fischer, 2016). Dabei kann das Internet als indirekte Qualitätssicherung dienen. Dort tauschen sich Patienten über ihre Erkrankungen und Therapien aus und auch andere Ärzte können so zu Fragen Stellung nehmen. Ein Problem ist jedoch, dass die meisten Menschen bei ihrer Recherche die Glaubwürdigkeit dieser Internetquellen nicht überprüfen, so kann es zu einer Generierung überzogener Ängste oder zur Stellung von Selbstdiagnosen kommen.

Sehr wichtig ist, dass die persönliche Kommunikation zwischen Arzt und Patient auf zwischenmenschlicher Ebene niemals durch Telemonitoring ersetzt werden darf, obwohl es ja genau ein großes Ziel ist den Zeitaufwand der Patientenbetreuung reduzieren zu können.

8.3 Big Data in der Telemedizin

Durch die kontinuierliche Generierung von Daten aus am Körper getragenen Sensoren existieren zu jedem Menschen online immer mehr gesundheitliche Daten. Dadurch hält der Begriff Big Data auch Einzug in die Telemedizin. Eine Würdigung der besonderen Sensibilität von Daten im Gesundheitswesen ist unabdingbar. Dies stellt Herausforderungen an den Datenschutz, das Qualitätsmanagement und an die Sicherheit bei der Übertragung von Datensätzen.

Es besteht von verschiedenen Seiten ein Missbrauchspotential. Als Beispiel sind hier etwa die Krankenkassen zu nennen, die als Kostenträger über solche Daten Rückschlüsse ziehen könnten, wie teuer ein Versicherungsnehmer für sie werden kann. Aber auch Ärzte haben ein Interesse an solchen Informationen indem sie gezielt lukrative Patienten behandeln und anwerben könnten. Es besteht die Gefahr einer „Brandmarkung" als Risikopatient oder einer Diskriminierung aufgrund von Erkrankungen, denn aus der Datenflut lassen sich persönliche Informationen extrapolieren und auswerten.

Die technische Entwicklung schreitet in diesem Zusammenhang zügiger voran, als die rechtliche Entwicklung des Datenschutzes (Fischer, 2016). Daraus ergeben sich verschiedene Probleme wie zum Beispiel die rechtliche Grundlage für das Übermitteln von Daten aus Sensorik über das Internet, denn die Telemonitoring Dienstleister sind von Berufswegen keine Gehilfen des Arztes und unterliegen somit prinzipiell erstmal nicht der gesetzlichen Schweigepflicht.

Als weiteren Aspekt muss die Frage gestellt werden, was mit der Datenflut, beispielsweise aus dem Telemonitoring, geschehen soll. Einen Ansatz bieten hier Webinterfaces für jedes einzelne Produkt, aber der Trend geht hin zu einer gesamtheitlichen Lösung der elektronischen Patientenakte (ePA). Diese soll als zentrale Datenbank für verschiedenste Sensorik, medizinische Informationen aber auch für Dokumente aller Art (Einweisungen, Überweisungen, Arztbriefe und viele mehr) dienen. Die ePA soll eine einrichtungsübergreifende Informationstransparenz schaffen und die Dokumentation medizinischer Abläufe erleichtern und optimieren. Ein interessanter Aspekt wäre auch die Bereitstellung einer Art Notfallkarteikarte aus den abgelegten Daten mit lebenswichtigen Informationen für den Rettungsdienst.

8.4 Praxisbeispiel: Blutzuckerkontrolle von Diabetikern

Die bisher beschriebenen Ansätze des Telemonitorings mittels vernetzter Sensorik soll nun anhand eines Anwendungsbeispiels näher beleuchtet werden. Dazu wird hier die Unterstützung der kontinuierlichen Erfassung der Blutzuckerkonzentration über ein IoT-Messgerät herangezogen.

Die Relevanz dieses Anwendungsbeispiels wird deutlich, wenn man bedenkt, dass in Deutschland etwa 6-10 Millionen Menschen von dieser Krankheit betroffen sind (Keuper, 2013). Für gewöhnlich notieren die Patienten die ermittelten Messwerte von Hand, was einerseits zeitaufwendig ist und andererseits leicht Fehler nach sich zieht. „Die Qualität der Dokumentation ist grundsätzlich eher als schlecht einzuschätzen" (Keuper, 2013). Es hat sich gezeigt, dass etwa die Hälfte der niedergeschriebenen Werte falsch erfasst oder schlichtweg nur erfunden sind. „Zudem haben sich die Zeiten für einen Arzt-Patienten-Kontakt so verdichtet, dass es dem betreuenden Arzt kaum noch möglich ist, diese Daten im Beisein des Patienten auf eine angemessene Art und Weise auszuwerten" (Keuper, 2013). Ebenfalls besteht auf Seiten der Kostenträger ein Interesse an einer Verbesserung dieses Verfahrens, da Diabetiker ein erhöhtes Risiko für Herzinfarkte, Schlaganfälle oder andere lebensgefährliche Erkrankungen aufweisen und ihnen deshalb daran gelegen ist, dass Diabetiker gut therapiert werden sind um Folgekosten zu minimieren.

Die Messung des Blutzuckerspiegels stellt einen nicht zu vernachlässigenden Zeitaufwand für Diabetiker vor jeder Mahlzeit dar. Dazu gehört das Messen des Blutzuckerspiegels selbst, das Ermitteln der Broteinheiten für die nächste Mahlzeit und der deshalb benötigten Menge an Insulin sowie das Dokumentieren all dieser Parameter.

Das in Bild 8.3 dargestellte System Glucotel realisiert die automatisierte Datenerfassung, -übermittlung und -speicherung bei der Messung von Blutzucker. Dazu wird in Blutzuckermessgeräten und Insulinpens ein Modul zur Nahfeldkommunikation, beispielsweise Bluetooth, integriert. Eine direkte Internetanbindung des Messgeräts ist hier nicht notwendig da es genügt, die Daten beim nächsten Kontakt mit der Basisstation zuhause inklusive eines Zeitstempels zum Erfassungszeitpunkt in der Datenbank abzulegen. Die Basisstation leitet die Datensätze dann über das Internet an eine Datenbank weiter, ohne dass der Patient für die Erfassung der Messwerte Sorge tragen muss.

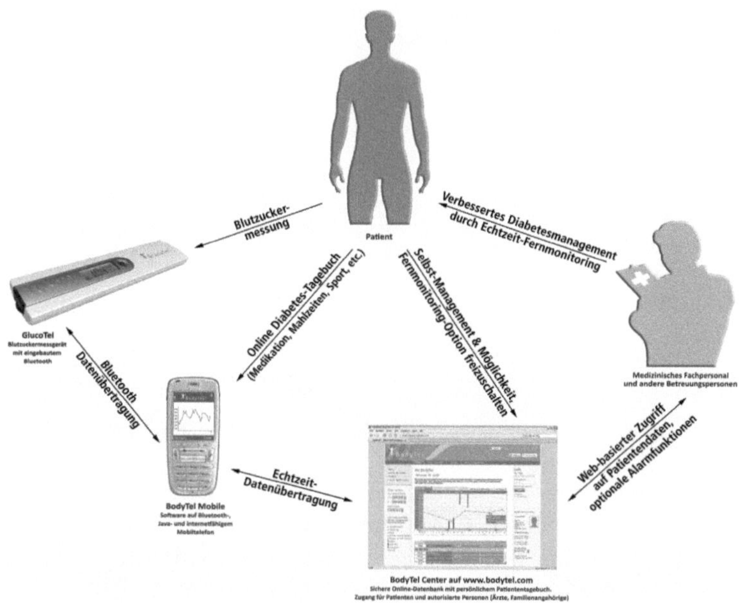

Bild 8.3 Übersicht eines Systems zur vernetzen Blutzuckermessung[16]

Die Dauer des monotonen Ablaufs vor einer jeden Mahlzeit lässt sich somit verkürzen und die Richtigkeit der Daten verbessern. Auf die Messwerte erhalten sowohl der Patient als auch der behandelnde Arzt jederzeit über ein Webportal oder eine Smartphone-App Zugriff, um die gesundheitliche Entwicklung im Blick zu haben. Durch diesen Zugang kann der Arzt im Vorhinein an ein persönliches Gespräch die Messwerte bewerten und gegebenenfalls notwendige Therapieänderungen vorbereiten. Ist keine Aktion erforderlich, lassen sich also Arztgespräche gänzlich vermeiden, was wiederum eine zusätzliche Zeitersparnis für Arzt und Patient und eine Kostenersparnis für die Krankenkasse bedeutet.

---

[16] http://presseservice.chainrelations.net/bodytel-europe/glucotel-bilder-2/

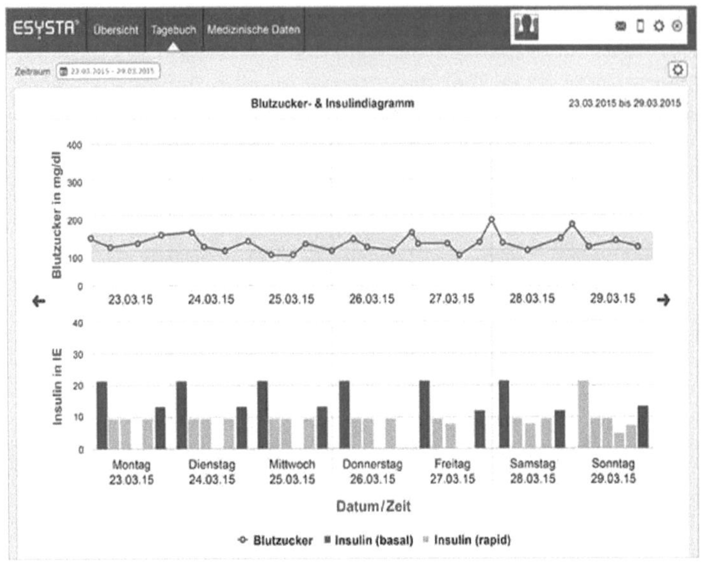

Bild 8.4 Auszug aus einer möglichen webbasierten Darstellung des Messwertverlaufs[17]

Somit kann ein geringer technischer Aufwand zu einer Zeitersparnis und Optimierung eines medizinischen Ablaufs führen von dem eine Vielzahl von Menschen profitieren kann. Dies führt zu einer Qualitätsoptimierung der Dokumentation und letztlich zu einer Verbesserung der Lebensqualität des Patienten. Als Ausblick könnte man sich vorstellen, dass das System aus den Messwerten automatisch die Bestellung von Verbrauchsprodukten wie Blutzuckermessstreifen oder dem benötigten Insulin generiert. Ähnliche Systeme wären immer da denkbar, wo ausgereifte Medizintechnik vorhanden ist, die mit technischer Intelligenz ausgerüstet werden kann. Ein ähnliches Vorgehen kann man sich auch bei einem elektronischen Blutdruckmessgerät vorstellen, welches dann den erzeugten Messwert auch automatisch online zur Verfügung stellt um Verlaufskurven zu generieren (Picot & Braun, 2011).

8.5 IoT-Sensorik im Rettungsdienst

Der eingangs beschriebene ländliche Ärztemangel geht auch am Rettungsdienst nicht spurlos vorbei. Trotz der steigenden Einsatzzahlen wird es immer schwieriger, genügend Notärzte zur Verfügung zu stellen. Auch hier kann ein System, gefördert durch IoT-Sensorik, helfen die Versorgungssicherheit der Bevölkerung zu verbessern.

---

[17] https://www.emperra.com/de/esysta/portal/

Der so genannte Telenotarzt begibt sich nicht selbst an den Einsatzort, sondern betreut den Patienten aus der Ferne. Dadurch ist er schnell verfügbar und kann eine höhere Zahl an Einsätzen in der gleichen Zeit abwickeln. Das therapiefreie Intervall bis zur ärztlichen Behandlung kann somit signifikant verkürzt werden. Konventionell werden deutschlandweit am Tag etwa 4000 Notarzteinsätze durchgeführt. Man schätzt, dass der Ausbau des Telenotarztsystems täglich etwa 12.000-15.000 Einsätze abwickeln könnte (Fischer, 2016).

Die Grundvoraussetzung für das Funktionieren des Telenotarztsystems ist der Ausbau von schnellen mobilen Netzen bis in jede ländliche Region des Landes, denn es erfolgt ein hoher Datentransfer zwischen Rettungswagen (RTW) am Einsatzort und Telenotarzt. Deshalb müsste die Übertragungstechnik auch über redundante SIM-Karten von verschiedenen Netzbetreibern verfügen, um die Versorgungssicherheit der Übertragung zu verbessern. Der Telenotarzt erhält durch Videokameras im speziell präparierten RTW ein Bild vom Patienten und kann über eine Lautsprecheranlage mit dem Team vor Ort kommunizieren. Sensordaten aus der Medizintechnik im RTW werden ebenfalls über das Internet an den Telenotarzt weitergeleitet und auf einem Bildschirm dargestellt, wie es auch vor Ort der Fall wäre. Denkbar wäre ebenfalls, dass man sofort Zugriff auf den bereits beschriebenen Notfalldatensatz der ePA erlangt und wichtige Informationen zum Patienten hat auch wenn dieser nicht mehr mit den Rettungskräften kommunizieren kann.

Dieses System ist in den meisten Einsatzsituationen anwendbar, denn für gewöhnlich sind die manuellen Fähigkeiten des Notarztes gar nicht von Nöten und die Tätigkeiten können an den behandelnden Notfallsanitäter vor Ort delegiert werden (Fischer, 2016). Durch die dann ohnehin vorhandene Kameratechnik können Fotos vom Unfallhergang gemacht werden, um den weiterbehandelnden Klinikärzten ein Bild der Situation am Unfallort geben zu können.

Literatur

Andelfinger, V., 2015. *Internet der Dinge*. Wiesbaden: Springer Fachmedien.

Brand, L., Hülser, T., Grimm, V. & Zweck, A., 2009. *Internet der Dinge - Perspektiven für die Logistik*. Düsseldorf: Zukünftige Technologien Consulting der VDI Technologiezentrum GmbH.

Fischer, F., 2016. *eHealth in Deutschland*. Berlin: Springer-Verlag.

Gigerenzer, G., Schlegel-Matthies, K. & Wagner, G. G., 2016. *eHealth und mHealth*. Berlin: Bundesministerium der Justiz und für Verbraucherschutz.

Jähn, 2003. *e-Health*. Berlin: Springer.

Jehle, R., Czeschik, C., Freund, T. & Wellnhofer, E., 2015. *Medizinische Infromatik kompakt.* Berlin: de Gruyter.

Keuper, F., 2013. *Digitalisierung und Innovation.* Wiesbaden: Springer Fachmedien.

Kreutzer, R., 2015. *Digitale Revolution - Auswirkungen auf das Marketing.* Wiesbaden: Springer Fachmedien.

Kreuzer, J., 2009. *Alltagstaugliche Sensorik: Kontinuierliches Monitoring von Körperkerntemperatur und Sauerstoffsättigung.* München: s.n.

Kunze, C., Holtmann, C., Schmidt, A. & Stork, W., 2007. *Kontextsensitive Technologien und Intelligente Sensorik für Ambient-Assisted-Living-Anwendungen.* Karlsruhe: FZI Forschungszentrum Informatik.

Müller-Mielitz, S., 2017. *E-Health-Ökonomie.* Wiesbaden: Springer Fachmedien.

Pharow, P., 2008. *Medical Informatics meets eHealth. Tagungsband der eHealth2008.* Wien: s.n.

Picot, A. & Braun, G., 2011. *Telemonitoring in Gesundheits- und Sozialsystemen.* Berlin: Springer-Verlag.

Autor

Hendrik Pütz ist Student der Elektrotechnik an der Hochschule Trier. Er befindet sich zurzeit im 5. Semester des Bachelorstudiums und hat sich auf den Studienschwerpunkt „Automation und Energie" festgelegt.

Neben dem Studium arbeitet er ehrenamtlich als Rettungssanitäter für das Deutsche Rote Kreuz.

9 Vernetzte Geräte der präklinischen Akutmedizin

F. Meuren, Hochschule Trier, FB Technik

Abstract: In diesem Beitrag wird auf die Chancen intelligenter Medizintechnik eingegangen, insbesondere in der präklinischen Notfallmedizin. Einleitend wird das aktuelle System in Deutschland erläutert und die Herausforderungen, vor die das System in den nächsten Jahren gestellt wird. Eine kurze Erläuterung der zurzeit eingesetzten Geräte, Unterlagen und Techniken soll einen Eindruck der Komplexität der Arbeitsabläufe geben. Dass diese Arbeit keine Fehler verzeiht und die Notwendigkeit eines funktionierenden Qualitätsmanagements wird verdeutlicht. Weiterhin wird auf die Schnittstellenoptimierung zwischen Präklinik und Klinik eingegangen. Zum Abschluss werden die Herausforderungen diskutiert, welche diese Vernetzung mit sich bringt.

Keywords: Smart Health, Notfallmedizin, Sichere IT

9.1 Das System der präklinischen Notfallmedizin

Die präklinische Notfallmedizin wird in Deutschland im Regelfall durch den Rettungsdienst sichergestellt, welcher eine öffentliche Aufgabe darstellt. Geregelt wird der Rettungsdienst durch Landesgesetze und ist somit deutschlandweit nicht einheitlich.

An dieser Stelle sei explizit auf den Unterschied zwischen „Ärztlichem Bereitschaftsdienst" oder „Ärztlichem Notdienst" und dem Rettungsdienst hingewiesen. Der Ärztliche Bereitschaftsdienst ist eine Institution der Kassenärztlichen Vereinigungen zur Versorgung von Patienten mit Beschwerden oder Erkrankungen, welche dringend aber nicht lebensbedrohlich sind und nicht bis zur nächsten Sprechstunde des Hausarztes warten können wie z.B. an Wochenenden. Die Patienten des Ärztlichen Bereitschaftsdienstes sind zudem in der Regel auch keine Notfallpatienten, wie sie oft fälschlicherweise bezeichnet werden. Der Rettungsdienst hingegen ist für die Versorgung lebensbedrohlicher medizinischer Notfälle, die ein sofortiges Eingreifen erfordern, zuständig. Der Notarzt als Teil des Rettungsdienstes hat, wie oft fälschlicherweise geglaubt, nichts mit dem Ärztlichen Bereitschaftsdienst zu tun (1).

In Deutschland gibt es ein arztgedecktes Rettungssystem, welches bei speziellen Notfallbildern bzw. Einsatzstichwörtern die Alarmierung eines Notarztes zum Notfallpatienten vorsieht. Dies unterscheidet das deutsche System von den Systemen in vielen anderen Ländern, in denen man auf ein Paramedic-System setzt.

9.2 Problemfelder

Es ist bereits gängige Praxis, dass arztbesetzte Rettungsmittel wie das Notarzteinsatzfahrzeug (NEF) wegen fehlender Notärzte nicht besetzt sind (2). Dies wirkt sich natürlich auf die Versorgungsqualität der Patienten aus und stellt uns vor eine Herausforderung. Aber nicht nur der Mangel an qualifizierten Notärzten, sondern auch das Fehlen von qualifiziertem, nichtärztlichem Personal ist allgegenwärtig. Die strukturellen Änderungen im Rettungsdienst führten zur Schaffung des Berufsbildes „Notfallsanitäter", dem man mehr Kompetenzen und damit auch mehr Verantwortung zugesprochen hat. Dies fordert eine fundierte und damit längere Ausbildung, um Maßnahmen sicher beherrschen zu können. Die Anforderungen an das Personal und dessen Ausbildung sind somit nicht unbedeutend. Dazu kommt die Belastung durch Schichtdienst, körperlich anstrengende Arbeit, psychische Belastung und der Umgang mit kranken Menschen, was zu krankheitsbedingten Ausfällen des Personals führt, die kompensiert werden müssen.

Andererseits hat sich in der Vergangenheit auch die Krankenhauslandschaft verändert. Die Tendenz geht aus diversen Gründen weg von Häusern der Grund- und Regelversorgung hin zu Schwerpunkt- und Maximalversorgung, was Schließungen zur Folge hat und weitere Anfahrtswege und Fahrzeiten mit sich bringt (3). Unter anderem steigt auch hierdurch die Auslastung vorhandener Rettungsmittel, was zu ohnehin ständig steigenden Einsatzzahlen hinzukommt (4). Um die Versorgungssicherheit in Zukunft gewährleisten zu können mussten bzw. müssen zwangsläufig zusätzliche Fahrzeuge vorgehalten und Personal eingestellt werden.

Ein ganz anderes aber nicht minderwichtiges Thema ist die Qualitätssicherung und notfallmedizinische Forschung im Rettungsdienst. Die Durchführung von Studien in Notfallsituationen stellt eine ethische Problematik dar, da Patienten aufgrund ihres gesundheitlichen Zustandes oft nicht einwilligungsfähig sind. Gesundheitliche Probleme beeinträchtigen die Urteils- und Entscheidungsfähigkeit, was eine Aufklärung unmöglich macht (5). Darüber hinaus darf die Versorgungsqualität darunter nicht leiden, da in einer Notfallsituation die Zeit für eine ausführliche Aufklärung gemeinhin nicht gegeben ist. Infolgedessen mangelt es an objektiven Daten, um die Wirksamkeit von getroffenen Maßnahmen zu überprüfen oder eine genaue Systemanalyse durchzuführen. Selbst für retrospektive Studien ist die Datenlage schlecht. Die Einführung des DIVI-Notarzteinsatzprotokolls konnte hier keine Verbesserung bezüglich objektiver Daten liefern, da der Notarzt selbst darüber entscheidet, ob sich der Zustand des Patienten bei Übergabe verbessert hat (6).

9.3 Medizintechnik in der Präklinik

Die Arbeit im Rettungsdienst bringt zwangsläufig den Umgang mit zum Teil komplexer Medizintechnik mit sich. Das wohl bekannteste Beispiel ist der Defibrillator zur Therapie von Herz-Kreislauf-Stillständen. In der Regel werden im Rettungsdienst Patientenmonitore mit integriertem Defibrillator eingesetzt. Diese Patientenmonitore vereinen eine ganze Reihe wichtiger Techniken zur Diagnose, Überwachung und Therapie von Notfallpatienten. Ein moderner Patientenmonitor vereint Elektrokardiographie (EKG), Pulsoxymetrie/Sauerstoffsättigung (SpO2), Kohlenmonoxidüberwachung (SpCO), Methämoglobinüberwachung (SpMet), Hämoglobinüberwachung (SpHB), Kapnometrie (etCO2), nichtinvasive Blutdruckmessung (NIBP), Temperaturmessung und mehr in einem Gerät.

Neben dem Patientenmonitor ist das Beatmungsgerät eines der wichtigsten und komplexesten in der präklinischen Notfallmedizin eingesetzten Geräte. Hier kommen sowohl einfache Beatmungsgeräte mit wenigen Einstellmöglichkeiten bis hin zum Hightech-Gerät mit zahlreichen Beatmungsmodi zum Einsatz. Beispielsweise beherrschen moderne Beatmungsgeräte Flow-, Volumen- oder druckgesteuerte Beatmungsmodi, welche je nach Situation und Erkrankung ihre Vorteile haben. Daneben kommen Spritzenpumpen, Videolaryngoskope, Sonografiegeräte, Thermometer und zahlreiche kleinerer Geräte zum Einsatz. Um diese zum Teil komplexen Geräte bedienen zu dürfen, bedarf es einer speziellen Einweisung, was einerseits notwendig ist um sie korrekt anzuwenden und andererseits von der Medizinproduktebetreiberverordnung (MPBetreibV) vorgeschrieben wird.

Neben diesen zur Diagnose, Therapie oder Überwachung eingesetzten Geräte werden zunehmend Tablets mit elektronischer Patientenkurve bzw. Notarztprotokollen eingesetzt. Sämtliche Informationen über den Patienten und das Notfallgeschehen werden hier dokumentiert und später archiviert. Je nach Funktionsumfang hat das Rettungsteam Zugriff auf Informationen zu Medikamenten und deren Nebenwirkungen, Kontraindikationen etc. oder Übersetzern, welche beim Umgang und der Kommunikation bzw. Anamnese mit fremdsprachigen Patienten hilfreich sein können.

Wendet man den Blick von der Medizintechnik hin zum Fahrzeug so stellt man fest, dass moderne Rettungsmittel ebenfalls über zahlreiche elektronische Geräte verfügen. Hier sei beispielsweise modernste Kommunikationstechnik (TETRA-Digitalfunk) und die GPS-unterstützte Disposition von Rettungsmitteln genannt.

Aber auch andere Dinge wie z.B. Versichertenkarte, Patientenakte mit Vorgeschichte, Vorerkrankungen, Unverträglichkeiten, Allergien, Medikamentenplan etc. gehören zum Arbeitsalltag.

9.4 Vorteile vernetzter medizintechnischer Geräte

Wie bereits erwähnt, gibt es eine Vielzahl medizinischer Geräte, die in der präklinischen Versorgung von Notfallpatienten Verwendung finden. Alle diese Geräte generieren Messwerte und Verlaufskurven, welche dokumentiert werden müssen. Sämtliche Maßnahmen, die getroffen wurden, wie z.B. Medikamentengaben, Intubation, Reposition, Defibrillation etc. müssen minutiös dokumentiert werden. Dies geschieht nicht selten unzureichend, da schlicht und ergreifend in einer stressigen Notfallsituation die Zeit und die Ressourcen knapp sind und Arbeiten priorisiert werden müssen. Diese Informationen sind aber von großer Bedeutung was die weitere Therapie im Krankenhaus angeht oder die Qualitätssicherung und Einschätzung der Wirksamkeit von getroffenen Maßnahmen betrifft. Eine Vernetzung von digitalem Notarztprotokoll und sämtlichen eingesetzten Geräten bringt hier eine erhebliche Arbeitsentlastung und bessere Möglichkeiten zur Qualitätssicherung.

Das Einbeziehen der Materialerfassungs- und Abrechnungssysteme reduziert an dieser Stelle ebenfalls vermeidbare Mehrfacharbeiten. So können bereits aus dem Rettungswagen Patientendaten, zur späteren Abrechnung des Einsatzes, in das Abrechnungssystem übertragen werden. Daneben müssen Verbrauchsmaterialien im Anschluss an den Einsatz aufgefüllt und nachbestellt werden. Die Erfassung bzw. Austragung aus dem Lagersystem ist ebenfalls mit Hilfe vernetzter Systeme möglich.

Spricht man hier von einer Optimierung von Arbeitsabläufen so kann der Eindruck entstehen, als würde man den Bedürfnissen der Patienten immer weniger gerecht werden. Die Optimierungen beschleunigen aber nicht nur den Arbeitsablauf und machen ein System wirtschaftlicher, sondern kommen auch den Patienten zugute. Der über allem stehende Faktor Zeit ist bei den meisten Notfallpatienten wie kein anderer entscheidend für das Patientenoutcome. Reduziert man Verzögerungen auf ein Minimum so handelt man im ureigenen Interesse des Patienten.

9.5 Potentiale

Notfallgeschehen sind, das liegt in der Natur der Sache, Stresssituationen für die Betroffenen und das Rettungsteam, insbesondere wenn es zu einem Missverhältnis von Verletzten zu Helfern kommt. Beispielhaft wird im Folgenden, anhand der Situation bei einem Verkehrsunfall mit mehreren Verletzten, auf die Möglichkeiten von vernetzter Medizintechnik eingegangen.

Der Optimalfall ist, dass Patienten individuell medizinisch versorgt werden können, was je nach Anzahl der Verletzten, Schwere der Verletzungen und Verfügbarkeit von medizinischem Fachpersonal an der Unfallstelle nicht möglich ist. In diesen Situationen geht man weg von der Individualmedizin hin zu einer Priorisierung der Patienten nach Schweregrad der Verletzungen. Die Ersteinschätzung der Betroffenen, auch Triage oder Sichtung genannt, wird, wenn irgend möglich, von einem Arzt vorgenommen. Zeitgleich werden gegebenenfalls weitere Rettungsmittel und Spezialkräfte unterstützend zur Einsatzstelle nachalarmiert und Krankenhauskapazitäten abgeklärt bzw. reserviert. Sämtliche Informationen sollten in einer Lagekarte erfasst und allen am Einsatz beteiligten Rettungskräften zur Verfügung stehen. Schnell kann ein selbstverschuldetes Chaos durch unkoordiniert anrückende Kräfte, auch von anderen Organisationen wie z.B. der Feuerwehr, entstehen. Einsatzstellen gestalten sich oftmals unübersichtlich und das eingesetzte Personal von Rettungsmitteln aus umliegenden Bereichen ist eventuell nicht ortskundig. Hier könnten Cloudlösungen dazu beitragen, allen Kräften ein aktuelles Lagebild zur Verfügung zu stellen, was die Arbeit von Führungskräften deutlich effektiver machen würde. Patienten können beispielsweise frühzeitig bestimmten Rettungsmitteln und Krankenhäusern zugeteilt werden und Fehler bei der Erfassung vermieden werden. Die entsprechenden Hilfskräfte wären ständig über ihre Aufträge informiert und Patienten würden zügiger entsprechend ihrer zugesprochenen Dringlichkeit versorgt und transportiert werden können. Mit Hilfe intelligenter Schutzbrillen wäre die Möglichkeit gegeben Anfahrtswege, Gefahren an der Einsatzstelle, Sichtungskategorien von Verletzten, Vitalparameter und viele weitere Informationen direkt durch „Augmented Reality" zur Verfügung zu stellen.

Aber auch im Bereich der Individualmedizin können diese Systeme ihre Vorteile ausspielen. Beispielsweise sind bei kardialen Notfällen Informationen über die Veränderung eines EKG's unter Umständen aussagekräftiger als ein aktuelles EKG selbst. Zugriff auf in der Vergangenheit geschriebene EKG's, bspw. vom Hausarzt, besteht in den meisten Fällen nicht, sodass hier eine Cloudlösung großen Mehrwert hätte. Ermöglicht man dem Personal vor Ort oder einem Facharzt in einer Spezialklinik, den Zugriff auf Patientenakte und Ergebnisse früherer Diagnostik, würde die Therapie individualisiert und verbessert werden können.

Für häufig auftretende Notfallbilder wie beispielsweise der Schlaganfall oder das akute Koronarsyndrom gibt es sogenannte „Standard Operating Procedures" (SOP's) anhand derer ein standardisiertes Vorgehen nach den aktuellen

Erkenntnissen der Wissenschaft, Stichwort evidenzbasierte Medizin, sicherge-stellt werden soll. Es werden Maßnahmen und Medikamentengaben in einer bestimmten Abfolge und Dosierung vorgeschrieben, Indikationen und Kontra-indikationen abgeklärt sowie bei der Auswahl einer geeigneten Zielklinik un-terstützt. Hier könnten vernetzte medizinische Geräte Ressourcen wie Klinik-plätze abklären, Checklisten für Indikationen und Kontraindikationen von Me-dikamenten bereitstellen, beim Auftreten besonderer Ereignisse weitere Maßnahmen vorschlagen und so das Rettungsteam unterstützen. Weiterhin würde die Zielklinik genauestens über den Zustand des Patienten informiert und könnte benötigte Ressourcen in Form von Fachpersonal, spezieller Diag-nostik, Schockraum etc. mobilisieren und bereitstellen.

Das frühestmögliche Einbeziehen der Zielklinik und des dortigen Personals, welches die präklinisch begonnene Therapie bestenfalls lückenlos fortführen soll, würde die momentan häufig auftretenden Reibungsverluste an der Schnittstelle Präklinik-Klinik reduzieren. In der Regel handelt es sich um zeit-kritische Erkrankungen bei Notfallpatienten, bei denen Verzögerungen an sämtlichen Stellen unter allen Umständen verhindert werden müssen, wie z.B. bei einem Schlaganfall mit eng begrenztem Zeitfenster für eine Lysetherapie. Auch ermöglicht eine frühe Einbeziehung dem Personal in der Zielklinik die dortigen Kapazitäten möglichst effektiv einzusetzen, um dadurch mehreren Notfallpatienten eine optimale Therapie zukommen zu lassen. Je nachdem welchen therapeutischen Weg das Rettungsteam präklinisch einschlägt sind eventuell in der Klinik mögliche Eingriffe kontraindiziert. Eine enge Absprache bezüglich der Möglichkeiten in der Zielklinik würde hier auch eine optimal in-einandergreifende Versorgungskette sicherstellen.

Weiterhin ist im Hinblick auf das Berufsbild des Notfallsanitäters, der nach vor-heriger Rücksprache mit einem Arzt ausgesuchte ärztliche Maßnahmen tref-fen darf bzw. muss, die Möglichkeit einer virtuellen Einbeziehung eines Not-arztes in das Notfallgeschehen interessant. All diese Chancen sollten mit Sinn und Verstand genutzt und weiter ausgebaut werden, sodass sie in Zukunft ih-ren Beitrag zu einem funktionierenden Versorgungssystem leisten können.

9.6 Zu lösende Probleme

Bei aller Euphorie über vernetzte Geräte und das „Internet of Things" dürfen wichtige Fragen nicht ungeklärt bleiben. Es vergeht kaum ein Tag, an dem nicht, insbesondere in der Fachpresse, von einer neu bekanntgewordenen Si-cherheitslücke in Hard- oder Software berichtet wird. Schlimmer noch wirken sich Leaks aus, bei denen teilweise professionelle Angriffswerkzeuge auf mili-tärischem bzw. geheimdienstlichem Niveau verfügbar gemacht werden. Die medizinische Versorgung, zu der auch der Rettungsdienst gehört, zählt zu den kritischen Infrastrukturen und erfordert ein erhöhtes Maß an Sicherheit, da bei einem Ausfall mitunter Menschenleben bedroht sind. Um in diesem Bereich einen nachhaltigen Mehrwert zu erzielen, muss an drei Punkten angesetzt werden. Angefangen bei der Hardware über die Software bis hin zum Support ist es unumgänglich, dass die Anforderungen und Prioritäten anders gewichtet werden. Die Entwicklungsgeschichte der Hardware beispielsweise ist geprägt von Entscheidungen gegen die Sicherheit zugunsten der Kosten. Ein Beispiel ist hier die Entscheidung zwischen Harvard- und der Von-Neumann-Architektur, wo man sich gegen sicherere Technologie entschied zugunsten der einfacheren und günstigeren. Buffer-Overflow-Angriffe andererseits sind zwar theoretisch vermeidbar (7), treten aber heute noch als einer der häufigsten Angriffsvektoren auf, was auf Mängel bei der Softwareimplementierung schließen lässt.

Die im Januar 2018 publik gewordenen Angriffs-Szenarien „Meltdown" und „Spectre", bei denen sämtliche Produkte von namhaften Chipherstellern betroffen waren, zeigt, dass unsere momentan zur Verfügung stehende Hardware optimierungsbedürftig ist. Ein komplett neuer Denkansatz bei der Entwicklung von Rechnern mit Fokus auf Sicherheit ist dringend nötig und könnte zudem ein Exportschlager werden. Man muss bei der Hardware in kritischen Bereichen wie z.B. der Gesundheits- und Energieversorgung oder im militärischen Bereich höhere Anforderungen stellen und andere Prioritäten setzen.

Die Hardware stellt die Grundlage für ein sicheres System dar. Doch die beste Hardware bringt keinen Gewinn an Sicherheit, wenn das darauf laufende Betriebssystem fehlerhaft ist. In der Vergangenheit ist man hingegangen und hat Software, welche nicht für den Einsatz in kritischen Bereichen wie z.B. der Medizintechnik entwickelt wurde trotzdem in diesem Bereich bzw. in medizinischen Geräten eingesetzt, weil es schlicht die billigste Lösung war oder keine geeigneten Alternativen zur Verfügung standen (8). So ist es gang und gebe, dass z.B. hinter der Benutzeroberfläche eines Computertomografen, Sonografiegerätes oder Patientenmonitors ein fatal unsicheres Betriebssystem steckt, dessen Support bereits vor Jahren eingestellt wurde. Dazu hat man den Fehler gemacht, diese Geräte nun mit dem Internet zu verbinden, wozu sie nicht konzipiert wurden. Eine Updatemöglichkeit besitzen medizintechnische Produkte oftmals nur ungenügend oder gar nicht, was einerseits mit den strengen und teuren Zulassungsverfahren für Medizinprodukte zusammenhängt und andererseits nicht nur für mittelständische Hersteller ein nicht zu unterschätzender Kostenfaktor ist. Selbst wenn bei bestimmten Produkten bestehende und bekannte Sicherheitslücken durch ein Update gepatcht werden könnten, hängen unzählige Systeme am Netz, deren Tore für jedermann offenstehen. Warum man hier von einem Fehler sprechen kann ist die offensichtliche Tatsache, dass bei größeren Angriffen so gut wie immer auch namhafte Unternehmen, Institute und auch Krankenhäuser von Male- bzw. Ransomware betroffen sind. Hier vermutet man ja einen angemessenen Umgang mit diesen Gefahren, was scheinbar selbst wenn dies der Fall ist, keine Garantie für absolute Sicherheit ist. Kritisch wird es, wenn eben Krankenhäuser betroffen sind und lebenswichtige diagnostische oder therapeutische Maßnahmen dadurch nicht vorgenommen werden können. Manchen sind vielleicht noch die Bilder von verschlüsselten Kassensystemen in Supermärkten bekannt oder die ausgefallenen Anzeigetafeln an Bus- und Bahnhaltestellen, was eine vergleichsweise harmlose Situation darstellt. Werden auf diese Weise medizinische Geräte außer Gefecht gesetzt, sind Menschen, welche auf deren Funktion angewiesen sind, unmittelbar bedroht.

Im Softwarebereich muss der Gedanke mit Fokus auf Sicherheit also konsequenter weitergedacht werden. Systeme mit zu viel und nicht benötigter Funktionalität, zu viel Intelligenz und vor allem undokumentierten Funktionen müssen aus sicherheitsrelevanten und sicherheitskritischen Bereichen verschwinden. Zusätzliche Sicherheitsprodukte wie Firewalls oder Antivirensoftware bringen hier kein Mehr an Sicherheit. Oft werden diese Produkte, die relativ hohen Systemzugriff haben, selbst Ziel von Angriffen und sind somit unter Umständen kontraproduktiv. Es gibt schon einige vielversprechende Ansätze von Betriebssystemen bzw. Microkerneln, die den Anforderungen in sicherheitsrelevanten Bereichen gerecht werden könnten. Beispielhaft sei an dieser Stelle auf den seL4 Microkernel, einem nachweislich entwurfsfehlerfreien Kernel, hingewiesen (9).

Ein anderes Thema ist die Möglichkeit, bestehende Systeme auf dem aktuellen Softwarestand zu halten. Medizinische Technik wird aufgrund hoher Anschaffungskosten über viele Jahre eingesetzt. Bekannte Sicherheitslücken bleiben über lange Zeiträume bestehen und stellen eine latente Gefahr dar, wenn sie nicht durch Patches geschlossen werden. Es kommt auch vor, dass der Support für ein Betriebssystem ausläuft und keine neuen Sicherheitsupdates mehr zur Verfügung gestellt werden. Alle Geräte, die sich mit einem veralteten Betriebssystem im Netzwerk befinden, sind potentiell gefährdet. Im Gesundheitsbereich müssen zwingend Systeme eingesetzt werden, welche über den gesamten Lebenszyklus des Produktes hinweg vom Hersteller supportet werden. Dies gilt insbesondere, wenn sie mit dem Internet oder einem Netzwerk verbunden werden.

Nimmt man die Behauptung „Alles ist hackbar" einmal als wahr an, so widerspricht sie den zuvor eingebrachten Lösungsansätzen. Die Behauptung ist aber nur bedingt gültig und zwar unter der Voraussetzung, dass genügend Zeit, Talent und Ressourcen zur Verfügung stehen. Gestützt wird diese durch den 2010 aufgetauchten Computerwurm „Stuxnet", welcher eine herausragende

Rolle in der Schadwaregeschichte darstellt. Nun ist genau bei diesen Bedingungen anzusetzen, um Systeme sicherer zu gestalten. Ziel muss es nicht unbedingt sein, Systeme „unhackbar" zu machen, sondern den Zugriff durch Hacker deutlich aufwändiger zu machen, so dass sich dieser nicht lohnt.

Grundvoraussetzung für die Vernetzung von Geräten in der Präklinik ist das Vorhandensein eines flächendeckenden Mobilfunknetzes. Das Netz muss überall eine Verbindungsqualität mit entsprechender Bandbreite aufweisen, um auch datenintensive Services wie Livestreams nutzen zu können. Überall ist in diesem Kontext wörtlich zu nehmen da Notfallorte nicht an Ortschaften gebunden sind, sondern sich auch in abgelegenen Bereichen befinden können

Sämtliche Zusatzfunktionen durch Vernetzung von Medizintechnik sollte aber immer nur eine Option darstellen. Ein Ausfall dieser Möglichkeiten darf niemals Auswirkung auf grundlegende Funktionen der Geräte haben. So wäre es katastrophal, wenn ein Patientenmonitor im Rahmen einer Reanimationssituation nach einer Rhythmusanalyse trotz Indikation keine Defibrillation freigeben würde, weil keine Verbindung zu einer zentralen Vergleichsdatenbank besteht. Ein autarkes Arbeiten der Geräte muss zu jedem Zeitpunkt möglich sein aber auch die Nutzer der Technik dürfen sich nicht auf Komfortdienste verlassen. Wie schnell hat man sich an die bequeme Situation gewöhnt, in der einem die Technik zur Seite steht. Ein Fehler wäre es sich nun komplett darauf zu verlassen, denn dann ist man im Falle eines Ausfalls nicht vollumfänglich handlungsfähig. Das Mitführen von aktuellem Kartenmaterial in Rettungsmitteln trotz Einführung automatisierter Navigationssysteme mit Anbindung an die Rettungsleitstelle sei hier nur beispielhaft genannt.

Abschließend lässt sich festhalten, dass die Vernetzung medizinischer Geräte einen enormen Mehrwert mit sich bringen kann. Für Patientenoutcome, Qualitätsmanagement und Wirtschaftlichkeit ist diese Entwicklung vielversprechend jedoch nur unter der Voraussetzung, dass die Systeme auch im Ausnahmefall zuverlässig funktionieren

Literatur

1. Pschyrembel, W. und Bach, M. Klinisches Wörterbuch. 262. Berlin : Walter de Gruyter, 2010. S. 1466.

2. Luiz, T, et al. Zum Problem des Notarztmangels: Konzeption und Ergebnisse eines Online-Erfassungs-, Anzeige-und Analysesystems in Rheinland-Pfalz. Anästhesiologie und Intensivmedizin. 2010, 51, S. 17.

3. Preusker, U.K., Müschenich, M. und Preusker, S. Darstellung und Typologie der Marktaustritte von Krankenhäusern – Deutschland 2003 – 2013. Gutachten im Auftrag des GKV-Spitzenverbandes. 2014.

4. Brucker, C. BKS-Portal. Ministerium des Innern und für Sport. [Online] 2017. [Zitat vom: 5. April 2018.] https://bks-portal.rlp.de/rettungsdienst/einsatz-statistik.

5. Schiechtl, B., Böttiger, B.W. und Spöhr, F. Evidenzbasierte Notfallmedizin - Status quo. Notfall & Rettungsmedizin. 11, 2008, S. 12-17.

6. Grabinsky, A. und Schubert, A. Eignet sich das Paramedic-System für den Rettungsdienst in Deutschland? Rettungsdienst. 2012, 7, S. 18-25.

7. Cowan, C., et al. Stackguard: Automatic adaptive detection and prevention of buffer-overflow attacks. USENIX Security Symposium. San Antonio, TX : s.n., 1998, S. 63-78.

8. Gärtner, A. und Voth, M.: Computer-Betriebssysteme in der Medizintechnik: Erfahrungen und Empfehlungen eines Krankenhauses. e-health-com. [Online] 07. April 2013. [Zitat vom: 05. April 2018.] http://www.bsm-mp.de/images/bsm/files/G%C3%A4rtner-Voth-Betriebssysteme-in-der-Medizintechnik.pdf.

9. Klein, G. et al. Formal verification of an OS kernel. Proc. of the ACM SIGOPS 22nd symp. on Operating systems principles. s.l. : ACM, 2009, S. 207-220.

10. www.heise.de. [Online]

Autor

Fabian Meuren, Student an der Hochschule Trier im Fachbereich Medizintechnik.

Durch die Ausbildung zum Rettungsassistenten und Arbeit im Rettungsdienst können Praxiserfahrung und Fachwissen mit in Verbesserungsansätze sowie die Beurteilung der aktuellen Situation einfließen.

Aus dem privaten Interesse an sicherer IT, möglichen Exploits und Angriffsvektoren resultiert die Sensibilität für Sicherheitsthemen.

10 Versorgungssicherheit in Smart Grids

M. Neukirch, Hochschule Trier, FB Technik

Abstract: Dieses Kapitel behandelt die Grundlagen von Smart Grids. Hierzu gehört die Vernetzung von Stromerzeugern, -speichern und -verbrauchern. Es werden die benötigten Komponenten aufgezeigt und deren Zusammenspiel anhand eines Anwendungsbeispiels beschrieben. Zudem wird die Notwendigkeit von Smart Grids durch den Wandel der Stromnetze und der damit einhergehenden Probleme der Versorgungssicherheit dargestellt. Abschließend werden die Schwierigkeiten der Realisierung von Smart Grids aufgezeigt.

Keywords: Netzstabilität, Smart Grid, intelligente Stromzähler, Energiespeicher, autonome Steuereinheiten

10.1 Netzstruktur im Wandel

Die Verfügbarkeit elektrischer Energie ist für uns aus dem alltäglichen Leben nicht mehr wegzudenken. Sie wurde mit der Zeit zur Selbstverständlichkeit. Dabei wissen die wenigsten, dass die Versorgungssicherheit auf einem komplexen Zusammenspiel zahlreicher Komponenten beruht. Die Stromversorgung wird durch den stetigen Ausbau und die Weiterentwicklung unseres Stromnetzes sichergestellt. Für eine der führenden Industrienationen ist eine stabile Energieversorgung unerlässlich.

Als Basis der gesamten Energieversorgung dient das Stromnetz, welches in mehrere Spannungsebenen mit verschiedenen Funktionen unterteilt ist. Die Netzbetreiber transportieren den Strom mit bis zu 380 Kilovolt über weite Distanzen von den Großkraftwerken zu den Verteilnetzen in den Regionen. Von dort wird der Strom durch den Verteilnetzbetreiber Schritt für Schritt auf niedrigere Spannungen heruntertransformiert und so verteilt, dass der individuelle Bedarf an Strom jederzeit zur Verfügung steht. So ergibt sich ein Stromfluss von der Höchstspannung über die Hochspannung und Mittelspannung bis hin zum normalen Endverbraucher auf die Niederspannung und somit von den höheren zu den niedrigeren Spannungsebenen.

Durch den Wandel der energiewirtschaftlichen Ausrichtung Deutschlands stehen unsere Stromnetze vor kontinuierlich wachsenden Herausforderungen. So sollen die Treibhausgasemissionen in Deutschland (bezogen auf das Jahr 1990) bis zum Jahr 2020 um mindestens 20 Prozent und bis zum Jahr 2050 um mindestens 80 bis 95 Prozent gesenkt werden (Umweltbundesamt, 2017).

Netzebenen und Stromfluss

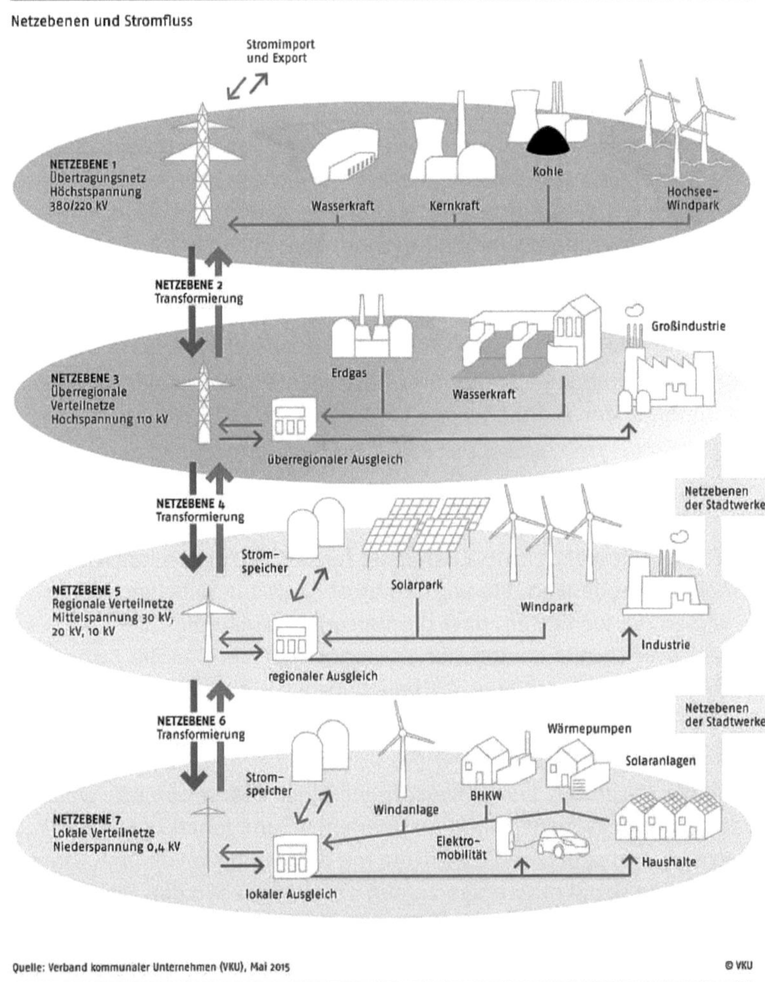

Bild 10.1 Aufbau des deutschen Stromnetzes (Quelle: https://www.vku.de/presse/grafiken-und-statistiken/energiewirtschaft/das-deutsche-stromnetz/)

Der Ausbau dezentraler, meist regenerativer Erzeugeranlagen schreitet mit diesem ehrgeizigen Ziel stetig voran. Derzeit ist es nicht mehr der Fall, dass die Verbraucher nur noch den Strom beziehen, sie liefern ihn auch. Dies führt zu einem zeitweise umgekehrten Stromfluss in unserem Stromnetz. Aber gerade für diese dezentrale Einspeisung ist unser deutsches Stromnetz historisch nicht ausgelegt. Die Energieversorger haben die Herausforderung, trotz Veränderung der Netzstruktur, das Stromnetz stabil zu halten und somit die Netzstabilität und die Versorgungssicherheit zu gewährleisten.

10.2 Netzstabilität

Die Netzstabilität wird durch das Gleichgewicht von Stromerzeugung und Stromverbrauch erreicht. An der Netzfrequenz lässt sich dieses Gleichgewicht ablesen. Liegt die Netzfrequenz über 50 Hertz, wird mehr Strom erzeugt als verbraucht. Unterschreitet die Netzfrequenz die 50 Hertz, wird weniger Strom erzeugt als verbraucht. Somit ist die Netzfrequenz ein Indikator dafür, ob Erzeugung und Verbrauch gut ausbalanciert sind. Das Bereitstellen einer konstanten Frequenz und Spannung sind die wesentlichen Voraussetzungen für einen stabilen Netzbetrieb.

Mittels Verbrauchsprognosen kann der Strombedarf der Kunden von den Energieversorgern besser geplant werden. Dies ermöglicht gezieltes Zu- und Abschalten von Regelleistung der Kraftwerke. Der Strombedarf hängt von zahlreichen Faktoren ab. So wird beispielsweise in der Nacht nur wenig Strom verbraucht. Wohingegen morgens, wenn die Leute aufstehen und duschen ein sehr hoher Stromverbrauch vorliegt. Im Winter ist der Strombedarf durch das Heizen der Häuser sehr viel höher, als es im Sommer der Fall ist. Bei einem aufziehenden Unwetter wird der Stromverbrauch für Licht rasant ansteigen. Die Verbrauchsprognosen sind allerdings nur begrenzt genau. So ist es schwer vorherzusagen, wie das Wetter am Folgetag wird und wie viel Strom tatsächlich von Photovoltaik- oder Windanlagen erzeugt wird. Die durch die Wetterlage bedingten Schwankungen in der dezentralen Stromerzeugung wirken sich negativ auf die Netzstabilität aus. Stromerzeugung und Stromverbrauch geraten öfters aus dem Gleichgewicht, als es vor dem Ausbau der dezentralen Erzeugeranlagen der Fall war.

Die Stromerzeugung wird stetig dezentraler und vielfältiger. Derzeit reichen die vorliegenden Netzkapazitäten nicht aus, um den gesamten erzeugten Strom aus dezentralen Erzeugeranlagen ins Stromnetz einzuspeisen. Der Anteil dezentraler Erzeugeranlagen steigt momentan sogar schneller als der Ausbau des Stromnetzes, das unabdingbar für die Einspeisung dezentral erzeugten Stroms ist. Um die hohe Versorgungssicherheit in Deutschland weiterhin zu gewährleisten, ist es notwendig, das Stromnetz zu einem intelligenten Netz der Zukunft, dem Smart Grid aus- und umzubauen.

10.3 Smart Grid

Die grundlegende Idee des Smart Grids ist die kommunikative Vernetzung von Stromerzeugern, -speichern, -verbrauchern und Netzbetriebsmitteln. Die Vernetzung gibt den Energieversorgern die Möglichkeit ihre Infrastruktur zu überwachen und komplexe Wechselwirkungen zu steuern. Um die Messdaten der zahlreichen Sensoren im Smart Grid zu sammeln und untereinander auszutauschen, ist ein Zusammenspiel zwischen dem Stromnetz und den Telekommunikationsnetzen unumgänglich.

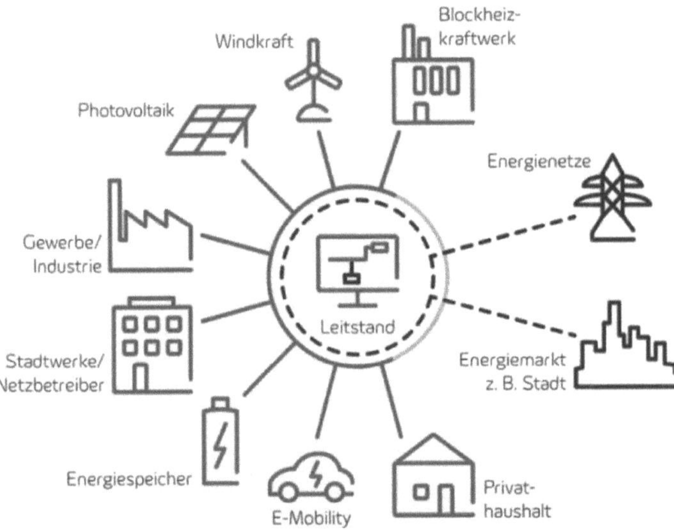

Bild 10.2 Vernetzung im Energiesektor (Quelle: https://iam.innogy.com/ueber-innogy/innogy-innovation-technik/smart-grids/neues-system-laeuft-stabil)

Durch den stetigen Datenaustausch erhält der Energieversorger sehr schnell wichtige Informationen über die Einspeisung durch Photovoltaik- und Windkraftanlagen, die durch Jahres- und Tageszeiten sowie dem Wetter stark schwanken. Dies ermöglicht die Optimierung der miteinander verbundenen Komponenten und somit die Einbindung der dezentralen Erzeugeranlagen. Das Stromnetz wird durch den gezielten Informationsaustausch weitaus flexibler als bisher, wodurch man schneller auf ein Ungleichgewicht von Stromerzeugung und Stromverbrauch reagieren kann.

Eine wichtige Rolle bei der Realisierung des Smart Grid nehmen dabei die intelligenten Stromzähler – Smart Meter – ein. Sie erfassen den aktuellen Stromverbrauch der Kunden und leiten diese Daten an den Energieversorger weiter.

Das in Deutschland verabschiedete Gesetz zur Digitalisierung der Energiewende legt seit 2017 die Rahmenbedingungen für die schrittweise Installation von intelligenten Stromzählern fest. Um alle relevanten Daten für das Smart Grid zu sammeln, ist ein flächendeckender Einsatz von intelligenten Stromzählern in privaten Haushalten und der Industrie notwendig.

Dezentrale regenerative Erzeugeranlagen lassen sich nur sinnvoll nutzen, wenn der Stromverbrauch der momentanen Stromerzeugung angepasst werden kann. Aus diesem Grund reicht es nicht aus, die Daten nur zu sammeln. Sie müssen auch verarbeitet und sinnvoll genutzt werden. Diese Aufgabe übernehmen autonome Steuereinheiten im Stromnetz und in den privaten Haushalten. Diese kleinen selbstständig arbeitenden Rechner analysieren die Daten und steuern die angeschlossenen Komponenten im Smart Grid je nach verfügbarem Strom.

Mit Unterstützung von Wetterstationen und -prognosen erhält eine autonom arbeitende Steuereinheit Informationen darüber, zu welcher Uhrzeit viel Strom durch Photovoltaikanlagen im Stromnetz zur Verfügung steht. Sie verschiebt in diesen Zeitraum die Ladezeiten von Elektroautos und Batteriespeichern oder sie schaltet intelligente Waschmaschinen ein. Für einen Kühlschrank ist es beispielsweise nicht entscheidend, ob der Kompressor ein paar Minuten früher oder später eingeschaltet wird. So kann man das Zuschalten von Kompressoren von einem Spitzenlastbereich in einen weniger kritischen Bereich zu verschieben und somit das Stromnetz vor zu großem Ungleichgewicht von Stromerzeugung und Stromverbrauch zu bewahren.

Vorhandene Ortsnetze können durch intelligente Datenerfassung und Steuerung bis zu 35 Prozent mehr Strom aus regionalen Erzeugeranlagen aufnehmen. Das entlastet das Stromnetz und vermeidet Netzengpässe, wodurch der Netzausbau reduziert werden kann. Allerdings steigt der Anteil der erneuerbaren Energien in Deutschland, bedingt durch die Energiewende, stetig an. Es kommt immer häufiger zu einem Stromüberschuss. Dieser Strom kann nicht mehr komplett vor Ort verbraucht werden. Um das Gleichgewicht in unserem Stromnetz zu gewährleisten, muss der Strom gespeichert werden.

10.4 Energiespeicher

Energiespeicher sind ein wichtiger Bestandteil für die Stabilisierung unseres Stromnetzes. Sie sind in der Lage die schwankende Einspeisung der erneuerbaren Erzeugeranlagen zu kompensieren, indem sie den überschüssigen Strom zwischenspeichern und in wind- und sonnenarmen Zeiten unterstützend wieder ins Stromnetz zurück zu speisen. Die Bedeutung der Zwischenspeicherung des Stroms sollte nicht unterschätzt werden. Die erneuerbaren

Energiequellen haben bereits heute einen Anteil von über 30 Prozent in unserem deutschen Strommix (Ohm, 2018).

Das Zwischenspeichern erfordert zumeist eine Umwandlung in andere Energieformen. Bei den technologischen Prozessen, die dahinterstecken, geht oft ein nicht zu vernachlässigender Teil der Energie dabei verloren. Um die Wirtschaftlichkeit zu steigern, müssen verlustarme Energiespeicher entwickelt werden, die flächendeckend und dezentral in unser Stromnetz integriert werden können.

Eine bekannte Speichermethode sind Pumpspeicherkraftwerke. In Zeiten, in denen mehr Strom zur Verfügung steht, als benötigt wird, gelangt Wasser mit Hilfe von Pumpen in einen Speichersee. Dadurch wird die elektrische Energie mittels Umwandlung in potenzielle Energie im Wasser gespeichert. Bei Bedarf kann man das Wasser wieder herabfließen lassen, wodurch die potenzielle Energie des Wassers erst in kinetische und dann mittels Turbinen und Generatoren wieder in elektrische Energie umgewandelt wird. Diese Methode Energie zu speichern, ist nur für großtechnische Energiespeicherung geeignet und somit nichts für den Privatgebrauch.

Eine Möglichkeit der Speicherung nutzen heute schon manche Besitzer einer Photovoltaikanlage. Ein Batteriespeicher im Eigenheim kann den von der eigenen Photovoltaikanlage erzeugten Strom speichern. So kann der aus Sonnenenergie gewonnene Strom auch dann genutzt werden, wenn diese nicht scheint. Energieversorger hätten die Möglichkeit diesen Strom gegen ein entsprechendes Entgelt zu nutzen, um das Stromnetz zu stabilisieren. Es werden vermehrt Batteriespeicher mit größeren Kapazitäten getestet. Diese erlauben es, größere Mengen an Strom aus Photovoltaik- und Windkraftanlagen aus der Region zu speichern, wodurch Einspeisungen kleiner Erzeugeranlagen besser in die Energieversorgung eingebunden werden können.

In den nächsten Jahrzehnten wird eine stark wachsende Anzahl von Elektroautos auf unseren Straßen unterwegs sein, die aufgeladen werden müssen. Das Aufladen der Akkumulatoren der Elektroautos wird dabei zumeist unmittelbar nach der Arbeitszeit erfolgen und somit in einen gleichen Zeitraum fallen. Dies hat eine punktuelle Belastung für unser Stromnetz zur Folge. Millionen von Elektroautos, die zeitgleich geladen werden, könnten die Netzstabilität gravierend stören. Eine Möglichkeit diese Verbrauchsspitzen abzufangen, wäre das Verschieben des Ladezyklus in einen unkritischeren Bereich mithilfe einer autonomen Steuereinheit. Die Elektroautos sind aber nicht nur als Störung für unser Stromnetz zu sehen, sondern auch als Chance es noch stabiler zu gestalten. Eine steigende Anzahl von Elektroautos bedeutet zeitgleich eine

Vielzahl neuer Speichermöglichkeiten in Form von Akkumulatoren. Im Folgenden wird deutlich, dass diese neuen Energiespeicher nicht nur Vorteile für die Energieversorger, sondern auch für die Fahrzeugeigentümer bedeuten.

Die Energieversorger könnten Strom aus den Akkumulatoren beziehen, um diesen stabilisierend ins Stromnetz einzuspeisen. Dabei muss selbstverständlich ein Mindestanteil an Strom im Akkumulator verbleiben, um das Fortbewegen mit dem Elektroauto zu sichern. Dies muss mit dem Fahrzeugeigentümer in flexiblen Verträgen festgehalten werden. Zusätzlich könnte man mit dem überproduzierten Strom vergünstigt die Akkumulatoren der Elektroautos aufladen. Mit solch einem Geschäftsmodell könnte der Fahrzeughalter sein Elektroauto zu günstigeren Tarifen aufladen. Zusätzlich könnte man je nach Größenordnung der Nebeneinkünfte, erzielt durch die Vermietung eines Anteils des Akkumulators, einen Teil der Unterhaltskosten für das Elektroauto decken.

Das Zusammenspiel zwischen Überproduktion und Speicherung, sowie Unterproduktion und Beziehen aus Speichern, mittels intelligenter Vernetzung fördert die Ausbreitung von Elektroautos. Der Datenaustausch über zentrale Knotenpunkte und ein intelligentes Abrechnungssystem ermöglichen die zukunftsweisende Nutzung der Akkumulatoren von Elektroautos und könnten maßgeblich zur Netzstabilität und zur Versorgungssicherheit beitragen.

10.5 Realisierbarkeit in naher Zukunft

Für die Realisierung des intelligenten Stromnetzes der Zukunft ist der flächendeckende Einsatz von intelligenten Stromzählern notwendig. Aber grade dieser Rollout gestaltet sich schwierig. Grund dafür sind die nicht ausreichend geschaffenen gesetzlichen Rahmenbedingungen. Es müssen, möglichst auf internationaler Ebene, einheitliche Normen für Mess- und Regeltechnik beschlossen werden. Aktuell fällt es Herstellern intelligenter Messsysteme schwer, ein passendes System zu entwickeln und zu vertreiben, da viele technische Richtlinien nach wie vor ungeklärt sind. Ein flächendeckender Einsatz ist momentan noch nicht absehbar. Energieversorger helfen sich momentan noch mit Alternativlösungen, wie die Verwendung klassischer elektronischer Stromzähler mit einer erweiterten Software, die neben elektrischer Energie auch Ströme, Leistungen, Spannungen und Phasenwinkel erfassen. Diese werden mit einem zweiten Gerät mit einem Zeitstempel versehen, zwischengespeichert und über ein Übertragungsprotokoll für Datenverarbeitungseinheiten, beziehungsweise autonomen Steuereinheiten, zur Verfügung gestellt. Diese Zähler können nicht als intelligent gewertet werden und sind im Sinne der gesetzlichen Anforderungen nicht geeignet.

Eine Vernetzung von Energieversorgern, Speichern und Kundenanlagen wird in den nächsten Jahren noch nicht erfolgen. Alleine die Tatsache, dass hier immer zwischen Kosten und Nutzen abzuwägen ist, lässt eine vollumfängliche Vernetzung auch langfristig unwirtschaftlich dastehen. Zudem handelt es sich hierbei um einen Prozess, bei dem die geeigneten Technologien zum Teil erst noch entwickelt und getestet werden müssen.

Die bereits installierten Zähler liefern genaue Verbrauchsdaten aus denen sich detaillierte Lastkurven erstellen lassen. Aus diesen Kurven kann der Energieversorger oder andere Unternehmen viele Daten ablesen, wie die Anzahl der Personen im Haushalt, ihren Tagesablauf oder ihre Lebensgewohnheiten.

Der Wandel des Stromnetzes macht den Menschen immer gläserner. Die Zähler sind noch nicht ausreichend geschützt und ein leichtes Ziel für Hacker. Diese können sich Zugang zu sensiblen Daten beschaffen und daraus Profit schlagen. Mithilfe der Lastkurven kann man Kundenprofile erstellen und diese an Dritte weiterverkaufen, die diese wiederum gezielt für Marketing- und Vertriebszwecke nutzten. Wenn die Daten an Einbrecher geraten, können diese sehen, zu welchen Zeiten in der Woche sich niemand im Haus aufhält und sich ungestört Zutritt beschaffen. Die intelligenten Stromzähler bieten Hackern eine Vielzahl neuer Angriffspunkte. Bei der Manipulation der Stromzähler kann die Stabilität unseres Stromnetzes entscheidend gestört werden und flächendeckende Stromausfälle bewirken. Angriffe stellen eine steigende Bedrohung dar, was die Systementwicklung und den Betrieb vernetzter Systeme gefährdet. Aus diesen Gründen spielt die Sicherung des Datenschutzes eine wichtige Rolle für die Vernetzung.

10.6 Ein Anwendungsszenario

Wir befinden uns in der Zukunft, in der die Digitalisierung den Energiemarkt endgültig erobert hat. Das Stromnetz der Zukunft verbindet Stromerzeuger und -verbraucher mittels intelligenten Datenaustauschs eng miteinander. Das Land ist von erneuerbaren, dezentralen Erzeugeranlagen übersät, die alle erfolgreich in das Stromnetz der Zukunft integriert sind. Es fahren Millionen von Elektroautos auf unseren Autobahnen. Sie kommunizieren über Ladestationen miteinander und fungieren im Verbund als virtuelle Kraftwerke[18] und als intelligente Stromspeicher. Die Häuser sind digitalisiert und verfügen über intelligente Haushaltsgeräte, die über autonome Steuereinheiten gezielt Informationen austauschen. Der Umbau unseres Stromnetzes zu einem intelligenten

---

[18] Virtuelle Kraftwerke sind ein Verbund aus dezentralen Erzeugeranlagen und Speichern, die Strom gebündelt ins Stromnetz einspeisen

Stromnetz der Zukunft, dem Smart Grid, ist vollzogen. Der Tagesablauf im Haushalt der Zukunft könnte wie folgt aussehen:

Es ist Mittwochmorgen im Einfamilienhaus der Familie Mustermann. Das Elektroauto wurde in der Nacht preiswert aufgeladen, da der Energieversorger eine Überproduktion von Strom durch Windenergie hatte. Die Gefriertruhe wurde um 6 Uhr morgens automatisch abgeschaltet. Die autonome Steuereinheit im Haus weiß, dass es sich um einen Wochentag handelt, an der Familie Mustermann den Mittag über außer Hauses ist und somit niemand die Gefriertruhe öffnet. Die Gefriertruhe verfügt über die Effizienzklasse A+++, was eine Temperaturkonstanz auch ohne zusätzliche Kühlung garantiert. Nach dem Frühstück mit der Familie räumt Frau Mustermann das schmutzige Geschirr in die Spülmaschine. Anschließend bringt Herr Mustermann seine Kinder zur Schule und fährt anschließend zur Arbeit. Frau Mustermann fährt einkaufen und zum Sport. Alle Geräte im Haus schalten sich automatisch in den Stand-by-Betrieb.

Der Energieversorger erhält Informationen und Prognosen zur Wetterlage von einer örtlichen Wetterstation. Es wird ein sonniger Tag, an dem viel Strom aus der Photovoltaikanlagen gewonnen wird. Der Energieversorger drosselt vorrausschauend die Kraftwerke, um die Netzstabilität zu gewährleisten. Ein Teil des überschüssigen Stroms wird im Batteriespeicher von Familie Mustermann gespeichert. Die Spülmaschine wird automatisch eingeschaltet. Nach erledigtem Einkauf fährt Frau Mustermann nach Hause und schließt das Elektroauto an der Ladestation an. Der Akkumulator des Autos ist noch fast vollständig geladen. Der Supermarkt hatte eine Sonderaktion für ihre Kunden, bei der alle Elektroautos während des Einkaufs geladen wurden. Die intelligenten Stromzähler geben dem Energieversorger Informationen über den Stromverbrauch, der durchschnittlich an einem Mittwoch anfällt. Dabei fällt auf, dass ab 17:00 Uhr hohe Verbrauchszahlen vorliegen, da die Leute von der Arbeit zurückkommen. Der Energieversorger speist mehr Strom in das Stromnetz ein, um den höheren Verbrauch zu bedienen. Zusätzlich wird Strom aus größeren Batteriespeichern in der Region bezogen. Um 21:00 Uhr gehen die Kinder ins Bett. Frau Mustermann erledigt noch Vorbereitungsarbeiten für den nächsten Tag, während Herr Mustermann die Waschmaschine befüllt. Um 23:00 Uhr gehen Frau und Herr Mustermann zu Bett. Alle im Haus nicht benötigten Geräte gehen automatisch in den Stand-by-Betrieb über. Die Photovoltaikanlage hat im Laufe des Tages knapp 3 Kilowatt erzeugt, welche auf der Stromrechnung von Familie Mustermann gutgeschrieben werden. Die geräuscharme Waschmaschine schaltet sich nachts bei günstigem Tarif ein und nach Beenden des Programms automatisch wieder ab. Der Energieversorger hat zehn Prozent des Stroms aus dem Akkumulator des Elektroautos ins Stromnetz zurückgespeist. Dies wird Familie Mustermann ebenfalls gutgeschrieben.

Der beschriebene Tagesablauf hört sich heute noch unwirklich an, ist aus technischer Sicht aber bereits möglich. Die dafür benötigten Komponenten müssen über den Pilotstatus hinauswachsen und in das deutsche Stromnetz flächendeckend integriert werden. Der Einsatz von Elektroautos und intelligenter Steuerung der Haushaltsgeräte kann nicht ohne eine Vernetzung des Energiesektors verwirklicht werden. Um das Anwendungsbeispiel in naher Zukunft zu realisieren, müssen noch einige Hürden überwunden werden.

Literatur

Aichele, C., 2012. Smart Energy: Von der reaktiven Kundenverwaltung zum proaktiven Kundenmanagement. Wiesbaden: Springer-Verlag.

Z. f. S.-. u. W.-F. & Umweltbundesamt, F. I. 2., 2017. Erneuerbare Energien in Zahlen: Nationale und internationale Entwicklung im Jahr 2016, Berlin: Öffentlichkeitsarbeit, Bundesministerium für Wirtschaft und Energie.

Ohm, C., 2018. innogy Innovation & Technik. Link (abgerufen am 04.03.2018): https://iam.innogy.com/ueber-innogy/innogy-innovation-technik

Appelrath, H.J. ed., 2013. *Future Energy Grid: Migrationspfade in das Internet der Energie*. Springer-Verlag.

Autor

Markus Neukirch ist dual Studierender des Unternehmens Westnetz GmbH am Standort Trier. Während des Semesters erlangt er theoretisches Wissen im Studiengang Elektrotechnik mit der Vertiefung Automation und Energie an der Hochschule Trier. Das erlangte Wissen setzt er in den Semesterferien bei der Westnetz GmbH ein.

In seiner Freizeit engagiert er sich im Verein der Fachschaft Elektrotechnik Hochschule Trier.

11 Das Smartphone als Schaltzentrale des Smart Home

A. Fischer, Hochschule Trier, FB Technik

Abstract: In diesem Paper soll eine Smart Home Einrichtung beschrieben werden. Im Mittelpunkt steht hierbei die zentrale Steuerung über ein Mobiltelefon, mit dessen Hilfe eine unkomplizierte und schnelle Handhabung der technischen Geräte gewährleistet werden kann. Ferner werden die Entwicklung und die Zielsetzung beschrieben sowie Anwendungsmöglichkeiten und die Funktionsweise erklärt. Zum Schluss werden mögliche Anbieter einer solchen Anwendung aufgelistet.

Keywords: Smart Home, Smart Phone, Automatisierung, Sensoren

11.1 Grundlegen des Smart Home

Unter Smart Home versteht man ein vernetztes Heim wo unterschiedliche Geräte miteinander kommunizieren können und zentral gesteuert werden. Dies dient zur Automatisierung alltäglicher Abläufe und soll dem Menschen in erster Linie ein effizientes und vereinfachtes Nutzen von elektronischen Geräten im Haushalt ermöglichen. Man möchte ein intelligentes Heim erschaffen, das durch einfache Handhabung und fortschrittliche Technik charakterisiert ist. Vergleichbar ist diese Einrichtung mit dem menschlichen Gehirn, denn auch hier sollen Abläufe und Funktionen zentral gesteuert und überwacht werden. Kurz gesagt steht das Smart Home für ein Zuhause das „mitdenkt".

11.2 Entwicklungsgeschichte

Bereits im Jahre 1939 gab es die erste Idee eines elektrischen Hauses der Zukunft, in dem Funktionen automatisch und selbstständig übernommen werden sollen. Die erste Realisierung vernetzter Kommunikationen findet man in den 60er Jahren, aus denen sich später die entwickelte. 1973 kamen die ersten speicherprogrammierbaren Steuerungen auf den Markt. Sie werden auch heute zum Steuern einer Smart Home Einrichtung genutzt. Über eine Zentraleinheit werden alle vernetzten Geräte gesteuert. Das European Home System entstand 1987. Hierbei handelt es sich um ein Bus-System, welches über die Stromleitung eines Hauses Daten überträgt. Das System kann bis zu 256 Geräte ansprechen mit einer Datenrate von 64kbit/s. Ab 2002 ist eine standardisierte Vernetzung der Geräte herstellerunabhängig. Das erste Haus in dem sich alle elektronischen Vorgänge zentral steuern ließen wurde 2005 auf der Bundesgartenschau in München vorgestellt. Ab 2015 gibt es zahlreiche Anbieter und technische Möglichkeiten zur Realisierung des eigenen Smart Home.

Tabelle 11.1 Entwicklung des Smart Home

Jahr	Ereignis
1939	Grundlegende Idee
1963	Ursprung vernetzter Gebäude
1973	Speicherprogrammierbare Steuerung
1987	European Home System
2002	Herstellungsunabhängiger Standard
2005	Haus der Gegenwart in München
2015	Smart Home für alle

11.3 Idee und Zielsetzung

Die Idee des Smart Home ist eine zentrale und einfache Handhabung von Steuer-, Regel- und Überwachungsprozessen in den eigenen vier Wänden.

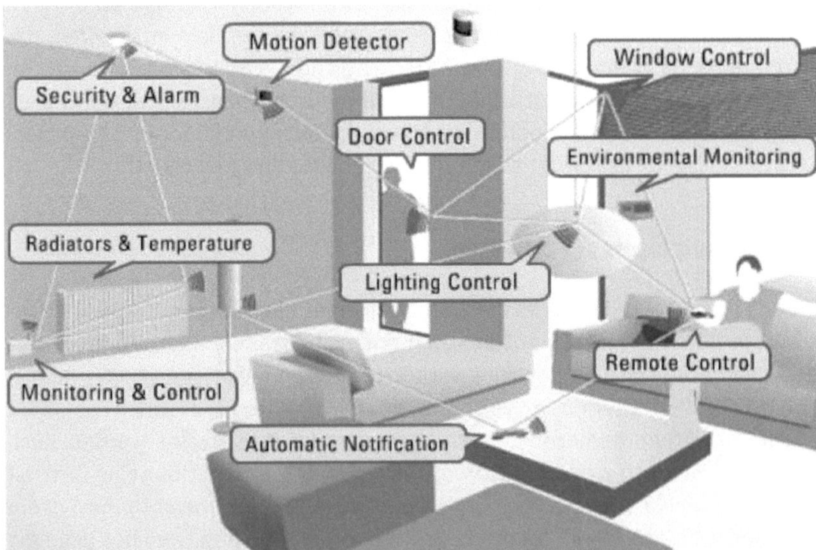

Bild 11.1 Beispiele einer Smart Home Einrichtung (Quelle: http://www.ijirae.com/volumes/Vol2/iss1/12.JACS10087.pdf)

Hierbei soll der Nutzer den Überblick und die ferngesteuerte Kontrolle über sein eigenes Haus haben. Technische Geräte sind untereinander vernetzt und kommunizieren über Funkschnittstellen miteinander. Vor allen Dingen soll dies zu einem komfortableren, sicheren und sparsameren Alltag führen.

Der Nutzer hat zu jederzeit einen Überblick über die ferngesteuerten Prozesse seines Heims und kann nach Belieben Veränderungen vornehmen. Ein Smart Phone kann hierbei als Kommunikationsschnittstelle dienen. Mittels geeigneter App ist es möglich, die Wohnqualität bzw. Wohnsicherheit zu steigern. Ziel eines intelligenten Zuhauses mittels Smart Phone Steuerung ist es also, dem Menschen von Unterwegs einen Einblick und die Kontrolle seines Heims zu ermöglichen.

11.4 Kommunikationsnetze für das Smart Home

Ein Kommunikationsnetz stellt die Verbindung zwischen Mensch und System her, in der ein Nachrichtenaustausch ermöglicht wird. Dabei unterscheidet man zwischen einem zentralen und einem dezentralen System. Bei dem zentralen System sind die Aktoren und Sensoren über eine zentrale Einheit miteinander verbunden und werden über diese gesteuert. Ein dezentrales System hingegen benötigt keine zentrale Steuereinheit und die Kommunikation findet direkt zwischen den Teilnehmern statt. Diese Kommunikation kann entweder über Kabel oder über Funk übertragen werden.

Smart Home besteht aus einzelnen Komponenten wie z.B. Sensoren und Aktoren. Erst durch die Vernetzung mit einer Smart Home Zentrale, also einer Sammelstation der Informationen, kann eine intelligente und mobile Kommunikation zwischen Mensch und System gewährleistet werden.

Mithilfe eines Smart Phone kann nun der Nutzer auf die Zentralsteuerung zugreifen und mit ihr interagieren. Diese Interaktion funktioniert über Funkschnittstellen wie z.B. WLAN, Bluetooth, Z-Wave usw. Ereignisse und Informationen, die z.B. durch Sensoren erfasst werden, werden zur Smart Home Zentraleinheit weitergeleitet und von dort aus auf dem Smart Phone angezeigt und der Benutzer kann entsprechend reagieren.

Smart Home bietet eine Vielzahl von Geräten, die untereinander mit der Smart Home Zentrale vernetzt sind. Bei deren Funktionen unterscheidet man zwischen Steuern, Bedienen und Automatisieren. Definiert werden diese Geräte durch Sensoren, Antriebe, Stellglieder und Steuerungseinheiten.

11.5 Funktionsweise

Das Zusammenwirken der Geräte im Smart Home lässt sich am besten anhand von Anwendungsbeispielen verdeutlichen.

Bei der Heizungssteuerung ergeben sich deutliche Kosteneinsparungen. Mittels Mobiltelefon lässt sich die Heizung über die Smart Home Zentrale regeln. So ist es möglich beim Verlassen des Hauses die Heizung auszuschalten und bei Bedarf wieder einzuschalten. Das hat den Vorteil, dass Heizkosten gesenkt werden. Wenn man nun ins eigene Heim zurückkehrt, kann man bereits von unterwegs für eine angenehme Raumtemperatur sorgen, ohne dass die Heizung über den ganzen Zeitraum in Betrieb war. Die Smart Home Zentrale optimiert sogar diesen Prozess, indem sie den Benutzer sogar darauf hinweist, ob Fenster geöffnet sind und schließt diese selbstständig.

Ein weiteres Beispiel liefert die Türsteuerung, die einen wesentlichen Bestandteil der Haussicherheit darstellt. Über Sensoren werden Daten an die Zentrale übermittelt, die über den Zustand der Haustür informiert. Falls der Hausbesitzer sich unsicher ist, ob er die Türe abgeschlossen hat, kann er dies über sein Smart Phone prüfen und gegebenenfalls die Tür verriegeln.

Zum Thema Mediengestaltung gibt es auch zahlreiche Komponenten und Geräte, die sich in einem Smart Home unterbringen lassen. So kann beispielsweise die Musikanlage per Sprachbefehl gesteuert werden, oder ein Film ausgesucht werden.

11.6 Kosten/ Nutzenfaktor

Ein ganz wichtiger Punkt stellt bei der Smart Home Anschaffung der Kosten/Nutzenfaktor und die Sicherheit dar.

Ab wann lohnt sich Smart Home und ist das System sicher?

Zunächst wird ein finanzieller Aufwand benötigt bei der Beschaffung einer Smart Home Zentrale und den jeweiligen Komponenten, um ein optimales Ergebnis zu erzielen. Man unterscheidet hierbei funkbasierte und kabelgebundene Smart Home Systeme. Wobei kabelgebundene Systeme wesentlich teurer sind. Bereits hier wird deutlich, dass die Technik ihren Preis hat. Einsteigerpakete sind ab 200 Euro aufwärts zu erhalten. Diese beinhalten jedoch lediglich eine Smart Home Zentrale mit zwei bis drei Komponenten. Diese Basispakete decken meistens einen der Bereiche Sicherheit, Komfort oder Energiesparen teilweise ab.

Sicherheitsaspekte spielen ebenfalls eine Hauptrolle bei einer Smart Home Anlage. So kann wie bereits schon erwähnt eine Kontrolle und Überwachung des

Eigenheims sichergestellt werden. Vergessene Türen und Fenster von unterwegs verschlossen werden. Ferner bieten vernetzbare Kamerasysteme Schutz und steigern die persönliche Sicherheit. Auch zum Thema Privatsphäre und Datenschutz haben die Anbieter Vorkehrungen getroffen. Jedoch sind Hackerangriffe immer noch ein weit verbreitetes Problem gegen das noch kein wirksamer Schutz zur Verfügung steht. Auch ist unklar wie der Hersteller mit den gesammelten Daten umgeht und inwieweit er in die Privatsphäre des Menschen eingreift

Ein intelligentes Heim ermöglicht auf Dauer Einsparung von Kosten, wie z.B. ein effizientes Nutzen von Heizkörpern oder Lampen. So lassen sich bis zu 30% der anfallenden Ausgaben senken. Anderseits unterstützt man effektiv den Umweltschutz und sorgt für weniger Belastung.

Es gibt sehr viele unterschiedliche Anbieter einer Smart Home Einrichtung mit verschiedenen Geräten und Preisen. Hierbei ist zu beachten, dass nicht alle Geräte kompatibel mit den jeweiligen Smart Home Einrichtungen sind.

Zusammengefasst ist es also sehr wichtig, sich genau vor Augen zu führen, was man denn eigentlich erreichen will, bevor man sich eine Smart Home Einrichtung zulegt. Eine gute Informierung und Recherche sind essenziell für ein komfortables und rentables Nutzen dieser Technik. Smart Home ist ein wesentlicher Schritt in Richtung Fortschritt und wird in Zukunft immer mehr an Bedeutung gewinnen. Es werden immer neue Technologien erforscht und entwickelt, um eine noch optimalere Nutzung zu erreichen. Trotzdem gibt es bereits jetzt schon Einrichtungen, die einem das Leben komfortabler und sorgenfreier gestalten. Einige Anbieter bieten Smart Home Einrichtungen an, die unteranderem auch mit verschiedenen Geräten kompatibel sind und sich nicht nur auf ihren eigenen Standard beziehen. Sicherheit und Information sind dagegen beim Thema Datenschutz noch zu verbessern.

Alles deutet daraufhin, dass in Zukunft das Thema Smart Home eine große Rolle spielen wird und für den Menschen eine Bereicherung in vielen Situationen darstellt.

Literatur

https://www.homeandsmart.de/ Link: (abgerufen am 02.01.2018)

https://www.smartest-home.com/ Link: (abgerufen am 02.01.2018)

Strese, Hartmut, et al. "Smart home in deutschland." Institut für Innovation und Technik (iit) (2010): 8-11.

Kadam, Rohit, Pranav Mahmauni, and Yash Parikh. "Smart home system." International Journal of Innovative research in Advanced Engineering (IJIRAE) 2.1 (2015).

Autor

Alexander Fischer ist Student der Medizintechnik an der Hochschule Trier.

12 Spracherkennung im Smart Home

P. Gaub, Hochschule Trier, FB Technik

Abstract: Das „Smart Home" zählt zu den bekanntesten Gebieten des IoT. Der Begriff Smart Home meint nichts anderes, als die intelligente Vernetzung eines Wohnhauses mittels informationstechnischer Geräte. Allerdings fehlt es heutzutage noch meistens an intuitiven Steuerungsmöglichkeiten, um dieses Smart Home zu bedienen. Im Folgenden soll nun auf die Möglichkeiten einer intuitiven Steuerung des Smart Homes mittels einer Sprachsteuerung eingegangen werden.

Keywords: Smart Home, Spracherkennung, Datenschutz

12.1 Entwicklungsgeschichte der Spracherkennung

Bereits in den 1950er Jahren wurden erste Versuche unternommen, um die menschliche Sprache für Maschinen verständlich zu machen. So entwickelten die Bell Laboratories 1952 das System „Audrey", welches die gesprochenen Zahlen von 0 bis 9 erkennen konnte. Jedoch waren diese Systeme noch weit davon entfernt ganze Sätze bzw. einfache grammatikalische Strukturen erkennen zu können. Erst Mitte der 1970er Jahre änderte sich dies durch die Entwicklung von „Harpy", das mit gut 1000 Worten etwa den Sprachschatz eines Dreijährigen beherrschte. Zu Beginn der 80er Jahre brachte IBM das weltweit erste System auf den Markt, das einen Wortschatz von 5000 Wörtern und eine Erkennungsgenauigkeit von 90% besaß. Da diese Systeme jedoch alle sehr viel Rechenleistung benötigten, war der Betrieb zunächst nur auf Großrechnern möglich. Erst 1988 brachte Dragon die erste Erkennungssoftware für den Personal Computer auf den Markt. Jedoch konnten mit diesen Systemen auch nur einzelne Wörter oder einfache Sätze mit längeren Pausen zwischen den einzelnen Worten aufgenommen werden. Erst ein weiteres Jahrzehnt später kam mit Via Voice, ebenfalls von IBM entwickelt, die erste Spracherkennungssoftware auf den Markt, die es ermöglichte auch kontinuierliche Sprache aufzunehmen und zu entschlüsseln.

Diese Entwicklungen in der 2. Hälfte des letzten Jahrhunderts bilden somit die Grundlage für die heutigen Sprachassistenten wie „Siri", „Cortana" oder „Alexa". Laut Google CEO Sundaar Pichai ist es dem Unternehmen im Jahr 2017 erstmals gelungen die Fehlerquote der Sprachsteuerung unter die 5% Marke zu treiben. Damit hat das Unternehmen seine Fehlerquote innerhalb eines Jahres also fast halbiert. Zum Vergleich: Im Jahr 2013 lag die Fehlerquote noch bei knapp 25% der gesprochenen Befehle. Diese Entwicklung zeigt deutlich, mit welchem Fortschritt die Technologieriesen wie Google, Microsoft oder Apple im Bereich des maschinellen Lernens vorankommen. Schon die Tatsachen, dass alle großen Technologiekonzerne mit Hochdruck an der Weiterentwicklung von Sprachsteuerungen bzw. Sprachassistenzsystemen arbeiten, zeigt welche wichtige Rolle diese in der Welt des Internet of Things spielen werden. So hat sich die Anzahl der verkauften „Smart Speaker" laut den Zahlen von „Strategy Analytics" binnen eines Jahres verachtfacht. Waren es im dritten Quartal des Jahres 2016 weltweit nur gut 900.000 verkaufte Exemplare, so waren es ein Jahr später im selben Zeitraum schon 7.4 Millionen. Da derzeit auch neue Hersteller wie z.B. Apple mit seinem Homepod auf den Markt drängen, ist davon auszugehen, dass sich die Entwicklung und Verbreitung der Sprachassistenten in den nächsten Jahren noch weiter beschleunigen wird (Stand 2018).

12.2 Technische Realisierung der Spracherkennung

Wie schwierig es ist, eine 100% fehlerfreie Sprachsteuerung zu entwickeln wird klar, wenn man sich das Problem der Intrasprechervariablitiät anschaut. So kann ein Sprecher ein und dasselbe Wort nicht zweimal exakt gleich aussprechen.

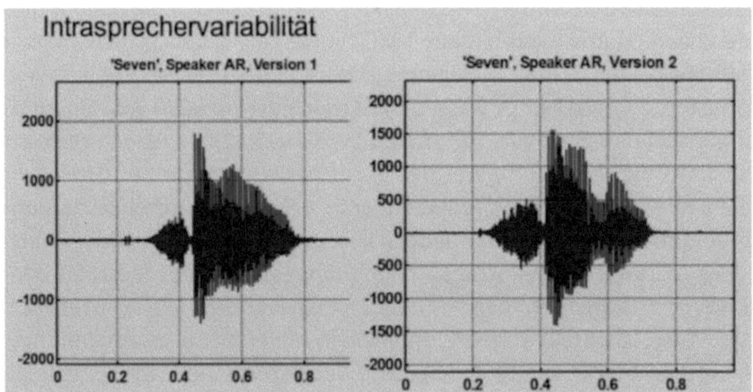

Bild 12.1 Intrasprechervariabilität im Zeitbereich (Quelle:https://entwickler.de/online/mobile/grundlagen-spracherkennung-alexa-cortana-siri-579769393.html)

Im Bild 12.1 sieht man zwei verschiedene Sprachsignale im Zeitbereich. In beiden Versionen wird die englische Zahl „Seven" von einem Sprecher gesprochen. Man erkennt jedoch sofort, dass beide Signale völlig voneinander verschieden sind. Hieraus wird schnell klar, dass eine weitere Auswertung dieser

Signale nicht sinnvoll wäre, da schlichtweg eine zu große Variabilität jedes einzelnen Wortes abgedeckt werden müsste und somit die Sprachsteuerung mit sehr geringen Trefferquoten funktionieren würde. Um dieses Problem zu umgehen werden die Signale also zuerst mittels einer Fouriertransformation vom Zeitbereich in den Frequenzbereich transformiert, und anschließend erneut verglichen.

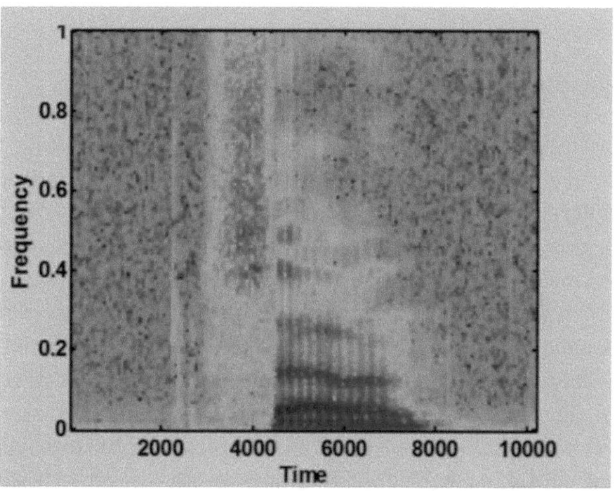

Bild 12.2 Spektogramm des Wortes „Seven" (Quelle:https://entwickler.de/online /mobile/grundlagen-spracherkennung-alexa-cortana-siri-579769393.html)

In dem Spektogramm (siehe Bild 12.2) sind nun die Frequenzanteile des Wortes „Seven" über die Zeit aufgetragen. So kann man erkennen, dass z.B. der Buchstabe „S" sehr viele hochfrequente Anteile besitzt. Diese Darstellung eines menschlichen Sprachsignals lässt sich um ein Vielfaches besser auswerten und vergleichen, als eine zeitliche Darstellung. Aus den Daten des Spektrums und denen des Cepstrums (einer logarithmischen Darstellung des Frequenzspektrums) wird ein Merkmalsvektor erstellt. Anschließend werden basierend auf statistischen Modellen Auswertungen durchgeführt, um sogenannte Homophone, also Wörter welche zwar gleich ausgesprochen werden, jedoch eine völlig unterschiedliche Bedeutung haben, eindeutig zuordnen zu können.

Da die Echtzeitauswertung von Sprachsteuerungen sehr hohe Rechenleistung benötigen, werden in modernen Sprachsteuerungssystemen wie etwa „Alexa" die Daten über das Internet an die großen Rechnerfarmen übertragen und dort ausgewertet, ehe die Ergebnisse dann wieder an die Smart Speaker zurückübertragen werden. Gerade dieser kontinuierliche Datenaustausch macht die Spracherkennung zu einem zentralen Punkt in der Welt des IoT. So werden die digitalen Assistenten wohl in Zukunft sämtliche Haushaltsaufgaben wie etwa das Erstellen von Einkaufslisten, die Regelung des Licht- und Wärmemanagements von ganzen Wohnhäusern oder selbst die Beschaffung neuer Lebensmittel für den Anwender selbstständig durchführen. Jedoch hat diese Technologie auch in anderen Bereichen des IoT wie etwa der Smart Factory oder dem Smart Health ein riesiges Entwicklungspotential. Im Folgenden werden wir uns nun einmal intensiver mit den Anwendungsmöglichkeiten von Sprachsteuerungssystemen im Smart Home auseinandersetzten.

12.3 Anwendungsbeispiele im Smart Home

In Zukunft werden digitale Sprachassistenten wohl zum festen Bestandteil eines jeden Smart Homes gehören. Heutzutage ist es oftmals ein Problem, dass jeder Hersteller von Smart Home Komponenten diese auf einer eigenen Basis entwickelt. Aufgrund zu geringer Standards in diesem Bereich wird so ein Zusammenspiel mit den Produkten anderer Hersteller sehr erschwert oder gleich ganz unmöglich gemacht. Die Sprachsteuerungssysteme können hier zur idealen Schnittstelle zwischen Mensch und Technik werden und somit vor allem auch älteren Menschen unserer Gesellschaft den Einstieg in das Smart Home ermöglichen. So müssten sich Technikmuffel nicht erst stundenlang in die Software verschiedener Anbieter einarbeiten, sondern könnten etwaige Initialisierungsmaßnahmen der verschiedenen Smart Home Systeme direkt über den Sprachassistenten durchführen.

Die Integration der Sprachsteuerungen in das Smart Home ist dagegen zumeist immer noch eher schwierig. Um über eine Sprachsteuerung Lampen anzusteuern, die Raumtemperatur über das Heizungsthermostat zu regeln oder den Fernseher bedienen zu können, benötigen die Smart Home Geräte eine Schaltzentrale, die meist Gateway, Hub oder Bridge genannt wird. Diese steckt im WLAN- Router und übersetzt den per Internet übertragenen Befehl in den jeweiligen Funkstandard des Smart Home Geräts. Allerdings besteht genau hierin das Problem, denn jeder Hersteller von Smart Home Geräten stellt zu diesen ein eigenes Gateway samt Software zur Verfügung.

Dies hat zur Folge, dass oftmals mehrere Hubs verwendet werden müssen, um verschiedene Geräte miteinander vernetzen zu können. Um dieses Problem zumindest in Teilen lösen zu können, wird durch die Plattform Qivicon ein Gateway entwickelt, welches mit einer ganzen Reihe namhafter Hersteller kompatibel ist, unter anderem auch mit dem Amazon Echo. Mithilfe dieser Technologie gelingt es nun mühelos über seine Sprachsteuerung auf z.B. einen Siemens Geschirrspüler, eine netatmo Wetterstation, eine eQ-3 Schalt-Mess-Steckdose oder einen Miele Einbau-Kaffeevollautomaten zuzugreifen. (Qivicon Stand 2018)

12.4 Die Spracherkennung als digitaler Assistent

Wie man anhand obiger Umfrage von Bitkom Research aus dem Jahr 2016 entnehmen kann, würde eine deutliche Mehrheit von 63% der Befragten einen digitalen Assistenten dazu verwenden, um Haushaltsgeräte anzusteuern.

Bild 12.3 Umfrage zur Nutzung Digitaler Sprachassistenten im Haushalt (Quelle: https://www.bitkom.org/Presse/Presseinformation/Digitale-Sprachassistenten-als-intelligente-Haushaltshelfer.html)

So ist es auch heute schon problemlos möglich, über einfache Anweisungen im ganzen Haus das Licht zu steuern. Genauso gibt es etliche weitere Verwendungsmöglichkeiten für Sprachassistenten im Smart Home. So kann der hauseigene Saugroboter damit beauftragt werden, mit der Reinigung des Wohnhauses zu beginnen. Gleiches wäre übrigens auch mit einem automatischen Rasenmäher denkbar. Durch die Verwendung von smarten Türschlössern kann man problemlos bei seinem Digitalen Assistenten nachfragen, ob man Zuhause auch die Tür abgeschlossen hat, ohne auch nur sein Smartphone in die Hand nehmen zu müssen. Auch smarte Küchengeräte wie beispielsweise eine smarte Kaffeemaschine sind denkbar. So müsste man seinem Assistenten lediglich nach dem Aufstehen den Auftrag geben, einen Kaffee zu kochen und beim Betreten der Küche würde dieser schon fertig bereitstehen.

37% der Befragten gaben an, einen digitalen Assistenten zur Informationsfindung im Internet verwenden zu wollen. Auch hier könnte diese Technologie eine deutliche Erleichterung im Alltag darstellen. So könnte man z.B. den Sprachassistenten nach dem Wetterbericht fragen, anstatt den PC oder Smartphone bemühen zu müssen. Gerade diese beiden Aspekte würden den Zugang zu den modernen Technologien auch den älteren Personen deutlich erleichtern. Hierbei kann das Smart Home in Verbindung mit anderen Bereichen des

Internet of Things durchaus dazu beitragen, dass diese deutlich länger in ihrem gewohnten Umfeld bleiben können, als das heute noch der Fall ist.

Wie bereits im Kapitel 12.3 beschrieben, haben die sprachgesteuerten Systeme und Komponenten das Potential, den Alltag enorm zu erleichtern. So besitzt das Sprachsystem „Echo" des Marktführers Amazon inzwischen schon unzählige „Skills", über die man auf andere vernetzte Geräte im Smart Home zugreifen kann. Jedoch können Sprachassistenzsysteme weitaus mehr als nur das Licht ein- und auszuschalten oder die Jalousien hoch- und runterzufahren. Über die digitalen Assistenten kann man auch seine Termine verwalten lassen, Telefonate führen oder sich einen Einkaufszettel zusammenstellen. Es ist sogar möglich, direkt Bestellungen über die Sprachsteuerungssysteme aufzugeben, wodurch man sich den Gang zum Supermarkt auch gleich gänzlich sparen kann. Neben Amazon haben auch Google mit seinem „Google Home" sowie Apple mit seinem „HomePod" Sprachsteuerungen an den Markt gebracht. Doch stehen für diese weniger Funktionen zur Verfügung als für Amazons „Echo". Da diese Systeme jedoch allesamt cloudbasiert arbeiten, entwickeln sich die hinterlegten „Künstlichen Intelligenzen" rasant weiter.

12.5 Sicherheit und Datenschutz der Sprachassistenten

Neben all diesen Erleichterungen und Möglichkeiten, die diese neue Technologie mit sich bringt, gibt es jedoch auch ein Risiko, welches mit ihr verbunden ist. „Als Datenschützerin sehe ich intelligente Sprachassistenten, die mit einem Mikrofon permanent ihre Umgebung "belauschen", kritisch", sagte Andrea Voßhoff, Bundesbeauftragte für Datenschutz, der Wirtschaftswoche. So aktivieren sich die digitalen Helfer zwar erst nach dem ein Signalwort z.B. „Okay Google", „Hey Siri" oder „Alexa" ausgesprochen werden. Jedoch muss man sich darüber im Klaren sein, das die Sprachassistenten permanent mithören müssen um diese Signalworte überhaupt erst identifizieren zu können. Manche Hersteller versichern zwar, dass Daten erst an den Server gesendet werden, wenn das Signalwort verwendet wurde, aber eine Kontrolle dieser Aussagen ist schwierig. Hinzu kommt noch, dass die Server der Hersteller meistens im Ausland stehen, und damit auch ganz anderen Datenschutzbestimmungen unterliegen als das in Deutschland der Fall ist.

Populär wurde der Fall eines amerikanischen Nachrichtensprechers, der eine Massenbestellung von Puppenhäusern und kiloweise Kekse aufgab als er die Geschichte eines kleinen Mädchens erzählte, das sich dank Amazons „Alexa" selbständig den Wunsch nach einem neuen Puppenhaus erfüllen konnte. So kann es unter Umständen zu einem horrenden finanziellen Schaden für den Anwender kommen.

Bild 12.4 Sprachassistenten als digitale Spione im Wohnzimmer? (Quelle: https://www.radiogong.de/service/themen/datenschutz-bei-sprachassistenten)

Aber die Sprachsteuerungen bringen auch reale Sicherheitsproblematiken mit sich. So kann man Sprachsteuerungen auch von außerhalb des Hauses, beispielsweise durch ein geöffnetes Fenster bedienen. Damit wäre es ein leichtes für Diebe oder Einbrecher sich mit Hilfe von den „Digitalen Assistenten" über Smarte Türschlösser die Haustür öffnen zu lassen, und sich somit Zugang zum Gebäude zu verschaffen.

Bei allen Vorteilen die diese neue Technologie mit sich bringt, gibt es doch einige Datenschutz-/ Sicherheitsrisiken mit denen sich die Hersteller in Zukunft auseinandersetzten müssen, um die Technologie der Spracherkennung wirklich jedermann zugänglich machen zu können. Andernfalls besteht die Gefahr, dass aus dem „digitalen Assistenten" auch schnell ein „digitaler Feind" oder „Spion" werden könnte.

Literatur

Samulat P, *Die Digitalisierung der Welt*, Springer-Verlag, 2017.

Andelfinger V., *Internet der Dinge.* Wiesbaden: Springer Fachmedien. 2015.

Aschendorf B., *Energiemanagement durch Gebäudeautomation,* Springer Verlag, 2014.

Strese H., Seidel U., Knape T., Botthof A., *Smart Home in Deutschland*, Institut für Innovation und Technik, 2010

Hannig H., *Einstaz von sprach- und geräuschsensitiven Systemen in Smart Home Umgebungen*, Link (abgerufen am 13.03.2018) https://www.uni-klu.ac.at/tewi/downloads/HASE10_Conference_Proceedings.pdf

Flohr M., *Mensch, ich versteh' Dich*, Chip, 2003 Link (abgerufen am 10.03.2018) https://mediatum.ub.tum.de/doc/1138345/334063.pdf

Prof. Dr. Vornberger, *Spracherkennung*, Universität Osnabrück, 2001, Link (abgerufen am 11.03.2018) http://www-lehre.informatik.uni-osnabrueck.de/wp/2000/mm10/hausarbeit.pdf

Kunert K, *Sprachsteuerung - das steckt dahinter*, SMART-WOHNEN.DE, Link (abgerufen am 08.03.2018) https://www.smart-wohnen.de/haus-garten/ artikel/sprachsteuerung-das-steckt-dahinter/

Storz F, *Digitale Assistenten: Was Sprachsteuerung heute schon alles kann*, Aktiv Wirtschaftszeitung, 2017, Link (abgerufen am 13.03.2018) https://www.aktiv-online.de/nachrichten/detailseite/news/digitale-assis-tenten-was-sprachsteuerung-heute-schon-alles-kann-10886

Ebert C, Kolossa D, *Grundlagen der Spracherkennung – so funktionieren Alexa, Cortana, Siri & Co*, entwickler.de, Link (abgerufen am 05.03.2018) https://entwickler.de/online/mobile/grundlagen-spracherkennung-alexa-cortana-siri-579769393.html

Lohse A, *Digitale Sprachassistenten als intelligente Haushaltshelfer*, bitkom, 2016, Link (abgerufen am 15.03.2018) https://www.bitkom.org/Presse/Presseinformation/Digitale-Sprachassistenten-als-intelligente-Haushaltshelfer.html

Welt, *Von IBM Shoebox bis Siri: 50 Jahre Spracherkennung*, 2012, Link (abgerufen 05.03.2018) https://www.welt.de/newsticker/dpa_nt/infoline_nt/computer_nt/article106206488/Von-IBM-Shoebox-bis-Siri-50-Jahre-Spracherkennung.html

Rixecker K, *Spracherkennung: Google reduziert Fehlerquote auf unter 5 Prozent*, t3n, 2017, Link (abgerufen am 14.03.2018), https://t3n.de/news/spracherkennung-google-reduziert-824325/

Autor

Patrick Gaub ist Student der Fachrichtung Elektrotechnik an der Hochschule Trier. Er studiert im 5. Semester und belegt die Vertiefungsrichtung Automation und Energie. Vor seinem Studium hat er bei der Firma Villeroy & Boch AG eine Ausbildung zum Elektroniker für Betriebstechnik absolviert.

13 Smarte Sensoren und Aktoren für das IoT

R. Kraus, Hochschule Trier, FB Technik

Abstract: In diesem Paper sollen Smarte Sensoren und Aktoren für das Internet der Dinge beschrieben werden. Hierzu gehört die kurze Beschreibung des Hardwareaufbaus der Sensoren und Aktoren. Des Weiteren wird deren Nutzen und deren Gebrauch für das Internet der Dinge beschrieben und wie sie den Sprung von der bekannten Automatisierung in die Industrie 4.0 ermöglichen. Zum Schluss werden Cyber-physische Systeme beschrieben, die man durch solche eine Technologie ermöglichen kann.

Keywords: Smarte Sensoren, Smarte Aktoren, Internet-of-things (IoT), Industrie 4.0

13.1 Hardwarevoraussetzung für das IoT

Der heutige Fortschritt der Mikroelektronik und Mikroprozessortechnik ermöglicht industriellen Systemen mit Hilfe erhöhter Rechenleistung und Speicherkapazität fortschrittlicher Mikrochips eine dezentrale Datenverarbeitung. Dieser Umstand führt dazu, dass die Industrie mit intelligenten Sensoren und Aktoren ihre Produktion immer mehr digitalisieren kann. Es wird der erste Schritt zur neuen industriellen Revolution – der Industrie 4.0 – getätigt.

Intelligente Einheiten wie Sensoren und Aktoren werden so erweitert, dass sie die von ihnen erfassten Datenmengen selber und dezentral verarbeiten können. Damit dies überhaupt möglich ist, müssen leistungsstarke Recheneinheiten wie z.B Mikroprozessoren mit auf den Sensor oder Aktor integriert werden. Ein Umstand der erst durch fortschritte Prozessortechnik möglich wurde.

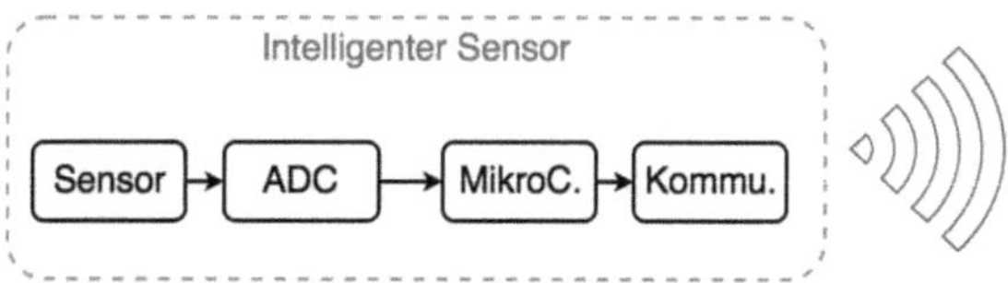

Bild 13.1 Aufbau eines nur-sendenden intelligenten Sensors mit drahtloser Kommunikationsschnittstelle (eigene Darstellung)

Für eine Einbindung an das Internet der Dinge (IoT) brauchen solche intelligenten Sensoren und Aktoren Schnittstellen mit denen Daten direkt ins Netz gesendet oder aus dem Netz empfangen werden können. Erst dann spricht man vom IoT fähigen Sensor oder Aktor. Zusammenfassend lassen sich also Sensoren oder Aktoren mit zwei grundlegenden Bausteinen zur einer für das IoT fähigen intelligenten Einheit erweitern. Der **Integrierten Recheneinheit** und der **Kommunikationsschnittstelle**. Bild 13.1 zeigt das Beispiel den grundsätzlichen Aufbau eines Intelligenten Sensors für das IoT.

Integrierte Recheneinheit: Intelligenz ist ein Begriff der Psychologie für die kognitive Leistungsfähigkeit des Menschen. Dinge, die wir sehen, hören oder schmecken, werden von uns aufgenommen und dann im Gehirn interpretiert. Analogien hierzu finden wir bei den intelligenten Sensoren und Aktoren. Vergleichen wir diese mit herkömmlichen Standardeinheiten, so erfassen letztere nur Signale, können diese aber selber nicht interpretieren. Genau diese Interpretation definiert unsere intelligente Einheit, welche durch das Erweitern einer Recheneinheit, z.B einem Mikroprozessor, ermöglicht wird. Damit eine intelligente Einheit entsteht, können Algorithmen in Form einer Software eingebettet werden. Wichtige Faktoren bei der Wahl eines Prozessors sind oft Baugröße, Kosten, Effizienz und vor allem die praktische Notwendigkeit. So gibt es verschieden Möglichkeiten ein Hardware-Design einzubetten. Von Digitalen Signalprozessoren (DSP), Anwendungsspezifischer integrierten Schaltung (ASIC) bis zu Field Programmable Gate Array (FPGA) lassen sich unterschiedliche Realisierungen bei intelligenten Einheiten finden.

Kommunikationsschnittstelle: Eine der weit verbreitetsten Kommunikationsmöglichkeiten bei intelligenten Sensoren und Aktoren ist die HF-Kommunikation. Vor allem wegen ihrer hohen Schalleistung bei geringer Leistung im Vergleich zu andere Übertragungsmedien wie Infrarot, akustisch oder Laser macht diese Methode sehr attraktiv. Dabei kann auf mehrere Standards der Hf-Technik zurückgegriffen werden. So stellt uns z.B der Bluetooth-Standard das Wireless Personal Area Network (WPAN) bereit. Dessen Anwendungen liegen eher bei Medien, deren Datenkommunikation nur eine geringe Reichweite benötigen. Bluetooth sendet bei einer Frequenz zwischen 2,402GHz und 2,48GHz und hat eine Reichweite bis zu 100m bei einer maximalen Leistung von 100 mW und einen Datendurchsatz von 718 kBit/s. Der IEEE 802.11 Standard oder auch Wireless Local Area Network (WLAN) genannt, ist eine weiter Möglichkeit Sensordaten ins Netz zu schicken. Diese umfasst robuste Ethernet-basierte Netzwerkkomponenten wie Transmission Control Protocol (TCP) oder Internet Protocol (IP). Dessen Sendereichweite liegt bei weit über 100m und besitzt mit 54 Mbit/s einen weit höheren Datendurchsatz wie Bluetooth.

13.2 Mit smarten Sensoren in die Industrial-IoT

Ein großer Wegbereiter für Industrie 4.0 sind die intelligenten Sensoren. Oft spricht man in diesem Zusammenhang von der Sensorik 4.0. Zu Zeiten der Industrie 3.0, musste auf Grund des technischen Fortschrittes auf eine Einbindung in das IoT verzichtet werden. Heute können wir unter anderem dank intelligenter Sensoren Zustände von Maschinen oder physikalischen Größen online einsehen. Diese intelligenten Sensoren sind somit eine der wichtigsten Datenquellen der heutigen Industrie. Wie wir schon aus dem Kapitel (1.1. Hardwarevoraussetzung für das IoT) wissen, unterscheiden sich intelligente Sensoren hauptsächlich darin, dass ihre Rohdaten selber verarbeiten können. Die übliche zentrale Informationsverarbeitung wird somit auf verschiedene autonome mit einander vernetzten Teilsysteme aufgeteilt, den Cyber-physischen Systemen (CPS). Dies und der immer stetig fortsetzende Wandel der Industrie 4.0 legten neue Anforderungen an Sensoren fest (vgl. Vogel-Heuser-1 2017).

- **Datenveredelung:** Veredelung der Sensor Rohdaten für einen nutzungskonformen Weitergebrauch
- **Dezentrale Datenverarbeitung:** Verarbeitung größerer Datenmengen und Aufgaben innerhalb des Sensors
- **Selbstbestimmungsfunktionen:** Nutzung von „easy to use"-Funktionen für einfache Anwendung und Handhabung der Sensoren innerhalb komplexer Systeme
- **Kundenbasierte Schnittstellenfunktion:** Nutzung einer Schnittstellenfunktion zum Austausch nützlicher Sensordaten an einen Endnutzer
- **Datenfusion:** Ermöglichen einer Datenfusion zum Datenaustausch von Informationen und Interpretation von Messsignalen im Verbund von Sensoren. Ermöglicht Kompensation von Störgrößen.

Aus den „easy to use"-Funktionen kann eine deutliche Verbesserung an der Instandhaltung und Inbetriebnahme von Maschinen erzielt werden. Besonders für komplexe Anlagen sind diese Funktionen eine starke Bereicherung, da sie dem Instandhalter Arbeit abnehmen können. Dauerhafte Ausfälle von Anlagen werden direkt umgangen und Prozessabläufe von Inbetriebnahmen deutlich verbessert. Die „easy to use"-Funktionen teilen sich in vier Grundfunktionen auf. **Datenfusion, Selbstkonfiguration, Selbstüberwachung** und **Selbstkalibrierung** (vgl. Vogel-Heuser-1 2017). Damit verfügt der Sensor über einen gewissen Grad an Selbstheilung.

Schon aus einfachen Sensortypen konnten für die Industrie 4.0 sehr praktische CPS entwickelt werden. Mit Hilfe der **Smarten Füllstandssensoren (SFS)** konnten z.B. Prozessabläufe von Abfüllanlagen online überwacht und je nach Bedarf direkt angepasst werden.

Je nach Komplexität des Sensors variiert der Messbereich von SFS. Kleine Messbereiche werden auch heute noch mit einfachen Endschaltern realisiert. Deren Rohdaten sind leicht zu veredeln und benötigten daher keinen hohen Hardwareanspruch. Komplexe Sensoren mit höheren Messbereich wie z.B. Ultraschallsensoren haben folglich einen höheren Hardwareanspruch, was sich ebenfalls auf die Baugröße und Kosten solcher SFS auswirkt. Letztere sind aber gerade wegen ihrer hohen Informationsbeschaffenheit für das IoT sehr reizvoll. Der Materialfluss von Industrieanlagen kann somit komplett automatisiert werden. Ein aktuelles Projekt, im Bereich der Smart City, soll mit Hilfe solcher Sensoren den Ablauf der Müllentsorgung revolutionieren. So sollen in Zukunft Mülltonnen mit solchen Sensoren ausgestattet werden. Bei Bedarf wird der Füllstand einer Zentrale automatisch gemeldet, die dann den Müll entsorgen kann.

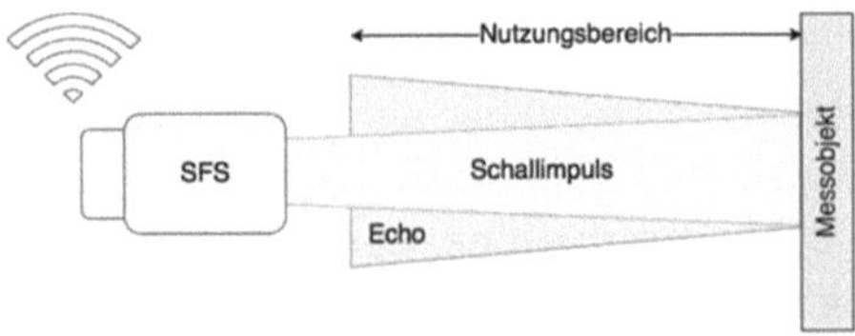

Bild 13.2 Smarter Ultraschallsensor zur Abstandsmessung. (eigene Darstellung)

3D Kamerasysteme (3DKS) sind in der Industrie 4.0 Sensoren mit denen komplexe autonome Cyber-physische Systeme ermöglicht werden. Z.B werden in der heutigen Robotik solche 3DKS genutzt, um die Geometrie eines Raumes oder eines Objektes zu erfassen. Das Funktionsprinzip ist sehr unterschiedlich. Ein Verfahren ist über die Triangulation, die mittels Lichtquelle und trigonometrischer Funktionen die Lage von Objekten eindeutig ermitteln kann (Bild 13.3 links). Technisch umgesetzt wird dies mit einer Projektionslichtquelle, die unter einem Winkel das Objekt beleuchtet, dessen Oberfläche dann mittels speziellen Kamera vermessen wird. Diese registriert mit Hilfe eines elektronischen Bildwandlers das Streulicht des beleuchteten Objektes. Bei Kenntnis der Strahlrichtung und des Abstandes zwischen Kamera und Lichtquelle kann damit der Abstand vom Objekt zur Kamera bestimmt werden. Nachtteil dieser Messmethode ist das nicht alle 3D-Informationen eines Objektes flächendeckend erfasst werden können. Nur Bildmarken wie Objektkanten, Objektecken und Hell/Dunkelübergänge werden von der Kamera erfasst (Vogel-Heuser-1 2017). Zudem ist die Ausrichtung der Lichtquelle im Zusammenhang mit der Position der Kamera ausschlaggebend für die Qualität der Messdaten. Eine Abweichung der vorgesehenen Konfigurationen führt zu einem systematischen Fehler in den Messungen.

Eine weitere kamerabasierte Methode ist die „Time of Flight" kurz (ToF) (Bild 13.3 rechts). Hinter diesem Prinzip steckt eine Laufzeitmessung bei dem eine mit der ToF-Kamera synchronisierte Lichtquelle ein Messsignal auf das Objekt sendet. Das vom Objekt reflektierte Messsignal wird dann von der ToF-Kamera erfasst. Währenddessen wird die Laufzeit ermittelt, die das Messsignal braucht, um zum Empfänger, der ToF-Kamera, zu gelangen. Dadurch können Entfernungen zum Objekt eindeutig hergeleitet werden. Im Vergleich sind die ToF-Systeme durch die Synchronisation von Lichtquelle und Kamera wesentlich robuster bei Abweichung von den Sensorkomponenten und deren Lichtquellen. Entsprechend ihrer komplexen Messtechnik bringen solche Sensoren einen hohen Platzverbrauch mit sich. Zusätzlich erfordert die Komplexität der Messdaten eine leistungsfähigere Recheneinheit als übliche Sensoren um solche Messdaten zu veredeln.

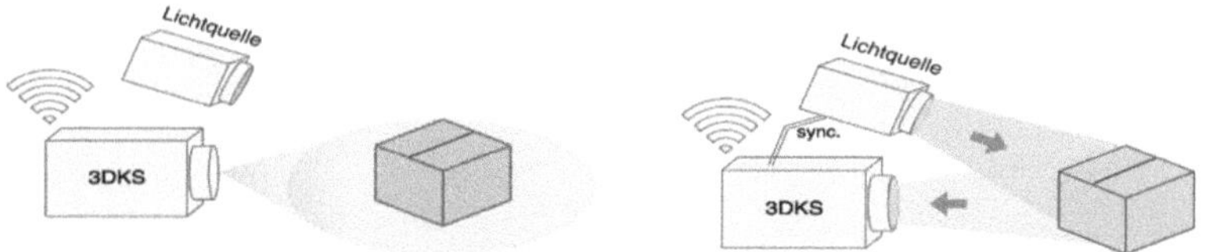

Bild 13.3 Schema zweier 3D-Kamerasystemen. Links dargestellt ist das Triangulationssystem. Rechts dargestellt das Time of Flight Verfahren. (eigene Darstellung)

13.3 Fahrerlose Transportsysteme mit Smarten Sensoren

Ein großes Einsatzgebiet intelligenter Sensoren liegt bei den fahrerlosen Transportsystemen (FTS). Die VDI-Richtlinie 2510/27/ definiert FTS als flurgebundene Fördersysteme mit autonom geführten Transportfahrzeugen. Ihre wesentlichen Merkmale und Komponenten sind ihre fahrerlosen Fahrzeuge die durch eine Leitsteuerung mit integriertet Lageerfassung ermöglicht werden. Besonderes für Firmen mit hohen logistischen Anspruch sind solche FTS enorm attraktiv. Beispielsweise hat Amazon mit Amazon Robotics eine eigene Abteilung gegründet die sich zum größten Teil mit FTS beschäftigt. Auch wenn sie nicht direkt unter die Definition von FTS fallen, ist einer deren bekanntesten Forschungsgebiete die autonome Paketdrohne.

Speziell für fahrerlose Transportfahrzeuge (FTF) werden Intelligente Sensoren genutzt, um die autonome Navigation solcher FTF zu ermöglichen und ebenfalls den dadurch gestiegenen Anspruch im Personenschutz zu gewährleisten.

Bei der Navigation der Fahrwege unterscheidet man spurgebundene und spurlose. Bei einer spurgebundenen Navigation wird ein Fahrweg fest definiert, den das FTF exakt abfahren soll, um sein Ziel zu erreichen. Vorteil der spurgebundenen Fahrsystemen ist die Erfassung des Fahrweges schon mittels simplen Sensoren. Des Weiteren erfordert diese Methode keinen komplexen Algorithmus in Form einer eingebundenen Software. Z.B können dreidimensionale magnetische Sensoren schon meist für solche Anwendung ausreichen. Der Fahrweg wird durch ein Magnetband vorgegeben. Der Sensor realisiert eine Abweichung vom Fahrweg und schlägt dem FTF sofort eine Spurkorrektur vor.

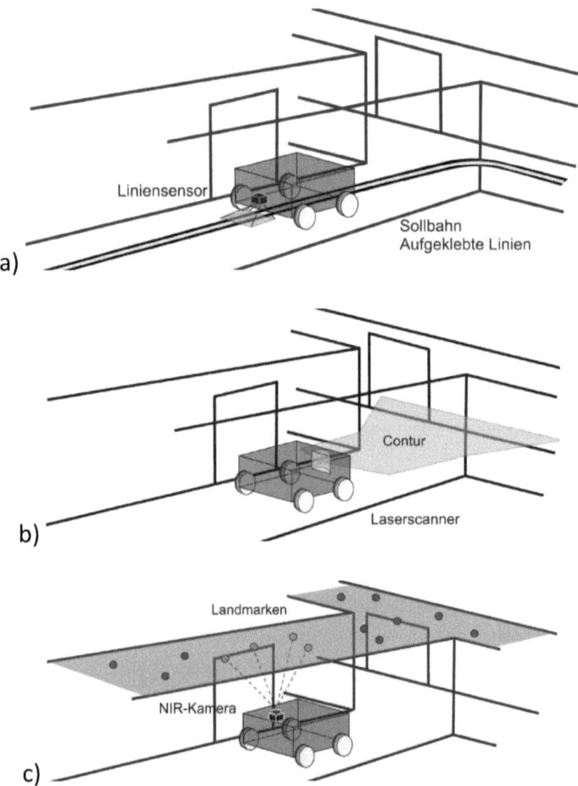

Bild 13.4 Spurengebunden und Spurlose Navigation von FTF. a) Spurgebundenes FTF: Optischer Sensor zum Tracking der Sollbahn. b) Spurloses FTF: 3D Laserscanner zum Tracking der Raumgeometrie, Fahrweg wird algorithmisch ermittelt c) Mischung von Spurgebundenen und Spurlosen FTF: Tracking der Position über Landmarken (Quelle: My Intralogistik)

Bei den spurlosen Systemen ist der Anspruch an eine entsprechende Hardware wesentlich höher. Einfache Sensoren führen hier meist nicht mehr zum Ziel. Besondere Lasersysteme und 3D-Kamerasysteme helfen hier weiter. Der

Vorteil solcher Systeme ist, dass sich das FTF seinen Fahrweg selbst ermittelt und gegebenenfalls optimale Fahrlinie fahren kann. Sie sind somit in ihrer Ausführung wesentlich flexibler, haben aber gleichzeitig auch einen höheren Anspruch an den Personenschutz. Durch Intelligente Sensoren können die FTF direkt miteinander kommunizieren, um z.B. ihren Standort mitzuteilen. Aktuelle Forschungen beschäftigen sich mit der Entwicklung von lernenden Systemen die in naher Zukunft Routen komplett selbständig planen werden. Ergebnisse solcher Systeme wären optimale Routenwegen, frühzeitigen gefahren Erkennung und Verbesserung des Personenschutzes.

13.4 Mit smarten Aktoren in die Industrial-IoT

Wie die intelligenten Sensoren tragen auch die intelligenten Aktoren einen deutlichen Anteil zur neuen Industriellen Revolution bei. Wo man noch in der Industrie 3.0 mit komplexen, energieeffizienten und optimalen Systemen zu kämpfen hatte, konnten die intelligenten Aktoren einen wesentlichen Teil dazu leisten, solche Systeme wesentlich energieeffizienter zu halten.

In der Logistik 4.0 sind Förderantriebe mit energieeffiziente elektrischen Getrieben sehr gefragt. Unternehmen mit hochautomatisierten Warenlagern verursachen z.B. bis zu 50 Prozent ihrer Energiekosten hauptsächlich durch ihre Förderantriebe (vgl. Klaus Krämer 2012). Der Einsatz von energieeffizienten Motoren durch intelligente Einbindung ist somit in vielen Logistikunternehmen schon voll im Gange.

Ein Konzept eines intelligenten Aktors ist der Smart Motor. Dessen Grundidee besteht in der Entwicklung von autonomen kabellosen Systemen, deren Akkulaufzeit durch die Überdimensionierung ihrer Antriebsmotoren stark begrenzt war. Die Ablösung durch Smarte Motoren sollte helfen, deren Energieeffizienz zu verbessern. Das neue Konzept soll einem Netzmotor ähneln, und durch Integrierte Elektronik Vorteile wie Drehzahlvariabilität, Drehzahlrampen und Energieeffizienz eines Frequenzumrichters zu verwirklichen.

Die Fördertechnik war einer der ersten in der Industrie 4.0 die sich solche Eigenschaften stark zu nutzen machten. Durch einstellbare Anlaufmomente oder Bemessungsmomente konnten Motoren auf deren Traglast angepasst werden. Während der übliche Netzmotor mit seinem vollem Bemessungsmoment fährt, kann der Smart Motor sein Drehmoment reduzieren und somit Energie einzusparen. Hier wurden in Bezug auf die Fördertechnik neue Optimierungsansätze für die Motoren erreicht (vgl. Vogel-Heuser-2 2017):

- Steigern der Energieeffizienz: Energieersparnis durch Einsatz neuer Motortechnologien und verlustminimaler Regelverfahren

- Effiziente Bewegungsführung: Durch Bereitstellung von erweiterter Antriebsdaten, wie z.B. Verlustkennfelder, zur Einbindung Smarter Motoren in neue Selbstoptimierungsansätzen

- Optimierung der Kompaktheit: Reduzieren der Baugröße durch integrierte Elektronik die Umrichter ersetzen kann

13.5 Fördermatrix basierend auf Smarten Aktoren

Mit dem neuen Anspruch der Industrie 4.0 kam es zu einer Welle neuer Forschungsprojekte und Entwicklungsprojekte, die sich speziell mit intelligenten Aktoren beschäftigten. Eines vom Bundesministerium gefördertes Forschungsprojekt war das „netkoPs" oder auch „vernetzte, kognitive Produktionssysteme". Dieses beschäftigt sich mit einem dezentral gesteuerten Materialflusssystem für die Produktion und Intralogistik. An diesem Ziel arbeiten das Institut für Integrierte Produktion in Hannover und das Institut für Transport- und Automatisierungstechnik der Uni Hannover gemeinsam mit den Projektpartnern Continental, Dream Chip, Gigatronik, ITA, Transnorm und Lenze (vgl. Stichweh 2012).

Unter diesem Forschungsprojekt wurde mit der Fördermatrix eine neue Methode vorgestellt, mit der man den Materialfluss komplett dezentral steuern kann. Große Vorteile im Vergleich zu herkömmlichen Fließbändern und Verteilungssystemen konnten aus diesen Konzept gewonnen werden. Durch diese Fördertechnik wird ein paralleler Transport von Material und Informationen möglich. Anhand der Informationen erkennt ein dezentrales Produktrouting den Zustand in der Produktion und plant die optimale Route eines Produkts. Eine dynamische Routenplanung verhindert, dass Störungen einzelner Systeme zu einem Stillstand des Gesamtsystems führen. Änderungen des Materialflusses oder die Erweiterung der Produktion sind zudem ohne aufwändige Anpassung einer zentralen Steuerung möglich.

Die Fördermatrix (im Bild 13.5 links) ergibt sich aus einem Verbund nebeneinanderliegender Fördermodule (im Bild 13.5 rechts). Jedes Fördermodul besteht aus einem Förderantrieb der sich durch einen Schwenkantrieb um 360 Grad drehen lässt.

Durch eine Vereinigung solcher Fördermodule ergeben völlig neue logistische Freiheitsgrade auf der Fördermatrix. Neben dem Transportieren sowie dem Ein- und Ausschleusen, wie man es von den ursprünglichen Systemen kennt, kann die Fördermatrix zusätzlich ihre Fördergüte drehen, ausrichten, stauen, vereinzeln, zusammenführen und sequenzieren. Neben der Hardware beinhal-

tet das Forschungsprojekt ebenfalls die Entwicklung von speziell für die Fördermatrix angepassten lernenden System für eine autonome Routenplanung
(Bild 13.6), sowie die Vernetzung und Kommunikation solcher Fördermodule.

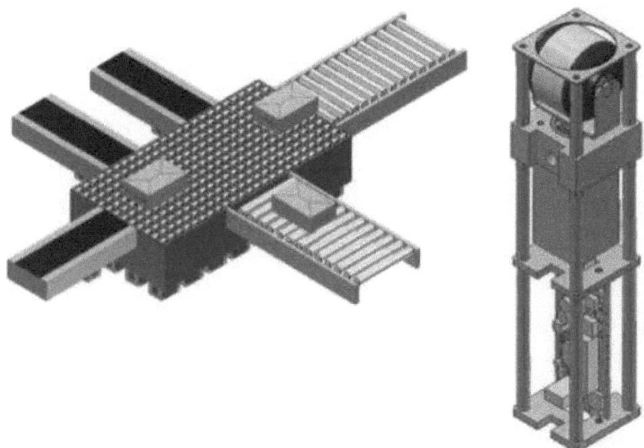

Bild 13.5 Links Lenze Fördermatrix, rechts Fördermodul https://cdn.weka-fach-
medien.de/thumbs/media_uploads/images/1444632948-139-1foerdermatrix-mit-be-
liebig-vielen-foerdermodulen.jpg.626x0.jpg

Der Antrieb des Fördermoduls wurde auf der Basis eines Verniermotor (Hohes
Drehmoment bei selbst kleiner Drehzahl) weiterentwickelt. Eingespeist wird

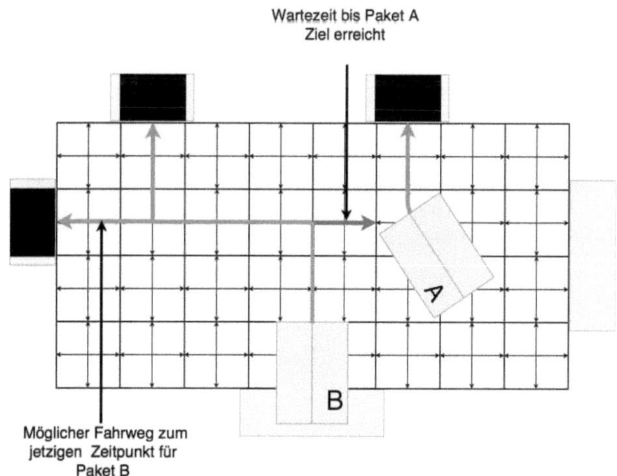

Bild 13.6 Fördermatrix kann Routen der Pakete automatisch planen. Die autonome
Routenplanung ist ein Teil des Forschungsprojektes „netkoPs". (eigene Darstellung)

der Motor über einen, im unterem Teil des Fördermoduls eingebauten Wechselrichter. Eine speziell für den Motor entworfene geberlose Regelung erfüllt die Anforderungen einer hohen Drehzahlgenauigkeit, Ausrichtungsmöglichkeit und Dynamik, wodurch die drehzahlsynchrone Bewegung die Positionierungen mehrerer Module im Verbund ermöglicht. (vgl. Stichweh 2012).

Literatur

Birgit Vogel-Heuser-1 2017. Handbuch Industrie 4.0 Bd.3 Kapitel: Intelligente Sensorik als Grundbaustein für Cyber-physische Systeme in der Logistik. Springer-Verlag

Birgit Vogel-Heuser-2 2017. Handbuch Industrie 4.0 Bd.3 Kapitel: Aktorik für Industrie 4.0: Intelligente Antriebs- und Automatisierungslösungen für die energieeffiziente Intralogistik. Springer-Verlag

Heiko Stichweh 2012. Horizontaler Materialfluss. Was steckt hinter dem Projekt „netkoPs" Link: https://www.computer-automation.de/feldebene/antriebe/artikel/123913/

Klaus Krämer 2012. Automatisierung in Materialfluss und Logistik

Ebenen, Informationslogistik, Identifikationssysteme, intelligente Geräte

Hanser Konstr. Link: https://www.hanser-konstruktion.de/news/uebersicht/artikel/leichtbau-hybridwerkstoff-macht-stahl-im-maschinenbau-konkurrenz-3065895.html

My Intralogistik. Link: https://www.myintralogistik.de/zentrum-fuer-fahrerlose-transportsysteme.html

Autor

Raphael Kraus ist Student und Bachelor of Engineering an der Hochschule Trier. Zurzeit schließt er sein Studium zum Master of Science in dem Vertiefungsbereich Automatisierung und Energietechnik ab. Seine Spezialgebiete sind die Regelungs- und Steuerungstechnik.

14 IoT-Anwendungsbereiche und deren Marktentwicklung

A. Berg, Hochschule Trier, FB Technik

Abstract: Dieses Kapitel erläutert die größten Anwendungsgebiete für IoT-Hardware und veranschaulicht die Anwendung an Beispielen. Die Problematik hinsichtlich Sicherheit und Kompatibilität wird ebenfalls beleuchtet. Abschließend soll anhand von Marktprognosen und Statistiken ein Ausblick auf eine mögliche Marktentwicklung in den verschiedenen Bereichen gegeben werden.

Keywords: IoT-Device, market forecast

14.1 Anwendungsgebiete

Laut einer Befragung aus dem Jahre 2015 hörten unter etwa 1400 Befragten (über 16 Jahre) 88 % den Begriff „Internet der Dinge" zum ersten Mal (IfD 2015). Dabei begegnet er uns im Alltag immer öfter. In der Werbung und den Medien ist meist die Rede von „Smart Home" oder „Smart Fitness", aber das Internet der Dinge ist nur ein Sammelbegriff für eine Vielzahl von Anwendungsbereichen internetangebundener Aktorik und Sensorik die unseren Alltag komfortabler und effizienter gestaltet.

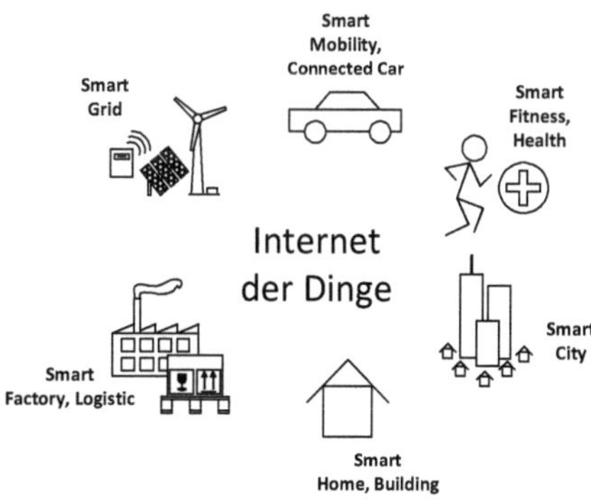

Bild 14.1 Wesentliche Anwendungsgebiete des „Internets der Dinge" (Eig. Darstellung)

Die Einsatzgebiete scheinen unerschöpflich und sind lediglich durch die Kreativität der Hersteller beschränkt. Allerdings sind die Zielgruppen der Produkte nicht immer ausreichend groß, sodass sich ihre Umsetzung auf dem Markt nicht etabliert. Umso wichtiger ist eine gute Marktforschung um Trends frühzeitig zu erkennen und entsprechend zu reagieren. Die nachfolgende Grafik stellt die wesentlichen Anwendungsgebiete des Internets der Dinge dar.

Smart Mobility, Connected Car. Automobilhersteller setzten immer mehr auf die Anbindung ihrer Fahrzeuge ans Internet. Die sogenannten „Connected Cars" lassen sich per App ver- und entriegeln. Die Klimaanlage oder Standheizung kann bequem voreingestellt werden, sodass das Auto frei von Eis und temperiert bestiegen werden kann. Allerdings beschränkt sich die Anbindung künftig nicht nur auf die Steuerung von Komfortfunktionen. Diverse Projekte, wie Car2Car oder Car2X, sollen für eine Kommunikation unter den Fahrzeugen selbst und der Infrastruktur sorgen und so die Sicherheit erhöhen.

So kann ein Auto bei einer Gefahrenbremsung den nachfolgenden Autos signalisieren ihre Geschwindigkeit schon zu reduzieren, bevor der Sichtkontakt besteht. Aber auch die Kommunikation zwischen Fahrzeugen und der Infrastruktur ist möglich. So kann durch den Informationsaustausch mit Ampelanlagen oder Kreuzungen die Geschwindigkeit angepasst werden um die Grünphase effektiv auszunutzen, Staus zu umfahren oder sich auf schlechte Sicht einzustellen. Eingebundene Baustellen warnen die Autos frühzeitig und erhöhen die Sicherheit im Baustellenbereich. Dies ist der Zwischenschritt zum autonomen Fahren. Erste Projekte mit komplett autonom fahrenden Bussen auf ausgewählten Testrouten starten in Berlin und Hamburg bereits dieses Jahr.

Smart Grid. In Anbetracht der immer stärker werdenden dezentralen Energieerzeugung durch erneuerbare Energien ist ein Informationsaustausch zwischen Netzbetreiber, Erzeuger und Verbraucher immer wichtiger.

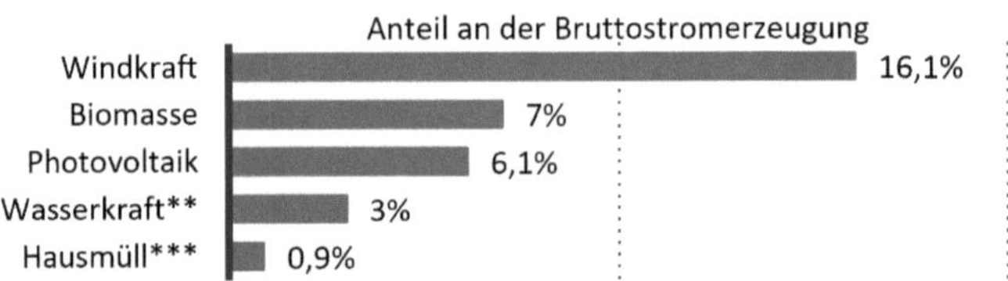

Bild 14.2 Anteil Erneuerbarer Energieträger an der Bruttostromerzeugung in Deutschland im Jahr 2017* (BDEW 2017)

* Vorläufig. ** Erzeugung in Lauf- und Speicherwasserkraftwerken sowie Erzeugung aus natürlichem Zufluss in Pumpspeicherkraftwerken. *** Nur Erzeugung aus biogenem Anteil des Hausmülls (ca. 50 Prozent). Stand: Dezember 2017.

2017 machten die erneuerbaren Energien bereits ca. 33,1 % der gesamten Bruttoenergieerzeugung in Deutschland aus. Allerdings liegt die Problematik in der wetterabhängigen Leistungsschwankung der dezentralen Einspeisepunkte. In der Niederspannungsebene werden so beispielsweise aus Verbraucherhaushalten reine Energieerzeuger. Unbeachtet führt dies u.U. zu Überlastungen und Überspannungen im Netz. Mittels „Smart Metern", also digitalen vernetzten Stromzählern, ist es nicht nur möglich, die Zählerstände direkt an das EVU zu übertragen, sondern auch den Stromfluss zu erfassen und auszuwerten. So kann eine Steuereinheit in der Ortsnetzstation mittels Glasfaser, Powerline-Datenübertragung[19], Narrowband[20] o.Ä. mit diesen und anderen Netzkomponenten kommunizieren und macht es möglich, Prognosen über Einspeiseleistung von z.B. PV-Anlagen und dem Stromverbrauch zu erstellen. Mit diesen Informationen kann so Angebot und Nachfrage durch gezielte Speicherung der Energie, Abschaltung von Einspeisungen oder Lastverschiebung im Gleichgewicht gehalten werden. Letzteres setzt Smart-Grid-fähige Haushaltsgeräte wie Waschmaschinen, Trockner oder auch Elektroautos voraus.

Smart Health, Smart Fitness. Sogenannte „Wearables", die Puls, Blutsauerstoffgehalt u.v.a.m. messen, sind schon länger auf dem Markt. Aber auch das Gesundheitswesen ist an den gesammelten Daten interessiert. Das 2016 in Kraft getretene E-Health-Gesetz soll die Grundlage für eine Digitalisierung bilden. Es besagt u.a. dass bis Ende 2018 alle Kliniken, Arztpraxen und Apotheken Teil der telematischen Infrastruktur sein müssen. Alle Berichte, Unterlagen und Medikationen der Patienten sind in der „elektronischen Gesundheitsakte" hinterlegt und können in diesem Verbund und dem Patienten selbst abgerufen werden. Auf Wunsch können auf der elektronischen Gesundheitskarte Vorerkrankungen, Medikation, Allergien und Notfallkontakte hinterlegt werden.

Aber auch Videosprechstunden werden möglich. In Zusammenhang mit smarter Sensorik ist eine Ferndiagnose oder Überwachung realisierbar. So schicken z.B. Herzschrittmacher automatisch Aufzeichnungen der Herzüberwachung über das Fest- oder Mobilfunknetz zum behandelnden Arzt. Künstliche Intelligenz in Form von selbstlernenden „Chatbots" könnte bei einfachen Angelegenheiten anhand von gesammelten Daten und den Patientenangaben Vorschläge zur Behandlung geben, und so die Ärzte entlasten. In Zeiten einer alternden Gesellschaft mit steigenden Gesundheitskosten und Ärztemangel auf dem Land ist dies eine interessante Möglichkeit das System zu unterstützen. Zudem wächst die Zahl der Apotheken mit Lizenz für Versandverkäufe. Für ältere und chronisch kranke Patienten eine erhebliche Erleichterung.

Smart Home, Smart Building. Smart Home ist derzeit das wohl bekannteste Anwendungsfeld des Internets der Dinge. Kaum einer hat den Begriff noch

---

[19] Datenkommunikation über das Stromnetz
[20] Speziell für IoT-Anwendungen entwickelte Mobilfunkstandard

nicht in den Medien gehört. Angefangen von Apps, welche z.B. Heizungsventile oder Zwischenstecker für Steckdosen steuern können, bis zu Sprachsteuerung und Überwachung des gesamten Hauses. Diverse Firmen bieten diese Einsteigerkomponenten zur Anbindung über W-LAN an. Dies ermöglicht dem Laien eine schnelle und einfache Installation und Steuerung der über das Netzwerk angeschlossenen Geräte.

Mittlerweile gibt es aber auch eine Reihe von Haushaltsgeräten die bereits ab Werk Smart-Home-fähig sind und eine Steuerung integriert haben. Von der komfortablen Bedienung der Kaffeemaschine, des Herdes oder der Waschmaschine mit dem Smartphone, bis zum online-Blick in den Kühlschrank.

Im Falle von Sanierungen oder Neubau eines Hauses fällt die Wahl beim Smart Home aber eher auf den Nachfolger des Anfangs der 90er eingeführten europäischen Installationsbus (EIB). Der sogenannte KNX-Bus vernetzt und automatisiert das gesamte Haus und lässt es so durch Anbindung ans Internet einfach zum Smart Home werden. Aufgrund der langjährigen Marktpräsenz des offenen Standards gibt es hier eine Vielzahl an kompatiblen Komponenten.

Aber auch Zweckgebäude wie z.B. Supermärkte, Flughäfen oder Fertigungshallen lassen sich zum „Smart Building" machen. Allerdings liegt das Augenmerk hier nicht auf Komfort und Entertainment, sondern auf der energieeffizienten und sicheren Nutzung durch z.B. einem intelligenten Energiemanagement und dynamischer Fluchtwegsteuerung.

Smart Factory, Smart Logistic. In der Fertigungsindustrie ist die Dokumentation von Abläufen zur Optimierungs- und Qualitätszwecken unerlässlich, um auf dem Markt bestehen zu können. Durch Vernetzung der verschiedenen Instanzen untereinander soll sich die Produktion darüber hinaus nahezu autark optimieren und organisieren. Dadurch wird die Produktivität und Flexibilität gesteigert und zugleich die Kosten reduziert. Durch Kennzeichnung des Rohproduktes mittels QR-Code[21] oder RFID-Chip lassen sich die benötigten Produktionsschritte und Teile hinterlegen. So kann, neben der automatischen Produktion selbst, zu jedem Zeitpunkt in jedem Schritt der Herstellung nachvollzogen werden, wann der Rohling wo und wie lange war. Teile werden automatisch nachbestellt und Produkte als versandfertig gemeldet. Zudem lassen sich durch Kontrollen mit Sensoren Daten zur Qualitätssicherung für jedes einzelne Produkt hinterlegen und jederzeit aufrufen. Der gesamte Produktionsablauf bis zur Auslieferung wird komplett transparent. So entsteht in der Logistikbranche selbst auch ein Wandel zur „Smart Logistic".

Neben teils vollautomatischen Lagersystemen zur Ein- und Auslagerung von Waren im Hochregal großer Logistikzentren, werden die Waren ebenfalls mit

---

QR-Codes oder RFID-Chips zur Erfassung der Lager- und Versanddaten verse-hen. So können Mitarbeiter z.B. einen Auftrag scannen und erhalten die La-gerplätze aufgelistet mit optimaler Entnahmereihenfolge und Bestand auf ih-rem Tablet. Ist der Auftrag abgeschlossen, wird die Entnahme anhand der ge-scannten Waren im System verbucht und gegebenenfalls automatisch nach-bestellt. Fehlerhafte Kommissionierungen können so durch die digitale Auf-tragsabwicklung ausgeschlossen und der Zeitaufwand reduziert werden. Ein ähnliches Prinzip findet sich bei der Paketverfolgung. Anhand der Sendungs-nummer können online die verschiedenen Bearbeitungsschritte und Stand-orte bis zur Auslieferung verfolgt werden. Aber auch auf dem Transportweg mit Lkw und Schiff kann eine Vernetzung mit verschiedenen Infrastrukturen für ein besseres Zeitmanagement sorgen und die Effektivität steigern. Beispiel-haft hierfür ist der Hamburger Hafen. Hier kommunizieren die Schiffe mit der Hafeninfrastruktur und lassen den Verkehr umleiten und Brücken hochziehen um einen schnellen und reibungslosen Ablauf zu ermöglichen.

Smart City. Smart-City-Projekte dienen u.a. der Verbesserung der Infrastruk-turen und somit des städtischen Alltags. Sie beinhalten sowohl Teile von Smart Grid, Smart Building und Smart Mobility. Befragt man die Bewohner einer Stadt über die größten Stressfaktoren, kristallisieren sich die Schwerpunkte der bürgerlichen Belange heraus.

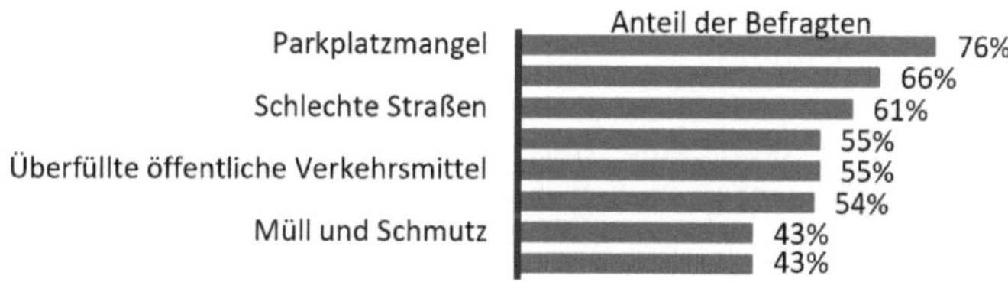

Bild 14.3 Größte Stressfaktoren in Großstädten in Deutschland im Jahr 2017 (Bitkom)

In den letzten Jahren wurden einige Smart-City-Projekte in ganz Deutschland initiiert und teils bereits durchgeführt. Viele Projekte decken neben anderen Zielen die oben genannten Punkte ab. So auch in Hamburg. Beispielsweise lie-fern Verkehrsleitsysteme via App Informationen zu freien Parkplätzen in der Nähe des Nutzers. Sensoren beobachten das Verkehrsgeschehen und liefern die Daten via digitaler Straßenschilder an die Verkehrsteilnehmer um Staus zu reduzieren. „Virtuelle Bürgerterminals" in Einkaufszentren und anderen öf-fentlichen Bereichen dienen als Informationsschnittstelle zu den Behörden und zur Abwicklung von Anträgen. Sensoren ermitteln die Verschmutzung der Luft in der Stadt und geben Alarm bei Erreichen der Grenzwerte. Apps und Anzeigetafeln liefern die aktuelle Position und die Verspätungszeit der öffent-lichen Verkehrsmittel deren Position überwacht wird. Fahrräder lassen sich per QR-Code scannen und nach Buchung entsperren. Somit lassen sie sich spontan an verschiedenen Sammelstellen in der Stadt ausleihen. Zudem sind autonom fahrende Shuttle-Busse ab Herbst unterwegs. Allerdings erstmal ohne Passagiere aber im späteren Betrieb sollen sie digital buchbar sein. Selbst die Straßenbeleuchtung schaltet sich nur bei Anwesenheit von Menschen und Fahrzeugen ein und spart somit Energie ein.

14.2 Problematiken

Fehlender einheitlicher Kommunikationsstandard. Die Vielzahl der verwendeten Datenprotokolle wie z.B. MQTT, CoAP oder OPC UA und der Funktechniken wie z.B. ZigBee, KNX RF oder DECT sind u.a. schuld an der Inkompatibilität der verschiedenen IoT-Geräte. Große Hersteller warfen ihre Produkte förmlich auf den Markt und boten damit nur „Insellösungen" an. Doch hier findet im Interesse der Kunden mittlerweile ein Umdenken statt. Immer mehr Hersteller lassen die Anbindung von kompatiblen Konkurrenzprodukten zu oder beteiligen sich an der Entwicklung von offenen und einheitlichen Standards. Dies ist auch notwendig, um das volle Potenzial des Internets der Dinge zu entfalten. Allerdings ist es fraglich, ob und wann sich aus der Vielzahl der Allianzen ein Standard durchsetzt oder ob die Geräte zukünftig mehrere Standards unterstützen und so die Kompatibilität der Systeme ermöglichen.

Sicherheit Bei der Einführung von IoT-Hardware wird sich seitens der Hersteller kaum Gedanken hinsichtlich der IT-Sicherheit gemacht. Sehr beunruhigend erscheint die Rückrufaktion eines Herstellers für Herzschrittmacher vergangenes Jahr aufgrund von Sicherheitslücken in der Software. So sollte mittels eines Updates verhindert werden, dass sich Hacker per Funkverbindung Zugang zum Gerät verschaffen können. Aber das ist nicht der einzige bekannte Fall von Sicherheitslücken. Ein Beispiel für die Problematik ist das MQTT-Datenprotokoll. Da die meisten IoT-Geräte aus Kostengründen durch die Verwendung von Mikrocontrollern in der Performanz sehr eingeschränkt sind, benötigen sie ein möglichst einfaches Protokoll. Das Problem von MQTT liegt im sogenannten Broker (Server) der bei IoT-Geräten in den meisten Fällen weder verschlüsselt überträgt noch einen Passwortschutz besitzt. Er ist die Kommunikationsschnittstelle im Internet zwischen IoT-Gerät und z.B. dem Tablet oder Smartphone. So sind die angebundenen IoT-Geräte sehr anfällig für unbefugte Zugriffe und zeigen wie erheblich der Nachholbedarf in Punkto Sicherheit ist. Grundlegend gelten als präventive Maßnahmen die Einrichtung und häufige Änderung von Passwörtern und regelmäßige Updates, sofern diese vom Hersteller angeboten werden. Allerdings hat die EU mittlerweile das Sicherheitsdefizit erkannt und versucht mittels der EU-Datenschutz-Grundverordnung

(EU-DSGVO) u.a. die Sicherheit in diesem Bereich zu erhöhen und die Hersteller bewusst mit dem Problem zu konfrontieren.

14.3 Marktentwicklung

Das Internet der Dinge hat enormes Potenzial, um einen großen wirtschaftlichen Mehrwert zu erzeugen. 2017 lag die globale Wirtschaftskraft bei rund 80 Billionen Dollar (IMF 2017). Laut Prognosen soll allein das Internet der Dinge 2020 etwa 9 Billionen Dollar ausmachen (PwC; IDC 2015).

Deutschland. Betrachtet man die Bestandsentwicklung der Consumer-IoT-Geräte in Deutschland, soll sich die Zahl von 45 Millionen im Jahr 2015 auf etwa 100 Millionen im Jahr 2020 mehr als verdoppeln.

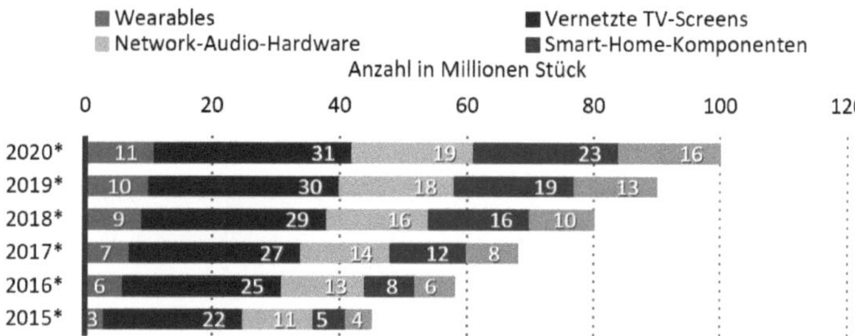

Bild 14.4 Prognose zum Bestand an Consumer-IoT-Geräten in Deutschland von 2015 bis 2020 nach Produktgruppe (in Millionen Einheiten) (Bitkom 2015) (* Prognose).

Das größte Wachstum erfährt der Bereich Smart Home und Connected Cars. Die Zahl der Geräte im Smart Home Bereich soll sich zwischen 2015 und 2020 von 5 Millionen auf 23 Millionen fast verfünffachen. Fast genauso sieht es bei den Connected Cars aus. Hier vervierfacht sich der Wert von 4 Millionen auf 16 Millionen Autos.

Der Energieversorgungsbereich wird hinsichtlich intelligenter Netze ebenfalls stark wachsen. Durch die Verwendung von Smart Grid wird gegenüber dem Ausbau des konventionellen Stromnetzes eine jährliche Ersparnis von rund 2 Milliarden Euro generiert. Gute 5 Milliarden Euro werden zusätzlich jährlich gespart durch effizientere Nutzung der erneuerbaren Energien mit z.B. intelligenter Energiespeicherung und Lastverschiebung (Bitkom 2012).

Im industriellen Bereich steht Deutschland laut einer 2017 geführten internationalen Umfrage unter 1000 Führungspersonen von Unternehmen nicht schlecht da. 46 % gaben an, bereits laufende Prozesse im Bereich Smart Factory zu haben. 30 % haben konkret geplante Prozesse und 8 % gaben an, in den nächsten 3 bis 5 Jahren mit der Planung zu beginnen.

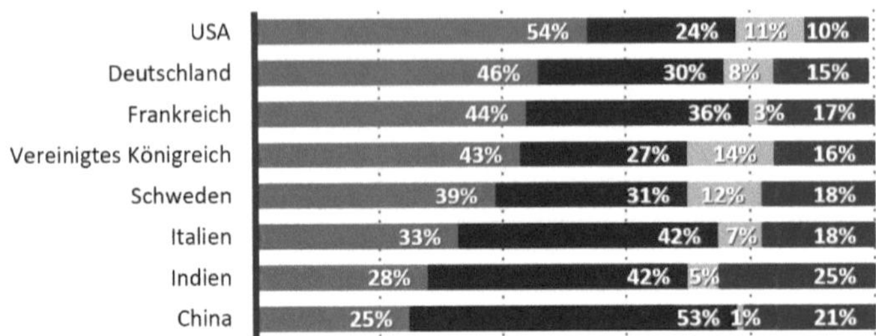

Bild 14.5 Haben Sie in Ihrem Unternehmen bereits Prozesse im Smart Factory eingeführt? (Von links nach rechts: Ja, Prozesse eingeführt; Ja, Prozesse geplant; Nein, aber geplant in 3-5 Jahren; Nein; Anteil der Stimmen nach Ländern) (Capgemini 2017)

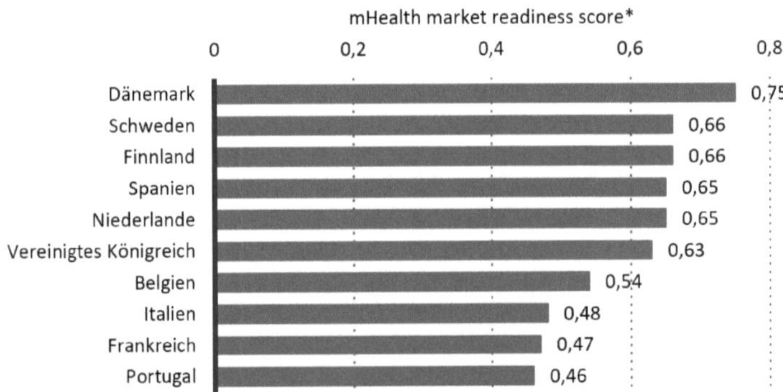

Bild 14.6 Ranking der 10 europäischen Länder mit den besten Voraussetzungen für den Erfolg von Mobile-Health-Produkten 2015 (Index). * Indexwert zwischen 0 und 1 basierend auf fünf Kategorien. (research2guidance 2015)

Voraus liegen die USA mit 54 % an laufenden Prozessen. 24 % gaben hier an konkret geplante Prozesse zu haben und 11 % in den nächsten 3 bis 5 Jahren zu planen. Schlusslicht ist China mit 25 % laufenden Prozessen. Allerdings haben rund 54 % der gefragten Unternehmen bereits Prozesse konkret geplant.

Das Gesundheitswesen in Deutschland reagiert recht träge auf die Digitalisierung und die damit einhergehende Nutzung des Internets der Dinge. Daher ist es auch nicht verwunderlich, dass Deutschland nicht unter den Top 10 der europäischen Länder ist mit den besten Voraussetzungen für den Erfolg mit Mobile-Health-Produkten. Spitzenreiter sind hier die Skandinavier knapp gefolgt von Spanien, den Niederlanden und dem Vereinigten Königreich.

Literatur

Andelfinger, V.P. (2015): Der Fremde, in: Hoffmeister, B.(Hrsg.), *Till Hänisch. Internet der Dinge – Technik, Trends und Geschäftsmodelle*: Springer Verlag.

IfD Allensbach (2015): *Sicherheitsreport 2015* Statista. https://www.telekom.com/resource/ blob/314236/5418311d8472777b816259f030cc8ef3/dl-150723-sicherheitsreport-2015-data.pdf [Seite 12] [04.04.2018].

BMW (2018): *BMW CONNECTED DRIVE*, https://www.bmw.de/de/topics/faszination-bmw/connecteddrive/ubersicht.html? mw=sea:185750322:11925492762:bmw%20connected [04.04.2018].

INGENIEUR.de (2011): *Car2Car und Car2X für das unfallfreie Auto*, https://www.ingenieur.de/technik/fachbereiche/fahrzeugbau/car2car-car2x-fuer-unfallfreie-auto/ [04.04.2018].

Cisco (n.a.): *Das Internet of Everything macht Hamburg zur „Smart City"*, https://www.cisco.com/c/de_de/solutions/lan-wan-network-systems/network-need/preview.html [04.04.2018].

SPIEGEL ONLINE (2018): Charité testet autonome Busse, http://www.spiegel.de/auto/aktuell/berlin-charite-und-bvg-testen-autonome-busse-a-1199920.html [04.04.2018].

BDEW (2017): Anteil Erneuerbarer Energieträger an der Bruttostromerzeugung in Deutschland im Jahr 2017. Statista. https://de.statista.com/statistik/daten/studie/171368/umfrage/struktur-der-bruttostromerzeugung-durch-erneuerbare-energien-in-deutschland/ [04.04.2018].

PPC AG (n.a.): innogy - Projekt Smart Operator, https://www.ppc-ag.de/projekte/innogy-smart-operator/ [04.04.2018].

Bundesministerium für Gesundheit (2018): E-Health-Gesetz, https://www.bundesgesundheitsministerium.de/service/begriffe-von-a-z/e/e-health-gesetz/?L=0 [04.04.2018].

Siemens (2014): Digitale Fabrik: Die Fabrik von morgen, https://www.siemens.com/innovation/de/home/pictures-of-the-future/industrie-und-automatisierung/digitale-fabrik-die-fabrik-von-morgen.html [04.04.2018].

Bitkom (n.a.): Größte Stressfaktoren in Großstädten in Deutschland im Jahr 2017. Statista. https://de.statista.com/statistik/daten/studie/666197/umfrage/umfrage-zu-den-groessten-stressfaktoren-in-grossstaedten-in-deutschland/ [04.04.2018].

heise Security (2017): MQTT-Protokoll: IoT-Kommunikation von Reaktoren und Gefängnissen öffentlich einsehbar https://www.heise.de/security/meldung/MQTT-Protokoll-IoT-Kommunikation-von-Reaktoren-und-Gefaengnissen-oeffentlich-einsehbar-3629650.html [04.04.2018].

Bitkom (2015): Prognose zum Bestand an Consumer-IoT-Geräten in Deutschland von 2015 bis 2020 nach Produktgruppe. Statista. https://de.statista.com/statistik/daten/studie/537105/umfrage/bestand-an-consumer-iot-geraeten-in-deutschland/ [04.04.2018].

Capgemini (2017): Haben Sie in Ihrem Unternehmen bereits Prozesse im Bereich der intelligenten Fabrik eingeführt? Statista. https://de.statista.com/statistik/daten/studie/721642/umfrage/einfuehrung-von-prozessen-im-bereich-intelligente-fabrik-weltweit-nach-laendern/ [04.04.2018].

IMF (2017): Weltweites Bruttoinlandsprodukt (BIP). Statista. https://de.statista.com/statistik/daten/studie/159798/umfrage/entwicklung-des-bip-brut-toinlandsprodunkt-weltweit/ [04.04.2018].

PwC; IDC (2015): *The Internet of Things: the next growth engine for the semiconductor industry.* Statista. https://www.pwc.de/de/technologie-medien-und-telekommunikation/assets/pwc-studie-prognostiziert-boom-in-der-halbleiterbranche.pdf [Seite 22] [04.04.2018].

Bitkom (2012): Jährlicher Effizienzgewinn durch intelligente Netze in Deutschland im Energiesektor nach Bereich. Statista. https://de.statista.com/statistik/daten/studie/298809/umfrage/einspareffekte-durch-intelligente-netze-in-deutschland-im-energiesektor/ [04.04.2018].

research2guidance (2015): *Ranking der 10 europäischen Länder mit den besten Voraussetzungen für den Erfolg von mHealth-Produkten 2015 (Index).* Statista. [online] https://de.statista.com/statistik/daten/studie/466157/umfrage/laender-mit-den-besten-voraussetzungen-fuer-den-erfolg-von-mhealth-produkten/ [04.04.2018].

Autor

Andreas Berg ist Masterstudent an der Hochschule Trier im Fachbereich Technik mit dem Schwerpunkt Automation und Energie.

15 Drahtlose Datenkommunikation für das IoT

P. Meiers, Hochschule Trier, FB Technik

Abstract: In diesem Paper soll die Kommunikation für das Internet of Things (IoT), insbesondere die drahtlose, näher erläutert werden. Dazu werden Anwendungsbereiche für die drahtlose Datenkommunikation untersucht um daraus die Anforderungen abzuleiten. Anschließend sollen zugrundeliegende Techniken beschrieben und auf deren Tauglichkeit für die drahtlose Datenkommunikation im IoT überprüft und bewertet werden. Damit die drahtlose Datenkommunikation auch in Zukunft einfach gestaltet werden kann, wird eine Standardisierung der Übertragungstechniken und Protokolle notwendig sein. Hierzu wird zum Abschluss ein Ausblick in die Zukunft der drahtlosen Datenkommunikation für das IoT gegeben und Zukunftstechnologien vorgestellt.

Keywords: Basistechnologie, Funkbasiert, IoT- Kommunikation, Wireless-Internet-of-things (WIoT)

15.1 Datenkommunikation im IoT

Seit mehreren Jahren beschäftigen sich Forschung und Wirtschaft mit den Themen Industrie 4.0 und IoT, die im Grunde auf der Notwendigkeit beruhen, dass die zunehmenden Datenmengen immer und überall zur Verfügung stehen sollen. Das Ganze beschreibt ein sehr komplexes Thema, angefangen bei kleinen Steuerungen, die Daten von Aktoren und Sensoren aufnehmen und übertragen bis hin zur Cloud. Verbunden sind darüber aber auch Menschen, die Technologie nutzen, allen voran Smartphones. Das Internet of Things (IoT) steht für die Vernetzung physischer Objekte, zu denen Dinge wie Sensoren, Haushaltsgegenstände, Autos, Industrieanlagen usw. gehören. Das IoT schließt die Brücke zwischen der digitalen und analogen Welt, indem eine maximale Vernetzung und ein möglichst großer Informationsaustausch angestrebt wird.

Die großflächige Verbreitung des IoT wird noch einige Zeit benötigen, wird aber zu einem ähnlich großen Wandel beitragen, wie es das Cloud Computing seit einigen Jahren vorlebt. Nach Schätzungen von Experten des IEEE wird in wenigen Jahren das Internet of Things über 50 Milliarden Dinge miteinander verbinden. Bis 2020 soll es schon rund 100 Milliarden vernetzte Gegenstände geben[22]. Dieser Trend wird sehr schnell zu einem entscheidenden Faktor für die zukünftige Wettbewerbsfähigkeit von Unternehmen werden.

Es existieren bereits einige Unternehmen, welche die Echtzeit-Analyse nutzen, um Trends in Daten zu identifizieren und darauf zu reagieren. Dazu gehört beispielsweise das bessere Verständnis der Kunden in Echtzeit, um ihnen aktuelle, auf sie zugeschnittene Angebote direkt auf ihr Smartphone oder Wearable zu schicken, die exakt zu dem aktuellen Kontext ihrer Aktivitäten passen. Weitere Anwendungsfälle finden sich in den Bereichen Transport und Logistik, wo das IoT dabei hilft die Ankunftszeit von Lieferungen zu optimieren sowie die CO2-Bilanz anhand der Nutzung von Datenmustern zu verbessern.

15.2 Anwendungsbereiche für drahtlose Datenkommunikation

Die grundsätzlichen Einsatzbereiche und Möglichkeiten des Internet of Things sind nahezu unbegrenzt. Für die kommenden Jahre geht man davon aus, dass vier wichtige Bereiche besonders vom Internet of Things profitieren werden:

Marketing. Eine Verbesserung des Marketings kann durch die intensivere Überwachung des Verhaltens der Menschen, Dinge und Daten auf Basis der Analyse von Zeit und dem Ort, an dem sich die Objekte aufhalten erreicht werden. Hierzu gehören bspw. die ortsbezogene Werbung und die Auswertung des Kaufverhaltens über unterschiedliche Geschäfte hinweg.

Echtzeit-Analyse. Reaktion auf bestimmte Situationen in Echtzeit. Hierzu gehören zum Beispiel die Steuerung von Transportwegen anhand unterschiedlicher Variablen wie Wetterdaten und Benzinverbrauch aber auch andere Faktoren wie mögliche Gefahren.

Entscheidungsfindung. Unterstützung bei der Entscheidungsfindung durch Sensor-basierende Analysen z.B. für die ständige Überwachung von Patienten für eine bessere Behandlung.

Automatisierung. Einen höheren Automatisierungsgrad und eine bessere Kontrolle zur Optimierung von Prozessen und der Ressourcennutzung, wie zum Beispiel Smart Metering, Energiedatenmanagement sowie für Risikomanagementsysteme.

Da sich die meisten Technologien nicht nur auf stationäre Geräte, wie z.B. Produktionsanlagen beschränkt, gewinnt die drahtlose Datenkommunikation immer weiter an Bedeutung. Mit deren Hilfe können gemessen Daten von Sensoren übertragen werden, die dann zentral zur Analyse und Auswertung bereitstehen.

---

[22] Andelfinger & Hänisch, 2015

15.3 Anforderungen

Die aufgezeigten Anwendungsbereiche für die drahtlose Datenkommunikation sind vielseitig und komplex. So verwundert es nicht, dass die Anforderungen der verschiedenen Anwendungsbereiche genauso vielseitig und komplex sind. Viele Anforderungen sind nutzungsspezifisch, wie das Anpassen an raue Umgebungen wie im industriellen Umfeld oder im Automobilbereich. Aber trotz alledem lassen sich einige technische Anforderungen an die Datenkommunikation und deren Infrastruktur stellen.

Eine Anforderung besteht aus der Integration der Geräte in bestehende Netzwerke und Bussysteme, um diese einfach einbinden zu können. Smartphones und Tablets müssen sich ebenfalls nahtlos integrieren lassen.

Außerdem muss die Datenkommunikation an die limitierten Geräteressourcen angepasst werden. Dazu gehört beispielsweise ein geringer Stromverbrauch für lange Betriebslebensdauer von akkubetriebenen Geräten.

Um einen gewissen Bedienkomfort zu erreichen, sollten typische Antwortzeiten der Systeme unter 100 Millisekunden für eine Interaktion betragen. Im industriellen Umfeld werden sogar Ansprechzeiten von unter 20 Millisekunden für die Echtzeitfähigkeit gefordert.

Des Weiteren muss die Datenkommunikation gegen äußere Einflüsse unempfindlich sein. Dies gilt insbesondere für den Einsatz in Industrie- und Kfz-Bereich. Ein weiterer wichtiger Aspekt ist die Sicherheit der Datenkommunikation. Wenn über das Internet of Things alle Geräte miteinander verbunden sind, genügt eine offene Stelle im Netzwerk um an sensible Daten zu gelangen oder Produktionsausfälle auszulösen. Außerdem muss gewährleistet werden, dass die Daten unverfälscht übertragen werden, eine unbemerkte Veränderung darf nicht möglich sein.

15.4 Technik der drahtlosen Kommunikation

Nachdem die Anwendungsbereiche für die drahtlose Datenkommunikation im IoT vorgestellt und die daraus resultierenden Anforderungen abgeleitet wurden, folgt nun die Beschreibung der Techniken die bereits in vielen Bereichen Anwendung finden und für die drahtlose Datenkommunikation geeignet sind.

WLAN. Zu den grundlegenden Wireless Internet of Things (WIoT) -Technologien gehört für den klassischen Internetzugang das WLAN nach IEEE 802.11. Dieses zeichnet sich durch hohe Übertragungsraten und hohe Reichweite aus. Allerdings stehen diesen Vorteilen hohe Hardwarekosten, hoher Stromverbrauch und fehlender Echtzeitfähigkeit gegenüber. Daher eignet es sich nur bedingt für den Einsatz im WIoT.

Bluetooth. Ein weiteres grundlegendes Konzept ist Bluetooth für ein drahtloses Personal Area Networks (WPAN) zur Verbindung von Smart Wearables. Bluetooth ist der Standard für die Funkkommunikation mit geringer Reichweite und gehört zu den Technologien von Short Range Wireless (SRW). Die Reichweite liegt bei etwa 10 Meter und ist bedingt durch die festgelegte Sendeleistung von 0 dBm und die hohe Freiraumdämpfung bei der Übertragungsfrequenz von 2,4 GHz. Durch Einsatz von Verstärkern kann die Entfernung auf 100 Meter erhöht werden.

Da Bluetooth auch mit mobilen, batteriebetriebenen Geräten arbeitet, unterstützt es mehrere Betriebsarten mit denen die Leistungsaufnahme der Bluetooth-Slaves wesentlich reduziert und dadurch die Batterie-Nutzungsdauer verlängert wird. Bluetooth unterscheidet zwischen Active-Mode, Sniff-Mode, Hold-Mode und Park-Mode, die jede für sich der Energieeinsparung in unterschiedlichen Zuständen dienen.

Beim Active-Mode befindet sich der Slave im Wartemodus und kann vom Master über Datenpakete aktiviert werden um danach im Connection-Modus Daten zu übertragen. Im Sniff-Mode kann der Slave nur über seine Adresse vom Master angesprochen werden. Wird die Übertragungstätigkeit vom Master an einen Slave für eine vorher definierte Zeit eingestellt, geht der Slave in den Hold-Mode. Die Hold-Zeit kann beim Master abgefragt werden. Im Park-Mode ist der Slave nicht mehr an der Kommunikation beteiligt, er hält nur noch die Synchronisation aufrecht. In dieser Betriebsart synchronisieren sich die Slaves laufend mit dem Master. Das Reanimieren der Slaves liegt zwischen 100 ms und 1,3 s[23].

Durch die verschiedenen Betriebsmodi kann nicht nur der Energieverbrauch verringert werden, sondern diese ermöglichen auch die Echtzeitfähigkeit der Datenübertragung.

ZigBee. ZigBee wurde für die Industrie, für Smart Homes und die Gebäudesteuerung konzipiert. Die ZigBee-Technik ist eine Drahtlos-Technologie für den Nahbereich, Short Range Wireless (SRW), ähnlich Bluetooth, zielt allerdings auf Anwendungen in der Gebäudeautomation, auf die Steuerung, Überwachung und Automatisierung von Fertigungsprozessen und wird auch in Industrial Wireless Local Area Networks (IWLAN) und im Internet of Things (IoT) eingesetzt. Der wesentliche Unterschied gegenüber den erwähnten Techniken besteht darin, dass ZigBee für die Übertragung von kleinen Datenmengen konzipiert wurde.

---

[23] Bluetooth SIG, 2017

Die Übertragungsraten sind geringer als die von Bluetooth und 802.11, dafür zeichnet sich die Technik durch einen geringen Stromverbrauch aus. Die Leistungsaufnahme von ZigBee-Komponenten ist ein wesentlicher Betriebsfaktor, da die Komponenten häufig in batteriebetriebenen Sensoren zur Überwachung eingesetzt werden und über mehrere Jahre hinweg wartungsfrei und ohne Batteriewechsel arbeiten müssen. Alternativ kann ZigBee in der Variante ZigBee Pro auch mit Sensoren mit Energy Harvesting eingesetzt werden.

Außerdem weist der ZigBee-Protokollstack eine wesentlich geringere Komplexität auf, als der Bluetooth-Protokollstack. Hinzu kommt, dass die Wiederaufnahme der Funktionsfähigkeit nach einem Schlafmodus wesentlich schneller von statten geht. Die Zigbee-Frequenzen liegen in den lizenzfreien ISM-Bändern um 868 MHz, 915 MHz und 2,4 GHz. An Reichweite kann diese Technik je nach Sendeleistung zwischen 10 m und 75 m überbrücken[24]. Außerdem erfüllen die Zuverlässigkeit und Sicherheit die hohen Anforderungen von industriellen Anwendungen.

Z-Wave. Z-Wave ist momentan der größte Smart-Home-Standard weltweit. Z-Wave nutzt Funkfrequenzen zwischen 850 und 950 MHz. Diese liegen entweder im ISM-Band (Industry Science Medicine) oder im SRD-Frequenzband (Short Range Devices). Gegenüber dem alternativ von Funktechniken benutzten 2,4-GHz-Frequenzband bieten diese Frequenzen eine deutlich bessere Durchdringung durch Wände und weniger Verluste durch Reflexionen.

Ein Z-Wave Gerät hat eine Reichweite im Gebäude von mindestens 40 Meter und außerhalb von mindestens 150 Meter.

Die Adressierung der Z-Wave-Geräte erfolgt anhand einer gemeinsamen 4 Byte langen Home ID sowie einer nur innerhalb des Netzes gültigen 1 Byte langen Node ID. Damit können mehrere Funk-Netze parallel in einem Haus betrieben werden.

Z-Wave nutzt eine Zweiwege-Kommunikation mit Rückbestätigung. bestätigte Datagramme gelten als erfolgreich versendet. Bei Kommunikationsfehlern wird der Sendevorgang bis zu dreimal wiederholt. Z-Wave implementiert als Netzwerktopologie eine Funkvermaschung, bei der jedes netzbetriebene Gerät Datagramme anderer Geräte im eigenen Netz weiterleiten kann.

Alle netzbetriebenen Geräte sind ständig funkaktiv und können daher als Router dienen. Batteriebetriebene Sensoren und Aktoren sind meist inaktiv und wachen periodisch auf, um Kommandos entgegenzunehmen und auszusenden. In größeren Netzen wird meist eine Zentralsteuerung mit IP-Zugang zur

---

[24] Zigbee Alliance, 2017

Konfiguration und Steuerung des Hauses eingesetzt. Es können insgesamt 232 einzelne Geräte in einem Netz adressiert werden[25].

Low Power WANs (LPWAN). LPWANs zeichnen sich dadurch aus, dass sie Entfernungen bis zu 50 km überbrücken können und sehr wenig Energie benötigen. Zur Realisierung der LPWANs gibt es mehrere technische Ansätze. Eines davon ist das LoRaWAN (long range wide area network).

Damit die überbrückbare Entfernung nicht zu sehr durch die Freiraumdämpfung beeinträchtigt wird, nutzen einige der genannten LPWAN-Konzepte Frequenzen in ISM-Bändern zwischen 433 MHz und 1 GHz. Die Übertragung besteht aus einer Kombination aus Chirp Spread Spectrum (CSS) und Software Defined Radio (SDR). Ein entscheidender Vorteil liegt darin, dass Signale, die bis zu 20 dB unter dem Rauschpegel liegen, noch detektiert werden können. Dieses Konzept unterstützt die bidirektionale Kommunikation, die Mobilität und ortsbestimmende Dienste.

Damit die Batterielaufzeit der Endkomponenten möglichst lang ist, werden alle Datenraten und die HF-Ausgangssignale vom LPWAN-Netzwerk verwaltet und die Endkomponenten über eine Adaptive Data Rate (ADR) gesteuert.

Es gibt drei Endgeräteklassen: Geräte der Klasse A können bidirektional kommunizieren und haben ein geplantes Übertragungsfenster im Uplink, Klasse-B-Geräte haben zusätzlich ein geplantes Übertragungsfenster im Downlink und bei Klasse-C-Geräten ist das Übertragungsfenster permanent offen[26].

Diese Technologie eignet sich besonders um weit entfernte Sensoren miteinander zu verbinden, um beispielsweise Smartmeter abzufragen oder Schaltgeräte der Energieversorgung zu überwachen.

15.5 Ausblick

Dieses Kapitel befasst sich mit der Zukunft der drahtlosen Datenkommunikation für das IoT. Neben den vorgestellten Technologien zur Datenübertragung gibt es noch viele weitere. Dies ist die Folge des Konkurrenzkampfs verschiedener Firmen, die ihre Produkte in diesem wachsenden und neuen Markt etablieren wollen. Außerdem bieten viele Hersteller Insellösungen für ihre Produkte an. Darum ist es wichtig, die Übertragungsarten zu standardisieren, damit der Betrieb von komplexen IoT-Netzwerken reibungslos umgesetzt werden kann.

Neben den Technologien für die drahtlose Datenübertragung existieren auch noch viele verschiedene Protokolle. Da die Internet-Kommunikation das IP-

---

[25] Z-Wave Alliance, 2017
[26] LoRa Alliance, 2017

Protokoll in der Version IPv4 oder IPv6 benutzt, müssen die unterschiedlichen Protokolleigenschaften angepasst werden. Dafür sorgt das von der Internet Engineering Task Force (IETF) entwickelte 6LoWPAN-Protokoll.

Bild 15.1 Übersicht verschiedener Übertragungssysteme[27]

Auch hier besteht ein Problem mit herstellerspezifischen Protokollen. Für viele Übertragungstechnologien wurde ein Protokoll entwickelt, um deren Potentiale voll ausnutzen zu können. Die Sicherheitsmechanismen für die verschiedenen Protokolle sind ebenfalls sehr unterschiedlich und lassen sich daher auch nur schwer integrieren. Folglich sind heute noch Gateways notwendig, um verschiedene Produkte im IoT miteinander zu verbinden.

Da in Zukunft die Vernetzung von ortsunabhängigen Geräten weiter zunehmen wird, gewinnt die drahtlose Datenübertragung im Internet of Things weiter an Bedeutung. Daher ist es wichtig, gemeinsame Standards zur Datenübertragung zu erarbeiten. Nicht nur für die Übertragungstechnologie, sondern auch für die Protokolle zur Datenübertragung. Ansonsten wird es schwer, die verschiedenen Geräte der unterschiedlichen Hersteller in vorhandene Netzwerke zu integrieren, ohne für jedes Gerät ein eigenes Gateway zu installieren.

Es müssen auch noch Lösungen für ein ganzheitliches Sicherheitskonzept erarbeitet werden, um Datenklau und -veränderung zu unterbinden und alle Sicherheitslücken konsequent schließen zu können.

---

[27] DATACOM Buchverlag GmbH, 2016

Literatur

Andelfinger, V., & Hänisch, T. (2015). *Internet der Dinge: Technik, Trends und Geschäftsmodelle.* Wiesbaden: Springer.

Bluetooth SIG. (2017). *Technology.* Abgerufen am 3. Dezember 2017 von Radio Versions: https://www.bluetooth.com/bluetooth-technology/radio-versions

DATACOM Buchverlag GmbH. (28. Februar 2016). *IT Wissen.info.* Abgerufen am 20. November 2017 von WIoT (wireless Internet of things): http://www.itwissen.info/WIoT-wireless-Internet-of-things.html

Kern, J. (15. Juli 2014). *Funkschau.* Abgerufen am 20. November 2017 von Mobile Solution: http://www.funkschau.de/mobile-solutions/artikel/111011/

LoRa Alliance. (2017). *LoRa Alliance.* Abgerufen am 22. November 2017 von Technology: https://www.lora-alliance.org/technology

Volz, M. (11. Mai 2016). *Wir Automatisierer.* Abgerufen am 20. November 2017 von Flexible Datenübertragung im IoT: http://wirautomatisierer .industrie.de/allgemein/flexible-datenuebertragung-im-iot/

Zigbee Alliance. (2017). *Zigbee for developers.* Abgerufen am 22. November 2017 von zigbee pro: http://www.zigbee.org/zigbee-for-developers/zigbee-pro/

Z-Wave Alliance. (2017). *About Z-Wave Technology.* Abgerufen am 04. Dezember 2017 von https://z-wavealliance.org/about_z-wave_technology/

Autor

Peter Meiers ist Master-Student der Elektrotechnik an der Hochschule Trier mit Vertiefungsrichtung Automation und Energie. 2017 erwarb er den Grad Bachelor of Engineering an der Hochschule Trier. Im Rahmen des Bachelor Studiums behandelte er die Problematik des Energiedatenmanagements im Industrieumfeld und entwickelte mit der KÖHL-Maschinenbau AG einen schnittstellenübergreifenden Kompakt-Steuerungs-Standard zum Erfassen von Energiedaten.

16 Energy Harvesting zur autarken Versorgung von IoT-Komponenten

K. Kimmer, Hochschule Trier, FB Technik

Abstract: In diesem Paper soll die autarke Energieversorgung von Komponenten des Internet der Dinge beschrieben werden. Es werden Einsatzmöglichkeiten in einer vernetzten Welt skizziert, wobei vorrangig industrielle Anwendungen behandelt werden. Hierzu werden Konzepte zur Umwandlung von Umgebungs- bzw. Prozessenergie behandelt und die unterschiedlichen nutzbaren elektrischen Effekte aufgezeigt. Neben der Gewinnung elektrischer Energie durch Energy Harvesting ist ein durchdachtes Energiemanagement für die sichere Funktion autarker Komponenten unabdingbar. Hierzu werden entsprechende Konzepte beschrieben. Das Herzstück des Internet der Dinge ist bekanntlich die Vernetzung der „Things" untereinander. Hier ist es wichtig, dass die Kommunikation möglichst wenig Leistung benötigt. Um die Standardisierung des Energy Harvesting voranzutreiben, wird zurzeit stark an Normen in diesem Bereich gearbeitet. Der Ausblick in die zukünftige Entwicklung autarker Sensoren und deren Beitrag zum Gelingen des Internet of Things bilden den Abschluss dieses Papers.

Keywords: Autarke Energieversorgung von Mikroelektronik, Energy Harvesting, drahtlose Sensorik

16.1 Einführung

Bereits seit Jahrtausenden „ernten" wir Menschen Energie, indem wir die uns frei zugänglichen, regenerativen Energieformen nutzen. Die besten Beispiele hierfür sind Windmühlen und Wasserräder, welche in Europa schon seit Jahrhunderten kinetische Energie für mechanische Vorgänge liefern. Die Gewinnung elektrischer Energie wird zunehmend von erneuerbaren Energien getragen. Im Jahr 2017 betrug der Anteil von Sonne, Wind und Wasser der deutschen Bruttostromerzeugung über 25%[28].

Unter dem Begriff *„Energy Harvesting"* versteht man jedoch zumeist nicht die Gewinnung von Energie im großen Maßstab. Vielmehr kennt man den Begriff im Zusammenhang mit energieautarken Systemen der Mikroelektronik. Elektronik-Schaltungen, wie z.B. (Funk-) Sensoren nutzen hierbei Umgebungsener-

---

[28] Bundesministerium für Wirtschaft und Energie

gie, welche am Einsatzort als gegeben vorausgesetzt wird. Mögliche Energieformen sind unter anderem thermisch, hydraulisch, pneumatisch, mechanisch, elektromagnetische Strahlung. Das Energy-Harvesting zur autarken Versorgung von Schaltungen der Mikroelektronik endet allerdings nicht beim reinen *Ernten* der zur Verfügung stehenden Primärenergie. Die Schaltung mitsamt Energieversorgung muss als Gesamtsystem betrachtet werden, bei dem die Interaktion der einzelnen Bestandteile berücksichtigt wird. Bild 16.1 zeigt ein Energy Harvesting System für einen energieautarken Funksensor.

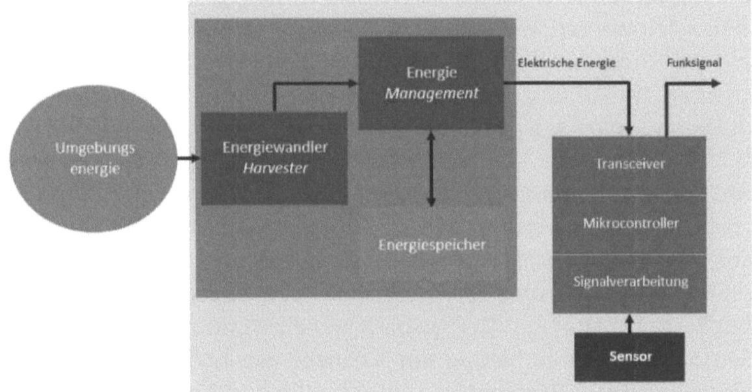

Bild 16.1 Komponenten eines Energy Harvesting Systems (eigene Darstellung)

Es ist ersichtlich, dass solche *Systeme zum Energy Harvesting* nur zufriedenstellend funktionieren können, wenn alle Komponenten aufeinander abgestimmt sind: Die Wahl des Energiewandlers ist von der Art des Harvesters, dem Energiemanagement und dem Energiespeicher abhängig. Abhängig von der Leistungsaufnahme wie auch der Einschalthäufigkeit des *Verbrauchers* ist wiederum der Energiespeicher und das -management anzupassen. Entsprechende Abhängigkeiten bezüglich der Energieversorgung eines solchen Sensors bestehen zwischen fast allen Komponenten des Systems.

16.2 Einsatz im Internet der Dinge

Das Kernstück des Internet of Things ist die Vernetzung von Maschinen, Geräten, Ein- und Ausgabegeräten. Jedes dieser vernetzten *Dinge* bildet einen Knoten des Netzwerks und kann Daten mit allen anderen Netzwerkknoten austauschen. Schnell wird klar, dass vor allem im industriellen Umfeld die hohe Anzahl an Sensoren zu einem enormen Anstieg des Energieverbrauchs führt, wenn alle Sensoren (oder eine Vielzahl) als Netzwerkknoten jeweils eine separate Signalverarbeitung und –Übermittlung benötigen. Der Hauptvorteil des Internet of Things, nämlich die Steigerung der Energieeffizienz durch intelligente Vernetzung, würde hierdurch stark gedämpft. Drahtlose Sensorknoten auf Basis von Energy-Harvesting-Systemen zeigen hier ein enormes Potenzial zur Einsparung elektrischer Energie. Darüber hinaus fällt aufgrund der Funktechnologie aber auch der nicht zu vernachlässigende Verdrahtungsaufwand bei der Installation der Komponenten weg.

Neben den Anwendungen im industriellen Umfeld bietet das Energy Harvesting auch in anderen Bereichen des IoT interessante Anwendungsmöglichkeiten. Zu nennen sind hier unter anderem die (private) Hausinstallation, intelligente und vernetzte Messstellen (z.B. digitale Wasseruhren) oder aber Geräte, die der Mensch einen Großteil der Zeit bei sich trägt. Um den Rahmen dieses Kapitels nicht zu sprengen, liegt der Fokus im Folgenden auf dem industriellen IoT-Bereich.

16.3 Nutzbare Quellen für IoT-Anwendungen

Soll ein Energy Harvesting System eingesetzt werden, so muss von vornherein bekannt sein, in welcher Umgebung dieses eingesetzt wird, um für das System die passende Quelle auszuwählen. Im industriellen Umfeld gibt es eine Vielzahl nutzbarer Energiequellen, die als mögliche Harvester für Funkanwendungen in Frage kommen. Tabelle 16.1 zeigt eine Auswahl möglicher Energiequellen, die je nach Anwendungsfall mehr oder weniger gut als Harvester geeignet sind.

Quelle	Technologie	Leistungsdichte	Anwendung
Licht	Solarzelle	$100\ mW/cm^2$	Sonnenlicht
		$100\ \mu W/cm^2$	künstliches Licht
Temperatur	Thermogenerator	$60\ \mu W/cm^2$	Standard-Peltier-Element
		$710\ \mu W/cm^2$	Micropelt
Vibration	Piezo	$4\ \mu W/cm^3$	Hz-Bereich (menschlich)
		$800\ \mu W/cm^3$	kHz-Bereich (maschinell)
Strömung	Strömungswandler	$1\ mW/cm^2$	Mikropumpe
HF-Strahlung	Antenne	$< 1 \mu W/cm^2$	im Nahfeld
Akustik	Piezo	$< 1 \mu W/cm^3$	100 dB, kaum erforscht

Tabelle 16.1 Nutzbare Quellen für IoT-Anwendungen (eigene Darstellung, Werte aus Dembowski, Klaus, 2011. Energy Harvesting für die Mikroelektronik. *Energieeffiziente und -autarke Lösungen für drahtlose Sensorsysteme.* VDE Verlag)

Aus der Tabelle geht hervor, dass die Leistungsdichten der möglichen Harvester stark von den Umgebungsbedingungen abhängen. Solare Energiegewinnung wird in Produktionshallen wohl kaum von Bedeutung sein. Die zuverlässige Funktion des Bauteils würde stark abhängig von der Beleuchtungsstärke am Einbauort. Viel interessanter hingegen sind Thermogeneratoren und Piezoelemente. Deren Energiequellen können in produzierenden Betrieben in den meisten Fällen als sicher gegeben vorausgesetzt werden. Eine weitere interessante Energiequelle ist die Nutzung elektromagnetischer Strahlung. Auch Gas- bzw. Flüssigkeitsströmungen können als Energiequelle genutzt werden. In diesem Fall spricht man auch von Flow Energy Harvestern. Im Folgenden werden die Funktionsprinzipien der Harvester mit dem größten Potenzial für IoT-Anwendungen skizziert.

Thermogeneratoren. Im industriellen Umfeld findet man oft Prozesse vor, welche als Nebenprodukt oder aber hauptsächlich Abwärme produzieren. Unter Ausnutzung des Peltier- oder Seebeck-Effekts kann aus dieser Wärme elektrische Energie gewonnen werden. Voraussetzung ist lediglich eine Temperaturdifferenz ΔT zwischen zwei Oberflächen. Dieser Gradient der Temperatur kann beispielsweise zwischen Oberfläche einer (warmen) Leitungen bzw. Gehäuse und der Umgebungsluft vorhanden sein.

Liegt eine Temperaturdifferenz in einem elektrisch leitenden Festkörper vor, so werden Ladungen aufgrund von Thermodiffusion verschoben. Es kommt zu einer messbaren Spannung ΔU an den unterschiedlichen Temperaturniveaus. Dies wird als Seebeck-Effekt bezeichnet:

$$\Delta U_S = S \cdot \Delta T$$

Der Seebeckkoeffizient S ist ein materialabhängiger Beiwert und beträgt meist nur wenige μV/K. Um den Effekt zu verstärken, paart man üblicherweise zwei unterschiedliche Metalle, wobei diese an der gemeinsamen elektrischen Verbindungsstelle die Temperatur T_2 und an der offenen Stelle die Temperatur T_1 aufweisen.

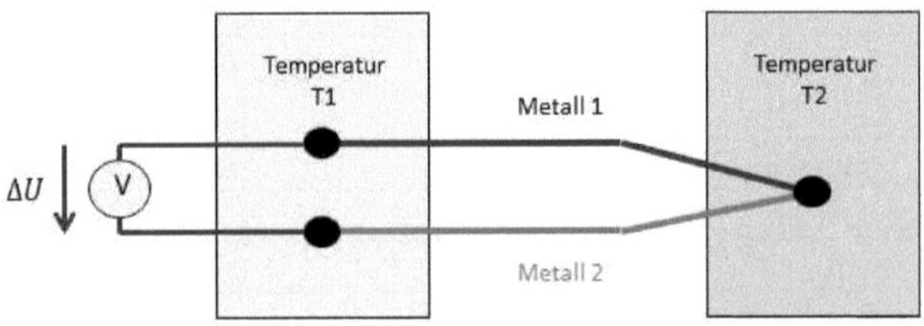

Bild 16.2 Schematischer Aufbau eines Thermoelements (eigene Darstellung)

An der Schaltung gemäß Bild 16.2 ist dann die Spannung $\Delta U_{S1,2}$ messbar:

$$\Delta U_{S1,2} = (S_1 - S_2) \cdot (T_1 - T_2)$$

Ein ähnliches Ergebnis lässt sich mit Halbleitern erzielen, wobei solche Thermogeneratoren auf Halbleiterbasis eine weitaus höhere Leistungsdichte aufweisen. Ein solcher Thermogenerator besteht aus mehreren Thermopaaren gemäß Abbildung 16.3.

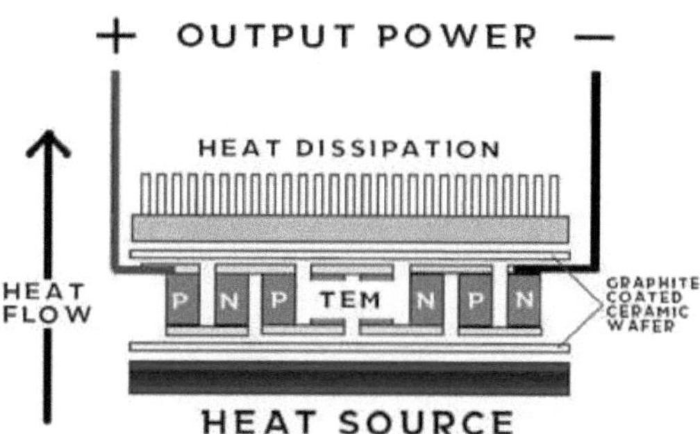

Bild 16.3 Schematischer Aufbau eines Thermogenerators (Quelle: http://www.poweroilandgas.com/2011/07/thermoelectric-generator-teg.html)

Die am Thermogenerator messbare Spannung T_{TG} ergibt sich aus der Anzahl n der Thermopaare, dem Materialkoeffizienten α sowie der Temperaturdifferenz ΔT zu:

$$U_{TG} = n \cdot \alpha \cdot \Delta T$$

Thermogeneratoren, die nach dem reinen Seebeck-Effekt arbeiten, erzeugen üblicherweise eine vergleichbar hohe Ausgangsspannung, ihre Strombelastung ist jedoch relativ gering.

Piezo-Wandler. Piezo-Elemente besitzen die Fähigkeit, mechanische Einflüsse wie Druck, Vibration, Verformungen und ähnliche Größen in kurzzeitige Spannungsspitzen bis in den kV- Bereich umzuwandeln. Bei einer gerichteten, plastischen Verformung von Kristallen verändert sich deren elektrische Polarisation, wodurch an der Oberfläche dieser Festkörper eine elektrische Spannung entsteht. Der Piezo-Effekt ist auch umkehrbar, hier führt das Anlegen einer elektrischen Spannung zur Verformung eines Festkörpers. Dies wird unter anderem bei Injektoren von Verbrennungsmotoren genutzt. Piezoelektrische Effekte treten grundsätzlich nur bei Nichtleitern auf. Neben natürlichen Kristallen werden häufig polykristalline Keramiken oder gewisse Kunststoffe eingesetzt.

Der Piezo-Effekt beruht auf einer Ladungsverschiebung, auch dielektrische Verschiebung D genannt. Stark vereinfacht berechnet sie sich mit der piezoelektrischen Ladungskonstante d, der ausgeübten mechanischen Spannung T, der Permittivität ε und der elektrischen Feldstärke E wie folgt:

$$D = d \cdot T + \varepsilon^T \cdot E$$

Piezo-Elemente für industrielle Anwendungen setzen in der Regel Schwingungen bzw. Vibrationen in elektrische Energie um. In dem sie auf bestimmte Resonanzfrequenzen abgestimmt sind, können sie beispielsweise an rotierenden Maschinen kontinuierlich Schwingungen in elektrische Energie wandeln. Wird elektrische Energie nur für einen kurzen Moment benötigt und ist die Abgabe der mechanischen Energie mit diesem Zeitpunkt gekoppelt, so kann auch Druck oder Verformung (Biegen) den Harvester speisen. Dieses Konzept kann unter anderem bei Funktastern verwendet werden. Hier wird elektrische Leistung zur Übertragung des Funktelegramms exakt dann benötigt, wenn ein Tastendruck erfolgt. Die mechanische Energie kann dem System somit durch die reine Betätigung zugegeben werden.

Energie aus elektromagnetischen Feldern. Fast überall umgeben uns elektromagnetische Wellen, die zu Kommunikationszwecken betrieben werden. Funkmaste für Radio, Fernsehen und Mobilfunk, W-LAN-Router oder das eigene Mobiltelefon: all diese Quellen befinden sich in relativ kurzer Distanz. Daher ist es sinnvoll, die hiervon ausgehende Sendeenergie für den Betrieb kleiner Schaltkreise zu nutzen. Schließlich kann ein einfacher Schwingkreis bei bekanntem Frequenzbereich die Energie der Trägerwellen *ernten* um sie für kleine Leistungen zu nutzen. Das *Radio Frequency Energy Harvesting* klingt natürlich verlockend, da diese Technik an vielen Orten nutzbar ist. Allerdings schwankt die Signalstärke der Rundfunk- und Mobilfunknetze auch stark mit dem Aufenthaltsort des Empfängers; deshalb ist die Funktion des Verbrauchers nicht sicher gegeben.

Nach Angabe der Bundesnetzagentur ist die Nutzung der Sendeenergie von Rundfunkmasten in Deutschland sogar verboten. Diese Haltung ist natürlich auch verständlich, wenn man bedenkt, dass die entnommene Leistung zusätzlich vom Sender bereitgestellt werden müsste, um den eigentlichen Empfang zu gewährleisten. Das Energy Harvesting ginge schließlich zu Lasten und auf Kosten des Netzbetreibers.

Powercast. Wie wäre es, wenn die benötigte Sendeleistung eigens zum Zwecke des Energy Harvestings bereitgestellt würde? Nun sind wir natürlich schon an der Frage angelangt, ob man immer noch von *Harvesting* im engeren Sinne sprechen kann, wenn vorab zunächst eine Art *Infrastruktur* dazu aufgebaut werden muss. Die sogenannte *Powercast-Technologie* beschreibt ein System, das ähnlich der bekannten RFID-Technik funktioniert. Während RFID nur im

Nahfeldbereich nutzbar ist, erlaubt Powercast, Geräte in einem Umkreis von bis zu 15 mit Energie und Daten mittels elektromagnetischer Felder zu versorgen. Ein Hersteller aus Pennsylvania vertreibt die nach ihm benannte Technologie mit vielen zugehörigen Schnittstellen und Chips. Noch ist die Verbreitung auf den nordamerikanischen Markt beschränkt. Es gilt zu beobachten, ob die Technik auch bald auf dem europäischen Markt vertreten ist.

16.4 Energiemanagement

Abhängig vom verwendeten Harvester steht die von ihm gewonnene Energie mehr oder weniger lange und häufig zur Verfügung. Um diese Energie über einen längeren Zeitraum für die nachgeschaltete Mikroelektronik nutzbar zu machen, ist ein Energiemanagement notwendig. Zum sicheren und effizienten Betrieb des Systems erfüllt es gleich mehrere Aufgaben.

Zunächst muss die vom Harvester erzeugte Energie in Form einer Spannung oder eines relativ konstanten Stromes mittels geeigneter Wandler auf einen für die nachfolgende Beschaltung sinnvollen Pegel gebracht werden. Die Art der Eingangsbeschaltung hängt natürlich stark vom Erzeugungsprinzip der elektrischen Energie ab. Während bei Peltier- oder Seebeck-Elementen äußerst geringe Spannungen im mV-Bereich zu erwarten sind, erwartet man beim Piezo-Effekt Spannungen von etwa 15 kV. Beide Extrema bilden bereits eine erste Herausforderung bei der Eingangsbeschaltung.

Die nächste Stufe ist die Ladeschaltung, welche maßgeblich für die Lebensdauer des Akkus verantwortlich ist. Nach dem heutigen Stand der Technik werden als Energiespeicher fast nur noch Lithium-Ionen-Akkus verwendet. Sie bieten eine hohe Lebensdauer sowie eine recht hohe Energiedichte, wodurch die Abmessungen möglichst gering gehalten werden. Diese Akkus benötigen allerdings ein sehr genaues Monitoring bezüglich Ladezustand, Ladestrom und Zelltemperatur. Bei Überhitzung besteht die Gefahr eines Brandes. Wird Energie vom Akku abgerufen, muss das Energiemanagement auch dafür sorgen, dass der Speicher nicht zu stark entladen wird. Eine Tiefenentladung des Akkus führt zu irreversiblen Schäden an den Zellen.

Angeschlossen an das Energiemanagement folgt der eigentlich zu versorgende Verbraucher, bestehend aus Sensor und der Elektronik zur Verarbeitung und Übermittlung der Messdaten. Arbeitet der Controller mit einem anderen Spannungspegel, als von Akku bzw. der Ladeschaltung zur Verfügung gestellt wird, ist eine weitere Konverterschaltung erforderlich. Es ist bei der Konzeption des Energiemanagements darauf zu achten, möglichst wenige Umwandlungsschritte einzubauen. Die Effizienz der Einzelkomponenten wie auch deren Anzahl bestimmen darüber, ob ein Energy Harvesting System in einer bestimmten Umgebung zufriedenstellend funktioniert. Gegebenenfalls ist eine andere Zusammenstellung der des Systems sinnvoll.

16.5 Kommunikation

Die Vernetzung von Sensorknoten geschieht vorwiegend drahtlos. Für energieautarke Anwendungen haben sich die in Tabelle 16.2 aufgelisteten Funktechnologien bewährt.

	WLAN	Bluetooth	ZigBee	EnOcean	SimpliciTI
Standard	IEEE 802.11 a/b/g/h	IEEE 802.15.1	ZigBee Alliance	EnOcean Alliance	Texas Instruments
Frequenz	2,4 GHz 5 GHz	2,402 - 2480 GHz	868 MHz 2,4 GHz	868 MHz	868 MHz 2,4 GHz
max. Datenrate	11/54/135/600 Mbit/s	1 Mbit/s	0,25 Mbit/s	0,125 Mbit/s	0,25 Mbit/s
Codierung	OFDM/QAM	FHSS/GFKS	DSSS/BPSK	ASK	ASK, OOK, FSK, MSK
Anmerkung	IP-basiert	für unterschiedlichste Geräte	basiert auf IEEE 802.15.4	Low Power	Low Power

Tabelle 16.2 Überblick: Funktechnologien für lokale Vernetzungen (eigene Darstellung, Werte aus Dembowski, Klaus, 2011. Energy Harvesting für die Mikroelektronik. *Energieeffiziente und -autarke Lösungen für drahtlose Sensorsysteme*. VDE Verlag)

Aus der Tabelle geht hervor, dass es einen gewissen Zusammenhang zwischen der Übertragungsrate und der Leistungsaufnahme des Transmitters geben muss. Dies ist auch verständlich, denn je größer die Frequenz ist, mit der Nachrichten gelesen oder geschrieben werden, umso mehr Energie benötigt man hierfür. Es gilt also, einen passenden Kompromiss zu finden und ggf. einen einheitlichen Standard für autarke Systeme festzulegen.

16.6 Stand der Technik

In Abschnitt 16.3 sind die zurzeit am häufigsten verwendeten Harvester aufgeführt und deren Funktionsprinzip näher beschrieben. Natürlich gibt es aktuell noch weitaus mehr Technologien, welche eine Nutzung von Umgebungsenergien ermöglichen. Für industrielle Anwendungen jedoch ist derzeit ein Großteil dieser Technologien nur eingeschränkt nutzbar. Dies hängt nicht nur an den vergleichsweise rauen Umgebungsbedingungen in der Industrie, sondern vielmehr an den Anforderungen zur Verfügbarkeit der Sensoren. In der Industrie werden am häufigsten Harvester auf Basis von Thermoelementen verwendet. Auch piezoelektrische Generatoren sind bereits jetzt recht weit verbreitet.

In der Normung herrscht aktuell ein großer Nachholbedarf was den Einsatz von Energy Harvesting im industriellen Umfeld angeht. Wichtig wäre hier vor allem, einen Kommunikationsstandard für autark versorgte Funk-Netzwerkknoten zu etablieren. Gerade im Hinblick auf die Herausforderungen des Internet of Things, bei dem quasi alles mit allem kommunizieren soll, ist ein solcher Standard unabdingbar.

Aktuell beschäftigt man sich im Kontext zu Industrie 4.0 mit der Vereinheitlichung von Funkstandards um die Vernetzung und den Zugriff auf Daten zu voranzutreiben. Ob ein Kommunikationsstandard wie das zurzeit diskutierte Maschine-Maschine-Protokoll OPC-UA auch auf Lösungen aus dem Bereich Energy Harvesting projizierbar ist, erscheint fragwürdig. Hier ist vor allem der Energiebedarf bei einer echtzeitfähigen Kommunikation der Sensorknoten zu untersuchen.

Die Standardisierung hat bereits erste Entwürfe im Bereich des Energy Harvestings ausgearbeitet, dennoch scheint die technische Entwicklung momentan ein gutes Stück vor dem aktuellen Stand der Normung zu liegen. In den Normungsgremien wird aktuell um Nachwuchskräfte geworben, um die Standardisierung voranzutreiben.

Hauptaugenmerk des Internet of Things ist nach wie vor die Vernetzung von Maschinen und ein dementsprechend schneller und sicherer Austausch von Daten. Viel zu oft wird von Vernetzung als (scheinbar) einzige Grundlage für die *Fabrik der Zukunft* gesprochen. Der steigende Energiebedarf der Komponenten bei Ausführung auch kleiner Messsysteme als Netzwerkknoten wird oft unterschätzt. Effizienzsteigerungen eines global betrachteten Systems können oftmals schon durch (relativ) kleine Eingriffe in Teilsysteme erreicht werden.

Einsatzmöglichkeiten energieautarker Sensorknoten gibt es in der *Fabrik von morgen* mit Sicherheit eine ganze Menge. Neben den Potenzialen zur Energieeinsparung kann die Installation der Komponenten schneller und einfacher erfolgen, sofern in naher Zukunft sinnvolle Standards eingeführt werden. Energy Harvesting wird mit Sicherheit einen Beitrag zum Gelingen des Internet der Dinge liefern.

Literatur

Dembowski, Klaus, 2011. Energy Harvesting für die Mikroelektronik. *Energieeffiziente und -autarke Lösungen für drahtlose Sensorsysteme*. VDE Verlag.

VDE/VDI Gesellschaft Mikroelektronik Mikro- und Feinwerktechnik (GMM), 2014. GMM-Fb. 79: Energieautarke Sensorik. *Beiträge des 7. GMM Workshops 2014.* VDE-Verlag

VDE Verband der Elektrotechnik Elektronik Informationstechnik e.V., 2018. Technologie-Magazin VDE dialog 02/2018: *Industrie 4.0 – Kommunikation und Automation.* VDE-Verlag

Autor

Kevin Kimmer ist Student der Elektrotechnik an der Hochschule Trier.

17 Smart Grids als Stromnetze der Zukunft

B. Pistorius, Hochschule Trier, FB Technik

Abstract: Dieses Kapitel soll die Herausforderungen für die Energie-Übertragungsnetze erläutern, die sich aus der Energiewende ergeben. Die durch die Dezentralisierung entstehenden Probleme werden skizziert und Wege gezeigt, wie die auftretenden Schwierigkeiten bewältigt werden können. Dabei wird vor allem die Auswirkung vieler dezentraler Erzeugungsanlagen auf das Netz beschrieben und Methoden und Algorithmen vorgestellt, mit denen das Netz der Zukunft effizient betrieben werden kann.

Keywords: Smart Grid, Energiefluss, State-Estimation-Methode, Lastflussberechnung, Load Management

17.1 Der Wandel des Stromnetzes

Aufgrund des immer schneller fortschreitenden Klimawandels und den damit verbundenen negativen Auswirkungen auf die Umwelt besteht die Notwendigkeit, Treibhausgase einzusparen und so die weltweite Erwärmung einzudämmen. In Deutschland wird ca. 1/3 des jährlichen Gesamtausstoßes an Kohlendioxid durch die Stromerzeugung verursacht (Quelle: Umweltbundesamt). Daher wurde durch die deutsche Politik beschlossen, die Versorgung mit elektrischer Energie auf ökologische Energieträger wie Windkraft, Sonnenenergie, Biomasse usw. umzustellen.

Das bisherige Stromnetz war darauf ausgelegt, den Strom in großen Kraftwerken in der Nähe der größten Lasten zu erzeugen und über das Verbundnetz zu den Verbrauchern zu transportieren. Dabei wurde unterschieden zwischen dem Transportnetz (Höchst-/Hochspannungsebene) und dem Verteilnetz (Mittel- und Niedrigspannungsebene). Durch diesen Aufbau war der Lastfluss von der Höchstspannungsebene in Richtung der niedrigeren Ebenen sichergestellt. Planungstechnisch wurden die Netze so ausgelegt, dass sie die maximal anzunehmende Last aufnehmen können (Werth 2016).

Durch die Energiewende werden die konventionellen Großkraftwerke zunehmend durch viele dezentrale Kleinkraftwerke und Energiespeicher ersetzt, wodurch sich die Nutzung der Stromnetze deutlich verändert. So wird im Verteilnetz nicht nur Leistung entnommen, sondern auch eingespeist, was zu einer Reihe von Problemen führt (bidirektionale Betriebsführung). Besonders der Sektor der Leittechnik steht vor großen neuen Herausforderungen. So muss sichergestellt werden, dass die Versorgungssicherheit und die „Spannungsqualität" weiterhin hoch bleiben. Dies stellt vor allem bei den stark fluktuierenden Energieträgern wie Wind und Sonnenergie eine große Herausforderung dar. Weiterhin muss eine Überlastung der Übertragungstrassen, Schaltgeräte und anderer Elemente im Netz ausgeschlossen werden. Um diese Anforderungen zu meistern, wird neben dem Ausbau der Stromtrassen eine flächendeckende Überwachung der Netzte durch Sensorik und IoT-Komponenten notwendig. Des Weiteren müssen die angeschlossenen Verbraucher in ihrem Verbrauchsverhalten, die Energieerzeuger in ihrem Einspeiseprofil sowie weitere Randbedingungen, z.B. die zu erwartende Wetterlage, möglichst gut bekannt sein. Aus diesen Informationen kann mit Hilfe von State-Estimation-Methoden, Einspeiseprognosen und Leistungsflussberechnungen der aktuelle und zukünftige Netzzustand abgebildet werden, woraus Fahrpläne für Schalthandlungen und Kraftwerke für eine möglichst effiziente Betriebsführung erstellt werden können. Dieses Zusammenspiel zwischen dem Netz, der Messtechnik, der Leittechnik und den vielen dezentralen Energiequellen/ Energieverbrauchern ist in Abbildung 17.1 dargestellt und wird unter dem Begriff Smart Grid zusammengefasst (Shawkat 2013; Hutter/Meindl 2015).

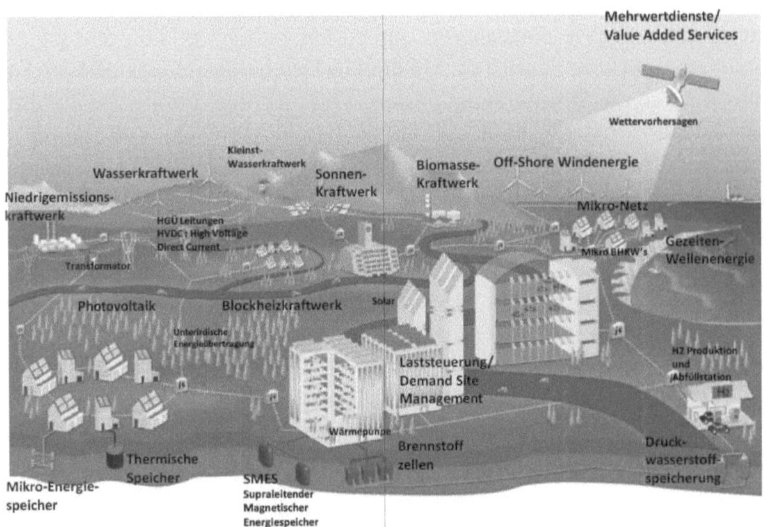

Bild 17.1 Smart Grid, Netz der Zukunft[29]

---

[29] Smart Energy, Springer 2012

17.2 Auswirkungen dezentraler Energieerzeuger im Netz

Wie im vorherigen Abschnitt erwähnt wurde, stellt die Umstellung auf erneuerbare Energien große Anforderungen an das zukünftige Stromnetz. Besonders großen Einfluss haben die vielen dezentralen Energiequellen auf die Richtung des Spannungsabfalls, der Spannungssymmetrie, auf die Spannungsqualität, auf die Stromflüsse und auf die maximale Last bestimmter Betriebsmittel. Nachfolgend sollen diese Aspekte näher beleuchtet werden.

Jede angeschlossene Last oder Energiequelle hat Einfluss auf den Energiefluss und die Spannung des Netzes. Lasten erzeugen durch den Stromfluss und die Impedanz der Übertragungswege an der Entnahmestelle eine Spannungsminderung, während Energiequellen an den Einspeisepunkten eine Spannungsanhebung verursachen. Die Aufgabe der Netzbetreiber besteht darin, die Netze so auszulegen und zu steuern, dass die Spannungstoleranz nach DIN EN 50160 eingehalten wird. Nachfolgend wird dieser Sachverhalt für die beiden möglichen Extremfälle dargestellt.

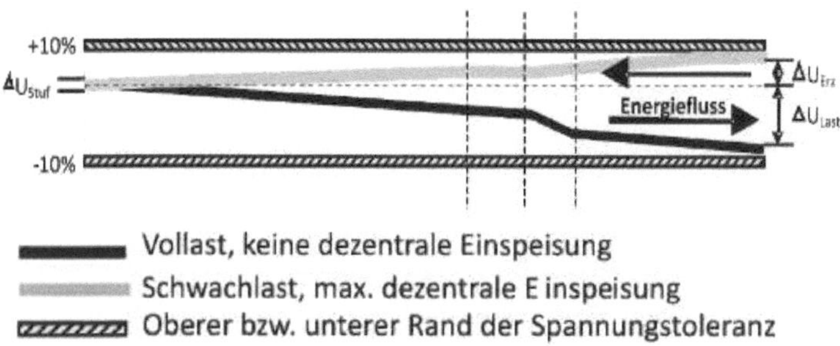

Bild 17.2 Spannungsabfall in verschieden Betriebspunkten[30]

Bei einer großen Lastnachfrage und einer geringen Einspeiseleistung dezentraler Energieerzeuger fällt die Spannung in Richtung des Verbrauchers ab. Ist die Leistungsnachfrage gering und die Einspeiseleistung dezentraler Energieerzeuger hoch, findet ein Spannungsabfall in entgegengesetzter Richtung statt. Trotzdem muss beim Verbraucher die Spannung in den normativ vorgeschriebenen Toleranzen liegen. Diese betragen +-10% der Nennspannung.

Ebenfalls kann es durch einphasige Erzeuger oder Lasten zu Spannungsunsymmetrien kommen, was ebenfalls eine Spannungsänderung verursachen kann (DIN; Hutter/Meindl 2015).

---

[30] „Augen im Netz": Neue Wege der Analyse elektrischer Niederspannungsnetze, 2011

Neben dem Spannungspegel muss auch die Frequenz der Spannung so konstant wie möglich zu halten. Der 10 Sekunden-Mittelwert der Grundfrequenz von 50Hz darf auf der Verbraucherseite um maximal +-1% während 99,5% des Jahres vom Sollwert abweichen. Die Frequenz ist von der Leistungsbilanz im Netzt abhängig, d.h. es muss genauso viel Leistung erzeugt wie entnommen werden, um sie konstant zu halten. Durch die teilweise stark fluktuierende Einspeiseleistung dezentraler Erzeuger gelingt dies nur mit ausreichender Regelleistung, welche beim Abruf ebenfalls Netzrückwirkungen z.B. auf die Spannung zur Folge hat (Graeber 2014; DIN).

Einen weiteren Aspekt stellt die Auslastung der Betriebsmittel dar. Aus der Historie heraus sind die Netze so ausgelegt, dass sie die maximal anzunehmende Last aufnehmen können. Da durch die Dezentralisierung der Energieerzeugung zusätzlich Erzeuger hinzukommen, die eine deutlich höhere Einspeiseleistung als die angeschlossenen Lasten haben können, kann es zur Überlastung der Betriebsmittel kommen. Die folgende Graphik zeigt die maximale Netzaufnahmefähigkeit sowie das vorhandene PV-Potential typischer Netze.

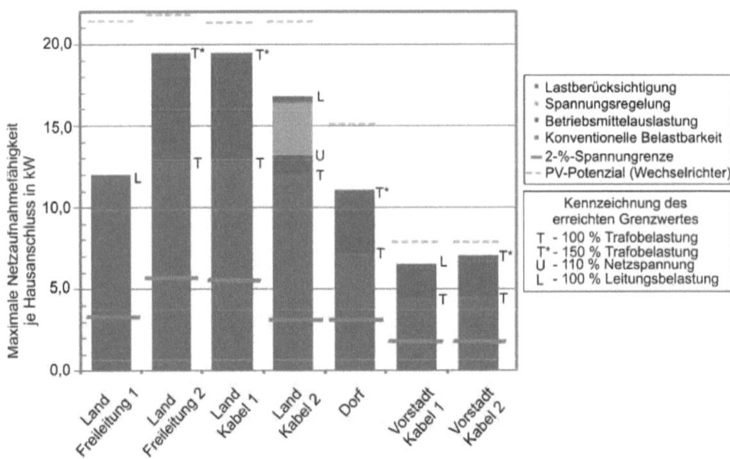

Bild 17.3 Max. PV-Potential und max. Aufnahmefähigkeit verschiedener Netztypen[31]

Es ist zu erkennen, dass die Betriebsmittel selbst bei einer Auslastung von 150% bei maximaler PV-Einspeisung überlastet sein können (Georg Kerber 2010).

---

[31]Kerber 2010

Um die zuvor gezeigten Probleme zu lösen, müssen die Stromnetze ausgebaut werden. Da dies hohe Kosten verursacht, wird parallel an der Umsetzung einer intelligenten Steuerung gearbeitet, um eine möglichst gute Auslastung zu erreichen. Im nachfolgenden Abschnitt werden Methoden und Algorithmen vorgestellt, mit deren Hilfe das Netz möglichst effizient betrieben werden kann.

17.3 Effiziente Steuerung von Smart Grids

Um die Überlastung von Netzkomponenten, z.B. von Kabeln zu verhindern, ist es wichtig, die Auslastung der Netze ausreichend aufzulösen. Als wichtiges Element hat sich die **Leistungsflussberechnung** etabliert, welche als Eingabe die Belastungen aller Netzknoten benötigt und die Knotenspannungen als Ausgabe liefert. Mit den Knotenspannungen kann anschließend der Leistungsfluss berechnet werden. Zur Durchführung der Leistungsflussberechnung muss zuerst die Knotenadmittanzmatrix aufgestellt werden. Anschließend wird mit Hilfe der bekannten Knotenscheinleistung S und einem Schätzwert für den Knotenspannungsvektor $U^{(0)}$ ein geschätzter Stromvektor $I^{(0)}$ für jeden Knoten errechnet. Mit diesem wiederum kann über die Admittanzmatrix ein verbesserter Knotenspannungsvektor $U^{(1)}$ errechnet werden, aus denen dann wiederum ein verbesserter Stromvektor $I^{(1)}$ bestimmt werden kann. Dieses Verfahren wird so lange durchgeführt, bis die aus Spannung und Strom errechnete Scheinleistung die gewünschte Genauigkeit erreicht.

Wenn diese Bedingung erfüllt ist, entsprechen die ermittelten Knotenspannungen relativ genau der tatsächlichen Spannung und dem tatsächlichen Leistungsfluss (chwab 2017; Oeding/Oswald 2011; Aschaber 2002; Marenbach et al. 2013). Der Nachteil dieser Methode ist, dass die Knotenleistungen bekannt sein müssen, was in der Verteilnetzebene meist nicht der Fall ist.

Um trotz des im vorherigen Abschnitts benannten Problems das Netz effizient steuern zu können, wurde bereits 1970 die **State-Estimation-Methode** entwickelt, mit der bei n bekannten Zustandsvariablen (z.B. Knotenspannungen, Knotenleistungen, Wirk- und Blindleistungsflüsse) und bekannten Betriebsmittelparametern (Netztopologie) alle weiteren notwendigen Größen, z.B. die Stromflüsse, bestimmt werden können. Diese Methode hat jedoch den Nachteil, dass alle Zustandsvariablen bekannt sein müssen, was durch die zunehmende Dezentralität und damit durch die zunehmende Netzkomplexität erheblich erschwert wird und zu sehr komplexen Problemen führen kann, welche unter Echtzeitbedingungen nicht effizient gelöst werden können. (Bernd R. Oswald 2013; Fred C. Schweppe/Douglas B. Rom 1970).

Aus diesem Grund beschäftigt sich die Forschung mit neuen Methoden, welche auf der State-Estimation-Methode aufbauen. Bei diesen Methoden können Pseudomesswerte berücksichtigt sowie fehlerhafte Pseudomesswerte und Sensorsignale erkannt und durch richtige Werte substituiert werden. Im Folgenden soll ein neuer vielversprechender Ansatz vorgestellt werden.

Bei dem DSSE (Distribution System State Estimation) Algorithmus können alle verfügbaren Daten von aktuellen Messwerten, z.B. durch IoT Komponenten wie Smart-Metern, historische Lastgangdaten, aktuelle Umgebungseinflüsse usw. berücksichtigt werden.

Um die Datenmengen schnell und effizient bearbeiten zu können, werden Lastbereiche und Lastgruppen gebildet (Load Area Creation). Lastbereiche sind Bereiche, die zwischen Strom-/ Leistungsmesspunkten liegen oder durch einen Schalter vom restlichen Netzwerk getrennt werden können. In ihnen werden Messdaten, die angeschlossenen Lasten, Erzeugungsanlagen sowie Energiespeicher zusammengefasst. Die Daten über die Lasten können aus drei Quellen stammen: zum einen können Standartlastprofile berücksichtig werden, des Weiteren STLS (Short Term Load Scheduler) (geglättete Lastdaten aus vorherigen DSSE Berechnungen oder statistische Berechnungen) und AMI (Advanced Metering Infrastructure)/AMR (Automated Meter Reading) (Daten von Smart Metern welche gespeichert oder aktuell gemessen wurden). Zusätzlich werden die Lastbereiche in Lastgruppen unterteilt, welche aus Lasten mit ähnlichem Leistungsdaten bestehen.

Anschließend wird eine Leistungsflussberechnung nach dem Newton-Raphson-Verfahren durchgeführt um die Knotenspannungen zu ermitteln. Nach diesem Schritt werden mit Hilfe der Spannungen aus der Leistungsflussberechnung und den gemessenen Powerfaktoren aus den Daten komplexe Ströme berechnet. Dabei wird die Bottom-Up-Methode angewendet, d.h. dass zuerst die Ströme der Lastbereiche berechnet werden, die nur einen Leistungsmesspunkt besitzen, anschließend mit 2 Leistungsmesspunkten usw.

Anschließend kann die Netzschätzung durchgeführt werden, bei der die Abweichung der berechneten von den tatsächlich gemessenen Werten zu minimieren ist. Mit diesem Ansatz werden Werte ermittelt die mit großer Wahrscheinlichkeit den aktuellen Netzzustand wiedergeben. Anschließend werden aus den Ergebnissen der Netzzustandsschätzung bei gegebener Last die Lastflüsse und Verluste berechnet. Wenn die Abweichung der aktuellen Verluste zu den Verlusten der vorherigen Berechnung einen Schwellwert nicht überschreitet, wird keine weitere Iteration durchgeführt. Wird der Schwellwert jedoch überschritten, wird eine erneute Iteration notwendig. Als Ergebnis erhält man somit die aktuellen Knotenspannungen, Stromflüsse und die aktuellen Leistung an Knotenpunkten (Schwab 2017; Dzafic et al. 2011).

Das derzeitige Energienetz ist darauf ausgelegt, auf Lastanfragen zu reagieren und die nötige Leistung zur Verfügung zu stellen. Aufgrund der immer weiter ansteigenden und stark fluktuierenden Einspeiseleistung von Wind- und Sonnenenergie müssen zusätzlich zu der schwankenden Lastnachfrage auch die Schwankungen durch die erneuerbaren Energien ausgeglichen werden. Daher besteht mit dem zunehmenden Ausbau die Notwendigkeit, die Lastnachfrage an den aktuell produzierten Einspeiseleistungen zu orientieren.

Die gezielte Beeinflussung von Lasten wird als **Demand-Side-Management** bezeichnet. Grundsätzlich bestehen mehrere Möglichkeiten zur Lastbeeinflussung: Last reduzieren/abschalten, Last erhöhen, Last verschieben/vorziehen

In der Vergangenheit wurde das Demand-Side-Management dazu benutzt, den Gesamtlastgang zu glätten. Zukünftig wird sich diese Aufgabe dahingehend ändern, dass bevorzugt die Lasten geglättet werden, die nicht durch erneuerbare Energien zur Verfügung gestellt werden können. Für diese Art von Management eignen sich vor allem Verbraucher, welche eine Speicherfunktion besitzen, z.B. Klimaanlagen.

Eine Variante des Lastmanagements ist das **Demand Response Management**, bei dem durch das Setzten bestimmter Reize, z.B. durch den Preis pro kWh, die Nachfrage gesteuert wird. Die Voraussetzung für ein solches Marktmodell ist, dass der aktuelle Tarif für den Verbraucher, z.B. durch den Einsatz von Smart-Metern, ersichtlich ist und er eine Entscheidungsgrundlage hat, ein Gerät erst später anzuschalten (Maharjan et al. 2016; Baharlouei et al. 2017).

Außer den oben genannten Methoden werden für den effizienten Betrieb von Smart Grids möglichst genaue Lastprognosen benötigt. Die Prognose basiert auf Daten aus der Vergangenheit sowie aktuellen Gegebenheiten, z.B. der Jahreszeit. Aus diesen Daten kann über verschiedene Verfahren der Lastgang ermittelt werden. Die einfachste Methode stellen die Zeitreihen/Standartlastprofile dar, welche auf der Grundlage historischer Daten ermittelt wurden. Da diese nur den Wochentag und die Jahreszeit berücksichtigen, sind sie in der Zukunft nur bedingt zu gebrauchen. Bessere Ergebnisse liefern das Regressionsverfahren oder die noch relativ neue Verwendung von neuronalen Netzten. Für Smart Grids sind vor allem die neuronalen Netze von Interesse, da diese Systeme komplexe Zusammenhänge sehr gut abbilden können (Wolfgang Schellong 2016).

Literaturverzeichnis

A.B.M.Shawkat Ali (Hg.) (2013). Smart Grids. Opportunities, Developments, and Trends.

Schwab, A.J. (2017). Elektroenergiesysteme. Erzeugung, Übertragung und Verteilung elektrischer Energie.

Oswald, B. (2013). Berechnung von Drehstromnetzten. Berechnung stationärer und nichtstationärer Vorgänge mit Symmetrischen Komponenten und Raumzeigern.

Oeding/Oswald (2011). Elektrische Kraftwerke und Netze.

Graeber, D. R. (2014). Handlen mit Strom aus enerubaren Energien. Kombination von Prognosen.

Schweppe/ Rom (1970). Power System Static-State Estimation, Part 1-3.

Kerber, G. (2010). Aufnahmefähigkeit von Niederspannungsverteilnetzen für die Einspeisung aus Photovoltaikkleinanlagen.

Dzafic I. /S. Henselmeyer/H-T Neisius (2011). High Performance State Estimation for Smart Grid Distribution Network Operation.

Aschaber, M. (2002). Lastflussregelung in vermacshten Netzen mittels UPFC, Online: http://www.ifea.tugraz.at/sources/pdf/DA_Aschaber.pdf.

Marenbach, R./Nelles, D./ Tuttas, C. (2013). Elektrische Energietechnik. Grundlagen, Energieversorgung, Antriebe und Leistungselektronik.

Hutter, S./J.Meindl (2015). Praktische Einbindung erneuerbarer und dezentraler Erzeugung unter leittechnischen Aspekten.

Maharjan et al. (2016). Demand Response Management in the Smart Grid in a Large Population Regime, IEEE TRANSACTIONS ON SMART GRID.

Werth, T. (2016). Netzberechnung mit Erzeugungsprofilen. Grundlagen, Berechnungen, Anforderungen.

Umwelt Bundesamt. Emissionsquellen, Online: https://www.umweltbundesamt.de/themen/klima-energie/klimaschutz-energiepolitik-in-deutschland/treibhausgas-emissionen/emissionsquellen#textpart-1 (06.12.2017).

Schellong, W. (2016). Analyse und Optimierung von Energieverbundsystemen.

Baharlouei, Z./H. Narimani/M. Hashemi. On the Convergence Properties of Autonomous Demand Side Management Algorithms, IEEE TRANSACTIONS ON SMART GRID (2017).

Autor

Benjamin Pistorius ist Masterstudent im Bereich Automation und Energie an der Hochschule Trier.

18 Anwendungsgebiete von RFID im IoT

K. Mischok, Hochschule Trier, FB Technik

Abstract: Dieses Kapitel gibt einen Überblick über RFID Anwendungen im Internet of Things. Es beschreibt den Aufbau von RFID-Systemen und zeigt auf, wie die Technik funktioniert. Anschließend wird beschrieben, in welchen Bereichen sie derzeit Anwendung findet. Von dem modernen Personalausweis, bis zum Bewegungsprofiltracking in Kaufhäusern sind dort keine Grenzen gesetzt. Im weiteren Verlauf dieses Kapitels wird auf die Trends in der Forschung und Entwicklung eingegangen. Smarte Objekte im IoT bieten der RFID eine ganz neue Plattform. Zuletzt werden die Nachhaltigkeit und die Risiken in der Sicherheit beschrieben.

Keywords: RFID-Technik, Smarte-Objekte, Hardware-Miniaturisierung, RFID-S, Nachhaltigkeit, Sicherheitsrisiken.

18.1 Was ist RFID

Unter dem Begriff Radio Frequency Identification (RFID) verbirgt sich eine Erkennungstechnologie auf der Basis elektromagnetischer Wellen. Dieses Verfahren wird für die berührungslose und automatische Identifizierung eingesetzt. Ein RFID-System besteht in der Regel aus einem RFID-Tag (Transponder) und einem RFID-Reader (Lesegerät). Jeder Transponder besitzt eine elektronische Kennung, mit welcher er über ein Lesegerät identifiziert werden kann. Mithilfe dieser individuellen Transponderkennung werden die Tags voneinander unterschieden und kreieren ein vielseitiges Anwendungsspektrum, dass in der Ausführung dem menschlichen Auge oftmals komplett verborgen bleibt.

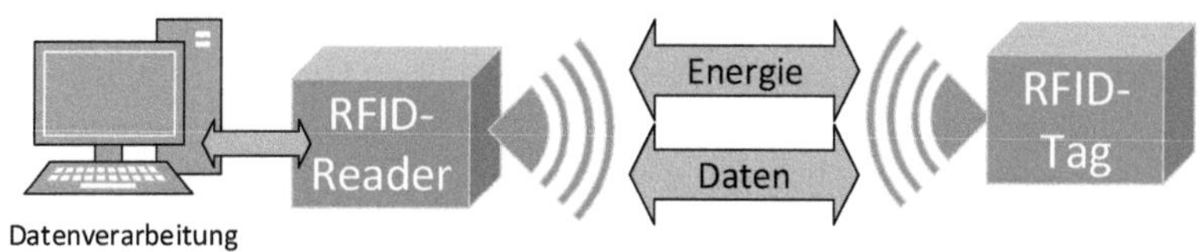

Bild 18.1 RFID-System (Eigene Darstellung)

18.2 Ein RFID System

Generell unterscheidet man aktive und passive RFID-Tags. Die aktiven Tags besitzen eine eigene Stromversorgung und können Daten auf Knopfdruck senden, während die passiven Tags erst durch ein Lesegerät angeregt werden müssen. Außerhalb der Reichweite einer Anregung führt ein passiver Tag keine Funktion aus. Der elektronische Aufbau ist für beide Typen jedoch weitestgehend gleich. Er besteht üblicherweise aus einer Antenne, einem Kondensator und einem Mikrochip. Mit der Antenne werden Daten empfangen oder gesendet. Weiterhin wird bei den passiven Tags mit der Antenne die Energie aus dem elektromagnetischen Feld aufgenommen, während bei den aktiven Tags die Energie aus einer eigenen Stromversorgung entnommen wird, z.B. einer Batterie. Der Kondensator dient dem System als Energiespeicher, der den Mikrochip versorgt. Oftmals ist der Kondensator in den Mikrochip integriert und ist dadurch kein Einzelteil der Hardware mehr. Ein integrierter Mikrochip verfügt sowohl über einen Datenspeicher, als auch eine Prozessoreinheit. Die Speichereinheit wird nochmals unterschieden hinsichtlich lesendem und schreibendem Zugriff.

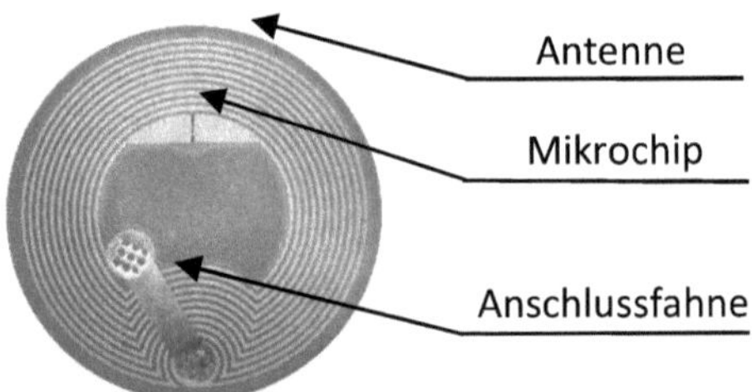

Bild 18.2 passives RFID-Tag (Foto: NTAG213)

Die aktiven Transponder besitzen integrierte Batterien und sind nicht auf eine externe Anregung angewiesen. Solange der Transponder nicht durch einen Tastendruck aktiviert wird, befindet sich der Mikrochip in einem Schlaf-Zustand, in dem er weder sendet noch Energie verbraucht. Durch die Verwendung einer systemeigenen Batterie steht dem Transponder mehr Energie zur Verfügung, wodurch die Sende- und Lesereichweite stark erhöht wird. Ein Nachteil dieser Energieversorgung im Vergleich zu einem passiven Tag ist, dass die Batterie und somit der gesamte Tag nur eine gewisse Lebensspanne besitzen. Nach dieser Zeit müssen die Batterien getauscht werden.

Die passiven Transponder erhalten ihre Energieversorgung über eine elektromagnetische Anregung. Wird ein passiver Transponder mit einem Reader zusammengeführt, wird über den gekoppelten Schwingkreis, dass System in Resonanz geführt und über diese Frequenz ein Strom aus Energie bzw. Daten ausgetauscht. Die Übertragungsstrecke besteht in der Regel aus Luft. Trotz der relativ starken Dämpfungseigenschaften von Luft besteht der Vorteil dieses Systems darin, dass es nicht gewartet werden muss und sehr witterungsbeständig ist.

Das Lesegerät ist das Gegenstück zu einem Tag und wird benötigt, um diesen auszulesen oder zu beschreiben. Des Weiteren steuert es die Kommunikation mit dem Transponder. Zu dem Aufbau eines Lesegerätes gehören ein Kopplungselement (Spule), ein Takterzeuger und eine Datenverarbeitungseinheit. Lesegeräte sind in der Regel mit einer Netzwerkschnittstelle versehen, welche die generierten Daten an eine IT-Infrastruktur weiterleitet. Diese Infrastruktur kann aus Datenbanken oder Event-gesteuerten Applikationen bestehen und wird im Internet of Things oft als, „RFID-Middleware" bezeichnet.

Die Ausführung eines Lesegerätes kann sehr unterschiedlich sein. Häufig werden mobile Lesegeräte eingesetzt mit einer USB-Schnittstelle. Außerdem gibt es statische Lesegeräte wie Schranken oder Leserstationen und Handheldsysteme wie z.B. ein Smartphone. Die Verbindung mit einem Transponder erfolgt kontaktlos. Es muss auch keine Sichtverbindung zu dem Tag bestehen, da RFID kein optisches System ist. Die Verbindung zu einem Tag kann durch jedes Material aufgebaut werden, solange die Funkstrecke der Transponderreichweite entspricht und Randbedingungen, wie die Absorption und Reflexion, berücksichtigt werden.

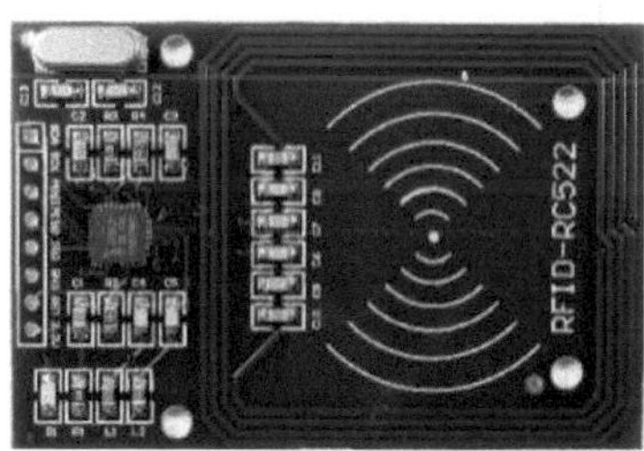

Bild 18.3 RFID-USB-Lesegerät mit integrierter Antenne (Foto: RC522)

Ist ein Transponder mit einem Lesegerät gekoppelt, kann der Datenaustausch stattfinden. Hierbei unterscheidet man mehrere Verfahren, wie die Informationen zwischen den Geräten ausgetauscht werden können. Eine Gemeinsamkeit besitzen die Verfahren: sie basieren alle auf dem Resonanzprinzip.

FSK ist ein Modulationsverfahren bei dem die Resonanzfrequenz durch gezieltes Zu- und Wegschalten einer Kapazität geändert wird. Durch die Veränderung der gesamten Kapazität, besitzt der Schwingkreis unterschiedliche Resonanzfrequenzen, was als digitale Information ausgewertet werden kann.

Bei der Amplitudenumtastung (**ASK**) wird die Modulation durch das Zu- und Wegschalten eines elektrischen Widerstandes erreicht. Der zusätzliche Widerstand verringert die Güte und erhöht die Dämpfung des Schwingkreises, wodurch sich die Amplitude des Trägersignals verändert. Dies kann wiederum als digitale Information verwertet werden.

Neben diesen beiden relevantesten Modulationsverfahren gibt es noch weitere Verfahren, wie zum Beispiel die Phasenumtastung (**PSK**), bei der die Information aus Trägerphase entnommen wird. Die PSK wird in der Praxis jedoch eher selten verwendet, da die Bandbreiteneffizienz, im Vergleich zur FSK und ASK, geringer ist.

Ein weiteres Unterscheidungsmerkmal der Datenübertragung ist das Zeitverhalten für das Senden und Empfangen. Hier wird unterschieden zwischen „Halfduplex- (HDX)", „Fullduplex- (FDX)" und Sequenzielles-Verfahren (SEQ).

Im **Fullduplex**-Verfahren wird der passive Transponder über die gesamte Koppeldauer mit Energie angeregt. Die Datenübertragung vom Lesegerät zum Transponder und umgekehrt findet in diesem Fall zeitgleich statt. Das ist möglich, wenn sich die Sendefrequenz des Transponders auf einer Teilfrequenz (subharmonisch) oder einer unabhängigen Frequenz (anharmonisch) zu der Trägerfrequenz befindet.

Im **Halfduplex**-Verfahren wird der passive Transponder ebenso über die gesamte Kopplungsdauer mit Energie angeregt. Die Datenübertragung vom Lesegerät zum Transponder findet aber zeitversetzt, also nacheinander, statt.

Bei einer sequenziellen Datenübertragung (SEQ) wird die Energie immer nur zeitweise übertragen, in einem sogenannten Pulsbetrieb. Die Datenübertragung vom Transponder zum Lesegerät wird in den Pausen zwischen den Pulsen vom Lesegerät ausgeführt.

Jedes dieser Verfahren besitzt spezifische Stärken und Schwächen. Das Halfduplex-Verfahren hat eine höhere Übertragungsreichweite als ein äquivalentes Fullduplex-Verfahren, was jedoch mit höheren Kosten einhergeht. Das Fullduplex-Verfahren wiederum besitzt eine bessere Kosteneffizienz, hat dafür aber eine vergleichbar niedrigere Übertragungsreichweite. Der finanzielle Aspekt spielt hier eine große Rolle, da die Systeme oftmals in hoher Stückzahl Anwendung finden. Der deutliche Vorteil der sequenziellen Übertragungsmethode, ist die Energieeffizienz.

Ein weiteres Merkmal, nach dem RFID-Systeme unterschieden werden, ist die Betriebsfrequenz. Die Sendefrequenz des Transponders wird dabei eher vernachlässigt, da er in den meisten Fällen die gleiche Frequenz wie das Lesegerät besitzt. Der Prozesstakt wird also vom Lesegerät vorgegeben. Da RFID-Systeme elektromagnetische Wellen erzeugen und abstrahlen, werden sie rechtlich als Funkanlagen betrachtet, was die Auswahl der Arbeitsfrequenz für ein RFID-System einschränkt. Es können deshalb im Wesentlichen nur Frequenzbereiche benutzt werden, die speziell für industrielle, wissenschaftliche oder medizinische Anwendungen freigehalten wurden. Es handelt sich dabei um die weltweit verfügbaren ISM-Frequenzbereiche (Industrial-Scientific-Medical). Diese lassen sich grob in 4 Bereiche einteilen.

Die niederfrequenten Systeme liegen in einem Bereich um die 125KHz. Durch die relativ große Wellenlänge besitzt diese Frequenz eine hohe Eindringtiefe in Wasser und nichtmetallische Stoffe. 125KHz ist eine ISM-Frequenz, deren Reichweite bis etwa 1 Meter betragen kann.

Die Systeme im hochfrequenten Bereich liegen auf einer Frequenz um die 13,56 MHz. Sie sind sehr kosteneffizient, da sie im Vergleich zu den niederfrequenten Systemen eine verbesserte Übertragungsgeschwindigkeit und eine bei ähnlichen Voraussetzungen höhere Reichweite besitzen.

Der Ultrahochfrequenzbereich, der um die 900MHz liegt, besitzt eine hohe Datenübertragungsrate und eine deutlich höhere Reichweite. Durch die hohe Frequenz ist die Wellenlänge deutlich kürzer. Ein Nachteil der kurzen Wellenlänge ist, dass sie stark von ferromagnetischen Stoffen beeinflussbar ist.

Der Mikrowellenbereich liegt auf einer Frequenz oberhalb von 1 GHz. Diese Systeme besitzen eine sehr schnelle Datenübertragungsgeschwindigkeit, bei einer Reichweite von bis zu ca. 10m.

18.3 Anwendungsgebiete von RFID

Kommerziell genutzt wird RFID seit den 60er Jahren. Damals jedoch nur in Einzelfällen, da die Chippreise im Vergleich zu heute deutlich teurer waren und die Technologie noch in der Anfangsphase steckte. Durch moderne Fertigungstechniken, verbesserte Funktionen und größere Produktionsmengen sind heutzutage die Kosten für RFID-Tags in den niedrigen Cent Bereich gesunken. Daran gekoppelt ist auch der Erfolg der kostengünstigen jedoch hochfunktionellen Technologie die mittlerweile so gut wie in jeder Branche Anwendung findet. Die RFID-Technik ist bereits stark im Internet of Things implementiert. Die nachfolgenden Beispiele zeigen die Anwendungen und Potenziale.

Die RFID-Technik kann als Zugangsberechtigung für Türen, sowie der Personifizierung in Kaufhäusern oder einfach für die Zeiterfassung, bei der Arbeit verwendet werden. Der Erfassungsvorgang geht hierbei berührungslos zwischen Reader und Tag vonstatten. Die bei der Identifikation eingesetzte Technologie wird oft als „NFC" Near-Field-Communikation (Nahfeldkopplung) bezeichnet und basiert auf RFID. Bei **NFC** handelt es sich um ein spezielles Kopplungsverfahren, welches in seinem Standard in der Normenreihe ISO/ISEC 14443 festgelegt ist. Neben dem Kopplungsverfahren ist weiterhin auch der Frequenzbereich festgelegt, mit dem die Systeme arbeiten. Heutzutage ist so gut wie jedes Smartphone NFC fähig. Ebenso ist jeder nach dem Jahr 2010 ausgestellte deutsche Personalausweis in der Lage eine elektronische Identifikation mittels NFC durchzuführen.

Als Diebstahlsicherung werden die hauchdünnen Transponder, in Kleidungsetiketten eingenäht oder als selbstklebendes Etikett an Verpackungen angebracht. Wird ein Transponder beim Bezahlen an der Kasse nicht entschärft, löst er an den Ausgangsschranken (Lesegeräten) einen Alarm aus, wodurch das Kassen- bzw. Sicherheitspersonal benachrichtigt wird. Als Diebstahlschutz werden sie nicht nur in Kleidung, sondern auch in den Komponenten von Fahrzeugen, wie z.B. Fahrrädern oder Automobilen, eingesetzt. Da diese Gegenstände oftmals demontiert und anschließend in Einzelteilen weiterverkauft werden, erhöht ein integrierter Funkchip die Nachverfolgbarkeit der Teile.

Vielseitig einsetzbar sind die Chips auch bei der zeitlichen Optimierung von Bezahlvorgängen an Kassen, wo die Ware nicht mehr auf das Band gelegt werden muss, sondern einfach im Einkaufskorb vor ein Lesegerät gehalten und bezahlt wird. Ein weiteres Beispiel ist die Eintreibung der LKW-Maut. Außerdem können die Transponder dazu genutzt werden, personifizierte Kauf- oder Bewegungsprofile zu erstellen, was jedoch auch eine hohe rechtliche Verantwortung für den Betreiber und ein ebenso großes Bewusstsein des Konsumenten mit sich bringen sollte.

18.4 Technologische Trends

Der Einsatz von RFID-Technologie im Internet of Things geht über die automatische Identifikation hinaus. Die Ausstattung von betrieblichen Ressourcen mit intelligenter und vernetzter Hardware optimiert nicht nur Arbeitsabläufe, sondern reduziert auch den Arbeitsaufwand, wodurch sich die Anschaffung solcher Systeme rentiert. Technologische und fertigungstechnische Fortschritte haben einen positiven Einfluss auf die Marktdynamik und fördern dadurch die schrittweise Ausbreitung von RFID. Neben den bereits verbreiteten Systemlösungen, treibt das mögliche Potenzial dieser Sparte die Forschung und Entwicklung an. Die aktuellen Forschungsfronten der RFID-Technik, die im Zentrum des wissenschaftlichen Interesses stehen, sind anwendungsorientierte Lösungen. Gesetzt werden diese Forschungsziele durch das Portfolio neuer auf smarten Objekten beruhender Geschäftsmodelle. Dabei spielt die Entwicklung des IoT, hinsichtlich der Steuerung und Überwachung von unternehmensübergreifenden Produktionsressourcen, eine wichtige Rolle. Spezial-Applikationen in der Forschung sind für das menschliche Auge kaum noch wahrnehmbar, verbrauchen so gut wie keine Energie und besitzen eine enorme Reichweite sowie Leistungsfähigkeit. Dabei muss bei den Systemen zu jeder Zeit sichergestellt werden, dass sensible Daten geschützt sind und Fehlfunktionen innerhalb eines Netzwerkes ausgeschlossen werden können.

Die Miniaturisierung von RFID-Transpondern ist keine Trenderscheinung. Sie wird vorwiegend nur in Sonderfällen eingesetzt, da die Verkleinerung eine erhebliche Kostensteigerung, mit sich führt. Um ein Gefühl für den Miniaturisierungsgrad zu bekommen soll ein Vergleich hilfreich sein.

Der bereits in Kapitel 18.2 genannte Transponder, besitzt eine Größe im Durchmesser von 22mm mit einer Dicke von 0,18mm und damit ein Gesamtvolumen von ungefähr 70mm³, zusätzlich dem aufgetragenen Klebstoff. Er wird für die Etikettierung von größeren Gegenständen verwendet, z.B. von Paketen.

Eine nächste Stufe ist die Reduzierung der Größe auf ein Volumen von ca. 2mm³. Transponder in dieser Größe besitzen auch ein erheblich reduziertes Gewicht, womit sie beispielsweise für die Befestigung auf dem Rücken von Kleinstlebewesen, wie Bienen, geeignet sind. Sie können dort zur Erfassung der Flugrouten der Tiere eingesetzt werden, ohne diese zu behindern. Eine Technologie, die hierbei eingesetzt wird, nennt sich „coil on chip". Dabei wird mithilfe eines Mikrogalvanikprozesses das Spulenelement direkt auf der Isolatorschicht des Siliziumchips platziert und mit diesem verbunden.

Die Miniaturisierung geht aber noch weiter. Der Mu-Chip von Hitachi besitzt nur noch die Größe eines kleinen Sandkorns. Mit einem Volumen von 0,4*0,4 mm² ist er kaum noch erkennbar und wird auch allgemein als „RFID-Staub" bezeichnet. Der Mu-Chip arbeitet bei 2,4 GHz und kann 128 Bit Daten speichern. Der Transponder soll in Dokumenten oder Geldscheinen zur Verifizierung eingesetzt werden.

RFID-S steht für RFID Systeme in Verbindung mit Sensoren. Die Systeme werden damit im Sinne des IoT zu smarten Objekten. Sie sind in der Lage, ihre Umgebung wahrzunehmen, Daten zu sammeln und mit anderen smarten Objekten zu interagieren. Außerdem können sie wahrgenommene Zustandsveränderungen interpretieren und selbständig handeln. So kann zum Beispiel großflächig die Bodentemperatur eines Waldes, zur Prävention von Waldbränden überwacht werden. Dabei werden die einzelnen Sensoren zu einem Sensornetzwerk verknüpft und strategisch eingesetzt. Die Verwendung von RFIDS bietet jedoch noch mehr Möglichkeiten. So können nicht nur Daten wie Temperatur, Luftfeuchtigkeit oder Geschwindigkeit erfasst werden, ebenso können Vitalfunktionen, wie die der Puls oder Blutwerte, bestimmt werden. Ein Verwendungszweck für diese Systeme kann in Krankenhäusern zur Überwachung von Säuglingen sein.

Eine weitere an dieser Technologie sehr interessierte Branche ist die Automobilindustrie. Mit der kontaktlosen Bestimmung des Blutalkohols, könnte eine Autofahrt mit einem nicht zulässigen Alkoholpegel verhindert werden. Auch die Welt der Kunst profitiert von diesem Fortschritt. So ist es möglich einen Mikrochip in einem Kunstwerk zu integrieren, welcher das Galeriepersonal benachrichtigt, falls ein Werk beispielsweise zu hohen Temperaturen oder zu starkem Licht ausgesetzt wird.

18.5 Nachhaltigkeit

Die Nachhaltigkeit und die Reduzierung von Verpackungsschrott rückt durch den Klimawandel zusehends in den Fokus der Öffentlichkeit. Mit der Verwendung von nachhaltigeren Verpackungen, steigt auch das Interesse an nachhaltigen Identifikationsmöglichkeiten. RFID-Etiketten sind grundsätzlich wiederverwendbar und können neu programmiert werden. Sie sind außerdem robuster und damit langlebiger als normale Barcode-Etiketten. Häufig werden die RFID-Chips jedoch nur einmal verwendet und dann entsorgt. Ein einzelner passiver RFID-Transponder besteht hauptsächlich aus Silizium, Nickel, Kunststoff, Kupfer bzw. Aluminium oder Silber. Diese Bestandteile sind beim Recycling schwer voneinander zu trennen, vor allem wenn der Chip fest mit der Verpackung verbunden ist. Daher wäre eine ökologischere Gestaltung für die Zukunft sinnvoll. Dies könnte durch eine veränderte Zusammensetzung oder eine bessere Ablösbarkeit der Transponder erreicht werden.

18.6 Sicherheitsaspekte

Das Internet der Dinge beruht auf der Verfügbarkeit und Auswertung von großen Datenmengen. Die Erfassung von Daten in großen Datenbanken ist ein elementares Glied dieser Kette. Je mehr RFID im Alltag verwendet wird, desto größer ist auch die Gefahr, dass sensible und private Daten gesammelt werden. Dabei entsteht das Problem, dass nicht einfach nachvollziehbar ist, welche Daten gespeichert werden und wer diese Daten auslesen kann, da die

Funkübertragung prinzipiell jedem offensteht. Dadurch ist der Schutz der Verbraucher im Bundesdatenschutzgesetz zurzeit noch umstritten. Ein Apell der Politik an die Wirtschaft über eine Selbstverpflichtung, um das Vertrauen in die Technologie bei Verbraucherinnen und Verbrauchern zu stärken, ist dahingehend nur eine Vertröstung. Es besteht die Gefahr, dass mit RFID ein weiterer Schritt in Richtung „gläserner Bürger" getan wird.

Literatur

Tamm, Tribowski, Springer-Verlag Berlin Heidelberg, 2010. Informatik im Fokus: RFID, pp.15ff.

Schallmo, Rusnjak, Anzengruber, Werani, Jünger, Wiesbaden, 2017. Digitale Transformation von Geschäftsmodellen

Finkenzeller, München, 2003. RFID-Handbuch, Grundlagen und praktische Anwendungen von Transpondern, kontaktloser Chipkarten und NFC, 5. Aufl..

Strassner, Fleisch, Institut für Technologiemanagement Universität St. Gallen, 2005. Innovationspotenzial von RFID für das Supply-Chain-Management.

Ministerium für Umwelt, Forsten und Verbraucherschutz, Der Landesbeauftragte für den Datenschutz Rheinland-Pfalz, Mainz, 2010. Informationsbroschüre Radiofrequenz-Identifikation.

Bundesnetzagentur, 2015. RFID, das kontaktlose Informationssystem. http://emf3.bundesnetzagentur.de/pdf/RFID-BNetzA.pdf.

Günthner, RFID-Anwenderzentrum München, 2017. Technikleitfaden für RFID-Projekte. http://www.fml.mw.tum.de/rfid2/images/Dowloadportal/RFID-AZM_Technikleitfaden.pdf

Autor

Kevin Mischok studiert Elektrotechnik an der Hochschule Trier. Er ist sehr interessiert an automatisierten Prozessabläufen sowie an der Industrierobotertechnik. In seiner Freizeit engagiert er sich im studentisch geführten „Team ProTRon", die sich den Bau eines hocheffizienten Nahverkehrsfahrzeugs zum Ziel gesetzt haben.

19 Kommunikationsprotokolle des IoT

M. Hengels, Hochschule Trier, FB Technik

Abstract: In diesem Kapitel sollen die wichtigsten Protokolle des IoT beschrieben werden. Zu diesen zählen das MQTT, CoAP und das XMPP. Diese müssen den Bedingungen, denen IoT-Geräte unterliegen, gerecht werden. Da die Geräte möglichst günstig sein müssen und in vielen Fällen auch TCP als Drahtlossysteme ausgeführt werden, zählen zu diesen Bedingungen: Ressourcenbegrenzung, Energieverbrauch, schlechte Netze, Latenzen, Echtzeit- bzw. zeitkritische Anforderungen etc. Da die gängigen Protokolle diesen Bedingungen, bspw. aufgrund ihres hohen Protokolloverheads, oftmals nicht genügen, kommen „leichtgewichtigere" Protokolle zum Einsatz.

Keywords: MQTT, CoAP, XMPP, IoT Protokoll

19.1 MQTT

Das Message Queue Telemetry Transport (MQTT) Protokoll ist ein TCP-basiertes Kommunikationsprotokoll und bildet die Schichten 5 bis 7 im OSI-Schichtenmodell. MQTT besitzt einen sehr geringen Protokolloverhead und wurde konzipiert um einen zuverlässigen Datenaustausch für Geräte mit schlechter Netzanbindung, hoher Latenz und geringer Bandbreitezu ermöglichen. Ursprünglich wurde MQTT 1999 entwickelt und diente zur Überwachung von Ölpiplines. Es wurde speziell für Machine-to-Machine (M2M) Applikationen entwickelt und wird insbesondere bei mobilen Geräten und in der Homeautomation verwendet. Seit 2014 ist MQTT ein OASIS-Standard und seit 2016 ISO-Standard (ISO/IEC 20922)[32].

Topologie. Das MQTT basiert auf dem Publish/Subscribe Prinzip, bei dem nicht zwischen verschiedenen Clients unterschieden werden kann. Ein Client kann sowohl als Sender (Publisher) als auch als Empfänger (Subscriber) fungieren. Dazu findet keine direkte Kommunikation zwischen Publisher und Subscriber statt, sondern über einen sogenannten Broker. Der Broker sortiert und vermittelt Nachrichten zwischen Publisher und Subscriber und fungiert für beide gleichermaßen als Server. Es ist für den Publisher auch möglich, Daten zu senden, wenn kein Subscriber online ist. Die in Bild 19.1 dargestellte Topologie des MQTT zeigt den allgemeinen Fall und unterscheidet bei den Clients nicht zwischen Publisher und Subscriber.

---

[32] Universität Ulm: Datenübertragung mittels MQTT

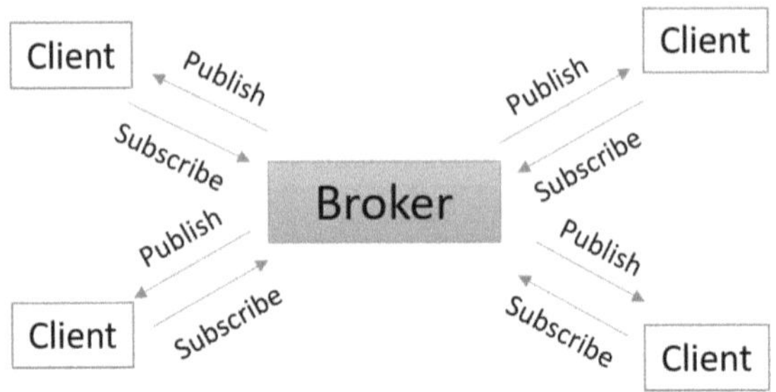

Bild 19.1 Topologie des MQTT (Eigene Darstellung)

Topics Nachrichten von einem Publisher werden mit einer Topic veröffentlicht und dienen zur hierarchischen Strukturierung der Nachrichten. Weiterhin lassen sich die Nachrichten somit gezielt Subscribern zuordnen, da für diese nicht alle Informationen relevant sind. Dazu teilt ein Subscriber dem Broker beim Anmelden mit, welche Topics dieser abonnieren möchte. Dieses Prinzip soll anhand des folgenden Beispiels erklärt werden:

Topic 1: Haus/Erdgeschoss/Wohnzimmer/EnergiekWh

Topic 2: Haus/Erdgeschoss/Wohnzimmer/Rauchmelder

Topic 3: Haus/Erdgeschoss/Bad/EnergiekWh

Topic 4: Haus/Erdgeschoss/Bad/Rauchmelder

In diesem Beispiel werden exemplarisch Wohnzimmer und Bad des Erdgeschosses auf ihren Energiebedarf und den Status des Rauchmelders abgefragt. Durch ein "/" werden die Topics in hierarchische Ebenen unterteilt. Möchte ein Subscriber über den Energiebedarf des Wohnzimmers informiert werden muss er diesen gemäß Topic 1 abonnieren. Weiterhin lässt sich mit dem Operator „+" eine Hierarchiestufe bzw. mit dem Operator „#" mehrere Hierarchiestufen überspringen. Bei letzterem ist zu beachten, dass dieser sämtliche folgende Topics einbezieht. Möchte ein Subscriber beispielsweise auf den Gesamtenergiebedarf des Erdgeschosses zugreifen kann dies über „Haus/Erdgeschoss/+/EnergiekWh" realisiert werden. Weiter besteht die Möglichkeit für einen Subscriber auf alle Informationen bezüglich eines Topics zurückzugreifen. Ist der Subscriber an sämtlichen Informationen interessiert, welche das Erdgeschoss betreffen, können diese über „Haus/Erdgeschoss/#" abonniert werden. Die Verwendung dieser Operatoren wird bei der Abfrage größerer Datenmengen attraktiv. Topics, die mit einem „$" beginnen sind für Brokerinterne Informationen vorgesehen und können nicht von Clients abonniert werden.

Quality of Service. Da das MQTT Protokoll auch in Netzen mit schlechter Anbindung eingesetzt wird, kann es zu Verbindungsengpässen oder gar zum Verbindungsverlust kommen. Dazu bietet das Protokoll die Quality of Service (QoS) in drei Qualtätsstufen an. Die Stufen unterscheiden sich in der Sicherheit mit der die Nachrichten zugestellt werden und im Ressourcenbedarf. In manchen Anwendungsfällen ist ein sparsamer Ressourcenumgang wichtiger als das Sicherstellen des Erhaltens einer Nachricht. Die drei Stufen sind:

- QoS 0: fire and forget (einmaliges senden)
- QoS 1: At least once (Nachircht wird mindestens einmal zugestellt)
- QoS 2: Exacty once (Nachricht wird genau einmal zugestellt)

Jedoch müssen zwei Fälle unterschieden werden: Das Veröffentlichen von Client zu Broker und das Veröffentlichen von Broker zum abonnierten Client. Beim Veröffentlichen einer Nachricht wird der QoS stets vom Client festgelegt. Für den Fall „Client zu Broker" wird der QoS vom Publisher festgelegt und für den Fall „Broker zu Client" wird der QoS vom Subscriber festgelegt. Diese können sich unterscheiden. In Bild 19.2 werden die Prinzipien der QoS 0 bis 2 veranschaulicht.

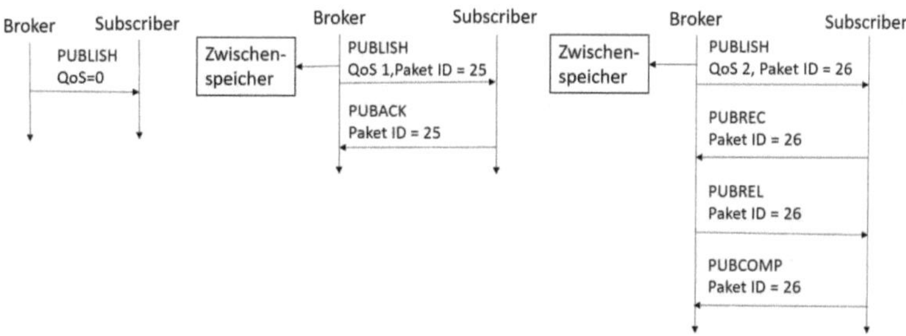

Bild 19.2 Schematische Darstellung der QoS (links QoS 0, Mitte QoS 1, rechts QoS 2) (Eigene Darstellung)

Beim QoS 0 wird die Nachricht höchstens einmal zugestellt. Diese Stufe wird als „fire and forget" bezeichnet, weil der Broker die Nachricht sendet und diese weder zwischenspeichert noch eine Rückmeldung erhält ob die Nachricht angekommen ist. Aus diesem Grund ist QoS 0 schnell und ressourcenschonend. Dieser QoS ist zu empfehlen, wenn eine stabile Verbindung zwischen Client und Broker besteht. Weiterhin findet diese Servicequalität Anwendung bei Nachrichten, welche nicht unbedingt permanent aktualisiert werden müssen. Dazu würde beispielsweise der Energiebedarf aus Kapitel 19.1 zählen.

Der QoS 1 garantiert, dass die Nachricht mindestens einmal ankommt. Bei dieser Servicequalität werden die Nachrichten mit einem Paket Identifier (Paket

ID) versehen, welche einmalig zwischen Client und Broker vergeben wird. Der Sender legt die Nachricht samt Paket-ID in einem Zwischenspeicher ab, bis der Empfang der Nachricht bestätigt wird. Dazu werden die Paket ID des PUBLISH und des PUBBACK miteinander verglichen. Erhält der Broker nicht die PUBACK-Bestätigung in einer vorgegebenen Zeit, sendet er die Nachricht mit der entsprechenden Paket ID erneut. Dies kann dazu führen, dass die Nachricht mehrmals zugestellt wird. Diese Servicequalität wird verwendet, wenn sichergestellt werden muss, dass die Nachricht ankommt und der Overhead berücksichtig werden muss.

Die höchste Servicequalität stellt die QoS 2 dar, welche garantiert, dass die Nachricht genau einmal zugestellt wird. Auch hier wird die Nachricht unter einer Paket ID zwischengespeichert. Empfängt der Subscriber die PUBLISH Nachricht wartet der Broker auf die PUBRECeived Bestätigung. Der Subscriber vermerkt sich diese Paket ID bis der den PUBCOMPlete sendet um zu vermeiden, dass eine Nachricht mehrfach gesendet wird. Nachdem der Broker die PUBRECeived Bestätigung erhält, wird die PUBLISH Information durch die PUBRECeived Information ersetzt und antwortet mit PUBRELease. Wird dieses Empfangen antwortet der Subscriber mit PUBCOMPlete. Der QoS 2 findet Anwendung in Fällen, in denen es wichtig ist, dass eine Nachricht nur genau einmal zugestellt wird. Bei dieser Servicequalität ist der erhöhte Overhead zu beachten.

Persistent Session. Wenn ein Client eine Verbindung zum Broker herstellt, abonniert dieser sämtliche für ihn relevanten Topics. Würde es nach einem Verbindungsabbruch zu einem erneuten Aufbau kommen, müsste der Client wiederum sämtliche Topics abonnieren. Da dies sehr ressourcenintensiv wäre, wird die Möglichkeit einer persistent session angeboten. Diese speichert alle relevanten Informationen wie:

- sämtliche Abonnements
- nicht empfangene und bestätigte Nachrichten mit QoS 1 und 2

Nachdem der Client sich erneut verbunden hat, werden diese Informationen an ihn übertragen.

Retained Messages (RM). Da der Datenaustausch zwischen Clients nicht auf direktem Wege stattfindet, erhält der Publisher keine Information darüber, ob seine Nachricht beim Subscriber angekommen ist. In Abhängigkeit der Datenübertragungsintervalle von Publisher an den Broker kann ein Subscriber nach Anmeldung beim Broker bis zu mehreren Stunden ohne Information einen abonnierten Topic verbringen. Um dies vorzubeugen, wird die Möglichkeit geboten, einem Subscriber unmittelbar nach Anmeldung beim Broker den letzten vom Publisher gesendet Wert zu schicken. Dabei steht dem Subscriber frei, zwischen einzelnen Topics zu wählen.

Last Will and Testament (LWT). Wenn ein Publisher offline geht, kann es für einen Subscriber von Interesse sein zu unterscheiden ob dieser ordnungsgemäß offline ging oder ob die Verbindung zwischen Publisher und Broker unterbrochen wurde. Deshalb wird die Möglichkeit eines LWT geboten. Ein Client kann beim Anmelden eine last will Nachricht definieren. Diese wird vom Broker solange zwischengespeichert bis er eine DISCONNECT vom Publisher erhält. Geht ein Publisher offline ohne eine DISCONNECT Nachricht verschickt zu haben, wird die last will Nachricht an die betreffenden Subscriber gesendet. Je nach Anwendungsfall kann auf diese Information reagiert werden.

Keep Alive. Aufgrund der TCP-basierten Funktionsweise des MQTT findet die Datenübertragung zuverlässig statt. Jedoch kann die Situation entstehen, dass die Teilnehmer nicht mehr synchronisiert sind oder einer der Teilnehmer abgestürzt ist. Gesetzt den Fall, dass der Fehler beim Empfänger liegt und der Sender nicht über den Fehlerzustand des Empfängers informiert ist, sendet der Sender weiter die Nachrichten aus. In diesem Fall spricht man von einer halb offenen Verbindung. Die keep alive Funktion stellt sicher, dass Client und Broker verbunden sind. Dazu wird ein Zeitintervall vom Client definiert, welches der maximalen Zeit entspricht, in der Broker und Client keine Nachricht senden. Wird diese überschritten, sendet der Client eine PINGREQuest Nachricht an den Broker und kontrolliert somit, ob dieser noch verbunden ist. Wenn der Broker diese Nachricht erhält, muss er dem Client mit einer PINGRESPonse Nachricht antworten.

19.2 CoAP

Das Constrained Application Protocol (CoAP) ist ein UDP-basiertes Übertragungsprotokoll, welches zur Internetanbindung von drahtlosen Sensornetzwerken (wireless sensor networks, WSNs) verwendet wird. Da WSNs in der Regel stark resscourcen- und energiebegrenzt oder signalverrauscht sind, ist es notwendig, dass das Übertragungsprotokoll diesen Bedingungen gerecht wird. Durch die Anbindung von WSNs an das Internet kann eine Vielzahl an Möglichkeiten im Bereich Automation und Überwachung realisiert werden.

Messages und Request/Response. CoAP ist ähnlich konzipiert wie HTTP und basiert auf einem Request/Response Prinzip. Beide Protokolle bilden die 5te Schicht im OSI-Schichtenmodell. Im Gegensatz zu HTTP, welches zur Nachrichtenübertragung das verbindungsorientierte und zuverlässige TCP nutzt, verwendet CoAP zur Nachrichtenübertragung das verbindungslose und unzuverlässige Transferprotokoll UDP. Verbindungsorientiert bedeutet, dass Sender und Empfänger zur Kommunikation die drei Phasen Verbindungsaufbau, Datenübertragung und Verbindungsabbau durchlaufen. Dem entsprechend findet bei der verbindungslosen Kommunikation sofort die Nachrichtenübertragung statt ohne zu prüfen ob der Empfänger empfangsbereit ist. Um trotzdem die Requests und Responses zuverlässig übertragen zu können benötigt CoAP sogenannte Messages. Aufgrund dessen wird die CoAP Schicht in zwei Schichten aufgeteilt:

5.1: Messaging Schicht

5.2: Request/Response Schicht

Durch die Messages, welche sich in vier Nachrichtentypen unterscheiden lassen, können die Unzuverlässigkeiten des UDP behoben werden. Die Confirmable Message (CON) erwartet eine Acknowledge (ACK) Bestätigung oder gegebenenfalls ein Reset (RST) der Gegenseite, wodurch die Zuverlässigkeit gegeben wird. Dies ist im weitesten Sinne vergleichbar mit dem QoS 1 aus Kapitel 19.1. Wird eine der beiden Nachrichten in vorgegebener Zeit nicht erhalten wird die Nachricht erneut gesendet. Eine Non-confirmable Message (NON) funktioniert nach dem „fire and forget" Prinzip, wie auch der QoS 0 und erwartet daher keine Rückmeldung.

Die Request/Response Schicht besteht aus zwei Arten von Nachrichten: dem Request (oder Methode), also eine Anfrage vom Client an den Server, von denen vier unterschiedliche existieren, und der Response, also eine Antwort vom Server an den Client, von denen drei Möglichkeiten existieren. Die vier Methoden sind die GET, POST, PUT und DELETE Methode. Die GET-Methode ruft Informationen zur Ressourcenidentifikation auf, die POST-Methode fordert die Verarbeitung der an den Server gesendeten Daten an, die PUT-Methode fordert die Aktualisierung, bzw. die Erstellung einer Ressource an und mithilfe der DELETE-Methode wird eine Anfrage zur Löschung einer Ressource an den Server geschickt. Weiterhin existieren die Response-Möglichkeiten piggybacked, Separate und und Non-confirmable. Im Normalfall erfolgt die piggybacked (engl. für Huckepack) Response, welche unabhängig davon, ob die Response einen Fehler oder ein OK aufweist, mit einer Acknowledgement-Nachricht zugestellt wird. Dies setzt einen CON-Message Request voraus. Darüber hinaus kann es unter Umständen dazu kommen, dass auf einen Request nicht sofort, sondern verspätet eine Response erfolgt. Dies wird durch eine separate Response ermöglicht. Dazu wird zunächst vom Server die Message-Anfrage bestätigt. Erfolgt anschließend die Zustellung der Nachricht an den Client bestätigt dieser dem Server das Erhalten der Response. Zuletzt besteht die Möglichkeit der Non-confirmable Response. Wird ein Request als NON-Message übertragen, ist die Response eine NON- oder CON-Response.

Mapping und Proxying. Um eine Kommunikation zwischen Knoten, eines WSNs und dem Internet zu ermöglichen ist es notwendig mithilfe eines Gateways ein Mapping zwischen CoAP und HTTP zu realisieren. Das Gateway fungiert hierbei als Proxy, welches ein HTTP-to-CoAP Proxying oder ein CoAP-to-HTTP Proxying umsetzt. Dies wird topologisch in Bild 19.3 dargestellt.

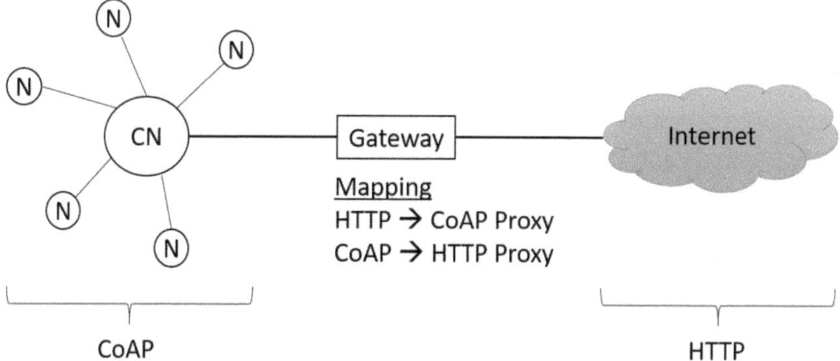

Bild 19.3 Topologische Darstellung eines CoAP/http Netzwerks inklusive des Mapping/Proxying (Eigene Darstellung)

- N: Node (Knoten, sprich Sensoren/Aktoren)
- CN: Coordinator Node

Durch das CoAP-to-HTTP Proxying werden die CoAP Clients in die Lage versetzt Requests an das Internet zu senden. Diese CoAP Requests werden im Proxy gemappt und an den integrieten CoAP Server gerichtet, welcher die CoAP Requests in http Request umsetzt. Dieser Proxy setzt die http Responses in CoAP Responses um und leitet sie an die Knoten weiter. Analog dazu funktioniert sas http-to-CoAP Proxying, welches http Clients den Zugriff auf die Knoten eines WSNs ermöglicht. Somit kann ein ein http Request nur in Richtung des WSNs gesendet und ein CoAP Response in Richtung des Internets gesendet werden.

19.3 XMPP

Das Extensible Messaging and Presence Protocol (XMPP) ist ein offenes Standardprotokoll und wird bei Instant Messengern (IMs) verwendet. Es ist TCP-basiert bildet im OSI-Schichtmodell die Schichten 5 bis 7 und ermöglicht ein kontextabhäniges Zustellen von Nachrichten in Echtzeit. Aufgrund des XML-basierten Nachrichtenformates ist eine einfache Erweiterung des Protokolls möglich. Google und Facebook verwendeten ehemals XMPP als deren Chat-

Protokoll bevor diese die Verwendung des XMPP eingestellt haben. Der wohl populärste Messenger der XMPP verwendet ist WhatsApp. Durch XMPP Extension Protocols (XEP) sind eine Vielzahl an erweiterten Funktionen wie bspw. Chaträume (durch Service Discovery) oder IP-Telefonie (durch Jingle) möglich. Weiterhin ist es möglich einen Transport einzurichten, welcher das Interagieren mit anderen IMs, bspw. dem Facebook Messenger, ermöglicht.

Topologie. Das XMPP ist dezentral organisiert, was bedeutet, dass mehrere verschieden Server existieren. Dies gewährleistet einen Weiterbetrieb des betreffenden Netzwerks im Falle, dass der Server ausfällt. Dies wird mit der XMPP-ID ermöglicht, welche ähnlich wie eine E-Mail-Adresse in der Form *Name@bsp.de* aufgebaut ist. Dabei ist *Name* der jeweilige Benutzername und *bsp.de* der entsprechende Server. Es existiert eine Vielzahl an XMPP-Servern und –Clients mit teilweise stark unterschiedlichen Spezifikationen. Da manche Spezifikationen als Erweiterung nachrüstbar sind diese nicht unbedingt kompatibel. In Bild 19.4 wird die Topologie eines XMPP Netzwerks dargestellt.

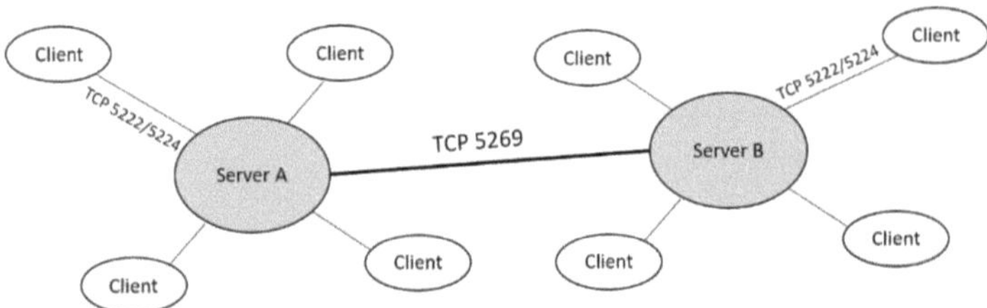

Bild 19.4 Topologie eines XMPP Netzwerks (Eigene Darstellung)

Es ist zu erkennen, dass eine Client-Server und eine Server-Server Kommunikation besteht. Möchte ein Client, welcher am Server A angemeldet ist eine Nachricht zu einem Client, welcher an Server B angemeldet ist senden, so sendet dieser die Nachricht zuerst an Server A, welcher sie an Server B weitersendet, der sie schließlich an den entsprechenden Client zustellt. Durch das Einrichten eines eigenen Servers ist XMPP auch für Unternehmen zum Errichten eines Intranets interessant.

Sicherheit und Verschlüsselungen. Aufgrund zahlreicher Verbindungsstellen die die Nachrichten passieren besteht ein hohes Abhörrisiko. Zudem sollte man für den Betrieb eines Servers ein TLS-Zertifikat besitzen, also ein Nachweis, dass die Identität des Servers korrekt ist, welche mittlerweile auch kostenfrei zur ausgestellt werden. Die Client-Server Kommunikation ist durch die TSL Verbindung verschlüsselt und erfolgt nach RFC 6120 standardmäßig über den Port 5222, manche Server verwenden auch den Port 5224. Die Server-Server Kommunikation erfolgt über den Port 5269. In manchen Fällen findet hier keine Transportverschlüsselung durch TSL statt. Dies hat zur Folge, dass bspw.

ungültige bzw. selbst signierte Zertifikate toleriert werden. Es sollte also auch bei der Server-Server Kommunikation eine TSL Verbindung verwenden werden um eine Verschlüsselung zu erzielen, da diese Strecke ansonsten einen Angriffspunkt darstellt. Jedoch wird an dieser Stelle die Nachricht zuerst entschlüsselt, was wiederum einen Angriffspunkt darstellt. Jedoch kann die Sicherheit durch Verwendung von Client-Server und Server-Server Verschlüsselung signifikant verbessert werden. Eine weitere Methode zur Verschlüsselung stellt die Ende-zu-Ende Verschlüsselung dar, welche auf dem Prinzip der asymmetrischen Verschlüsselung beruht. Dazu wird die Nachricht beim Sender verschlüsselt und erst beim Empfänger entschlüsselt. Diese Verschlüsselungsmethode wird unter anderem von WhatsApp verwendet. Weiterhin besteht die Möglichkeit Nachrichten mit Off-the-Record Messaging (OTR) abhörsicher und abstreitbar zu machen. Das beudeutet, dass nach Beenden des Gespräches der Inhalt nicht mehr rekonstruiert werden kann.

19.4 Fazit

Das MQTT erfreut sich aufgrund seines geringen Protokolloverheads, seiner Interoperabilität und Skalierbarkeit zunehmenden Interesses. Es ist auch in instabilen, bzw. schwachen Netzen einsetzbar und dient in erster Line zur Machine-to-Machine Kommunikation. MQTT löst auch teilweise XMPP als Messengerprotokoll ab. Jedoch sind Request/Response Anwendungen nur mit zusätzlichem Aufwand möglich.

Das CoAP ist ein sehr effizientes Protokoll, welches im Gegensatz zum MQTT auf einem Request/Response Pattern basiert. Aufgrund der Ähnlichkeit zum http ist eine Umsetzung von CoAP auf http um umgekehrt ohne großen Aufwand möglich. Jedoch wird der Datenverkehr aufgrund dieses Patterns höher und die Übertragung durch UDP ist im Vergleich zu TCP eher unzuverlässig.

Das XMPP ist ein breit aufgestelltes Protokoll auf XML Basis, welches in Instant Messengern Anwendung findet. Aufgrund der zahlreichen Verschlüsselungsmöglichkeiten bietet XMPP im Vergleicht zu MQTT einen sehr hohen Sicherheitsstandard. Außerdem ist das MQTT im Gegensatz zum XMPP nicht für größere Datenmengen geeignet. Aus diesem Grund ist XMPP trotz seines höheren Protokolloverheads bei den Messengerdiensten das bevorzugte Protokoll.

Literatur

https://www.hivemq.com/blog/mqtt-essentials/ (Aufruf: 16.03.2018)

http://docs.oasis-open.org/mqtt/mqtt/v3.1.1/mqtt-v3.1.1.html   (Aufruf: 18.03.2018)

Lukas Schulz, Universität Ulm, *Datenübertragung mittels MQTT*

Anatol Badach, *CoAP – Constrained Application Protocol*

Roman Trapickin, *Constrained Application Protocol (CoAP): Einführung und Überblick)*

https://tools.ietf.org/html/rfc7252 (Aufruf: 22.03.2018)

Henning Staib, Freie Universität Berlin, *Verbesserung einer XMPP-Bibliothek für den Einsatz in verteilter Paarprogrammierung*

Hannes Mehnert, *Secure Instant Messaging – am Beispiel XMPP*

Autor

Michael Hengels ist Student der Hochschule Trier der Fachrichtung Elektrotechnik.

Lukas Schulz, Universität Ulm, *Datenübertragung mittels MQTT*

Anatol Badach, *CoAP – Constrained Application Protocol*

20 Intelligente und lernende Systeme im Internet der Dinge

C. Liesenfeld, Hochschule Trier, FB Technik

Abstract: Ein zentrales und wichtiges Thema des Internet der Dinge sind intelligente und lernende Systeme. Der nachfolgende Bericht beschäftigt sich unter anderem mit der Definition von autonomen Systemen, der künstlichen Intelligenz und der Bedeutung des IoT in diesem Bereich. Es wird auf die verteilte Intelligenz und die Standardisierung des Kommunikationsprotokolls eingegangen.

Keywords: Lernende Systeme; Verteilte Intelligenz; Intelligente Systeme; Autonome Systeme; Internet der Dinge; Internet-of-Things (IoT).

20.1 Wie wird Intelligenz definiert und welche Techniken werden eingesetzt?

Was Intelligenz ist, beschäftigt die Menschheit schon seitdem es ihr bewusst ist, dass es Intelligenz gibt und sie unterschiedlich stark ausgeprägt vorkommt. Schon sehr viele Menschen haben sich mit dem Begriff der Intelligenz beschäftigt und einige Theorien aufgestellt. Vor allem Fragen wie: „Kann man sie messen?" „Wie entwickelt sie sich weiter?" „Wo liegen die Grenzen?" „Was ist Intelligenz?" und „Kann sie nachgebildet werden?" werden immer wieder aufgegriffen.

Doch die Intelligenz ist bis heute eine Größe, der es an einer einheitlichen Definition mangelt. In einem stimmen die meisten Theorien aber überein. Intelligenz ist die Fähigkeit, sich durch das Erfassen und Verarbeiten von relevanten Informationen in unbekannten Situationen zurechtzufinden und schnell und bedacht zu handeln oder Probleme allein durch das Denken zu lösen. Diese Übereinstimmung steht auch in einem direkten Zusammenhang mit dem Wortstamm. Intelligenz stammt von dem lateinischen Wort „intellegere" ab und steht für „verstehen" „erkennen" „einsehen". Demnach kann man sagen: Intelligenz ist die Eigenschaft gewisse Dinge zu erkennen, zu verstehen und nach der Erkenntnis möglichst optimal zu handeln.

Mit der Erfindung der Maschinen und der Erforschung der Intelligenz kam der Gedanke eines autonomen Systems auf. Eine Maschine sollte nicht nur stupide Arbeit tätigen, sondern abgestimmt auf eine sich stetig ändernde und komplexe Umgebung selbständig agieren können. Diese Idee war zunächst reine

Utopie, denn die Maschinen bestanden nur aus mechanischen Komponenten, wie Zahnrädern und Hebeln. Die erste Rechenmaschine wurde dann etwa 1623 von Wilhelm Schickard entwickelt. Mit ihr konnte eine Addition bzw. Subtraktion und eine Multiplikation bzw. Division durchgeführt werden. Sie basierte auf einem Zusammenspiel von mehreren Zahnrädern und war damit eine rein mechanische Konstruktion.

Im Jahre 1775 gelang es dem italienischen Physiker Alessandro Volta die erste Batterie, die Voltasche Säule, zu entwickeln. Dieser Durchbruch war der Beginn der Nutzung der Elektrizität, die sich von da an rasant entwickelte. Mit der elektrischen Energieversorgung wandelte sich auch der Aufbau der Maschinen.

Der Mathematiker George Boole erarbeitete 1847 die nach ihm benannte Boolesche Algebra. Durch die Beteiligung einiger weiterer Mathematiker konnte sie zur heute bekannten Form weiterentwickelt werden. Sie ist die Basis für die Entwicklung von digitaler Elektronik und ist heute in allen neueren Programmiersprachen gegeben. Erst 1941 mit der Erfindung des ersten funktionsfähigen und programmierbaren Computers Z-3 von Konrad Zuse konnte die Idee der autonomen Maschine wieder aufgegriffen werden.

Der wesentliche Aufbau autonomer Systeme besteht aus drei Komponenten. Für die Wahrnehmung ist unter anderem die Sensorik zuständig, mit ihnen kann die Umgebung beobachtet werden. Die aus der Beobachtung erhaltenen Informationen werden über eine Kommunikationsschnittstelle an die künstliche Intelligenz (KI) weitergeleitet. Die KI ist sozusagen das „Gehirn" eines autonomen Systems und damit der wahrscheinlich wichtigste Teil. Erst durch sie wird es möglich unabhängige, angepasste und intelligente Vorgehensweisen durchzuführen. Innerhalb der künstlichen Intelligenz müssen die Informationen so verarbeitet werden, dass sie für sie interpretierbar sind.

Wurde die Menge an erhaltenen Informationen in einen verständlichen Code übertragen, werden sie im nächsten Schritt auf Relevanz, Assoziation und Wiederholungen geprüft, gefiltert und mit vorhandenen Informationen aus einer Datenquelle verglichen. Anhand der gespeicherten Informationen kann sie Fragen beantworten und daraus neue Schlüsse ziehen. Dies wird auch als automatisches logisches Schließen bezeichnet. Durch die Schlussfolgerungen und das Speichern der neuen Erkenntnisse ist das System fähig zu lernen. Aufgrund der Schlüsse können Problemlösungen entwickelt, abgewogen und die optimalste Lösung herausgearbeitet werden. Die entwickelten Pläne können zusätzlich in dem Datenspeicher hinterlegt werden und sorgen dafür, dass das System bei einem ähnlichen Problem schneller zur Lösung kommt. Zusätzlich ermöglicht das logische Schließen eine Selbstregulation, die dafür sorgt, dass

Änderungen der Umgebung berücksichtigt, Gewichtungen geändert und Erkenntnisse modifiziert, angepasst und falls sie wiederlegt wurden, sogar gelöscht werden können. Abschließend wird der fertige Plan in ein für die Aktoren verständliches Signal umgewandelt und über die Kommunikationsschnittstelle an dieses gesendet. Das gesamte System bildet damit ein autonomes System.

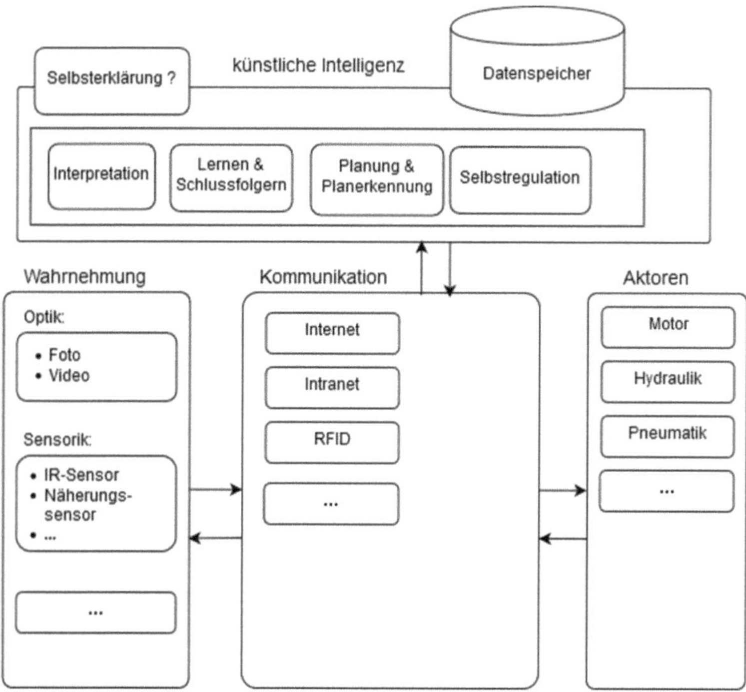

Bild 20.1 Aufbau eines autonomen Systems

Die künstliche Intelligenz kann in mehrere Gruppen eingeordnet werden.

Schwache künstliche Intelligenz:

Sie ist eine KI, die nur bestimmte Anwendungsprobleme behandelt und damit die Form, welche aktuell Anwendung findet.

Starke künstliche Intelligenz:

Ziel der starken KI ist die künstliche Nachbildung des menschlichen Denkens und Handelns. Die perfekte starke KI wäre sogar dazu in der Lage sich selbst zu erklären, ein Eigen- und Fremdbewusstsein zu entwickeln und wäre empfindungsfähig. Um eine solche Intelligenz zu entwickeln, müssten nicht nur die entsprechenden Grundlagen geschaffen werden, das System müsste auch unausgelernt eingesetzt werden. Der Einsatz eines nicht ausgelernten Systems wäre sehr umstritten, da niemand wirklich voraussagen könnte, wie es in der Zukunft agiert und welchen Schaden damit anrichten könnte.

Rationale künstliche Intelligenz

Eine rationale KI soll mit ihren unfehlbaren Entscheidungen den fehlbaren Menschen übertreffen. Sie ist reine Utopie, da unter anderem die Informationen nicht zu 100% richtig und komplett erfasst werden können. Dies wird durch die Bauteile begrenzt, die für die Beobachtung der Umgebung da sind. Zusätzlich müssten für das stetige Auffinden der „richtigen" Lösung, eine unendlich schnelle und uneingeschränkte leistungsfähige Rechenkapazität und eine unbegrenzte Wissensquelle zur Verfügung stehen. Des Weiteren haben alle Aktoren Toleranzen, welche zu einer Abweichung der übermittelten Befehle führt. Damit ist auch eine perfekt durchdachte künstliche Intelligenz genauso fehlbar wie der Mensch. Sie kann allerhöchstens versuchen, nach ihrem Wissensstand und ihren Aktionsmöglichkeiten eine optimale Lösung zu finden.

Realisiert wird die künstliche Intelligenz mit verschiedenen Methoden. Einige Beispiele sind die künstlichen neuronalen Netze, das Deep Learning und Maschinelles Lernen. Jedoch stellt jedes dieser Beispiele ein eigenständiges und umfangreiches Thema da, weshalb sie für diese Arbeit nur namentlich erwähnt seien.

Aus der Idee des autonomen Systems wurde in der Mitte des 20. Jahrhunderts das Gebiet der Kognitionswissenschaft geboren. In ihr werden bewusste Denk- und Verständnisprozesse des Menschen und anderer Organismen erforscht und über Modelle versucht in technischen Systemen nachzubilden. Die Kognitionswissenschaft ist somit stark mit dem Informatik-Teilgebiet der künstlichen Intelligenz verknüpft.

Durch die Forschung in der Kognitionswissenschaft und den extremen Anstieg der Rechenleistung, konnte die künstliche Intelligenz und damit auch die autonomen Systeme besonders in den letzten Jahren enorm weiterentwickelt werden. Einige nennenswerte Daten sind: 1950 die Formulierung des Turing-Test, mit dem die Intelligenz einer Maschine nachgewiesen werden kann; 1997 schlug das von IBM entwickelte System „Deep Blue" den damaligen Schachweltmeister in mehreren Partien; 2011 gewann die ebenfalls von IBM entwickelte KI „Watson" gegen den erfolgreichsten Spieler im Quiz „Jeopardy!"; 2014 wird das erste autonome Auto „Google Driverless Car" vorgestellt.

Danach überschlagen sich die Ereignisse förmlich. Um eine Vorstellung von der Entwicklung der Systeme zu bekommen, seien noch drei weiter Beispiele genannt: 2016 wird „Watson" zur Diagnose von Krankheiten zurate gezogen; 2017 schrieben KIs bereits mehr oder weniger gut Bücher und werden vermehrt beim Komponieren ganzer Alben als Werkzeug eingesetzt; Januar 2018 stellten Wissenschaftler eine KI vor, die aus den gemessenen Gehirnaktivitäten eines Menschen ungefähr erkennen kann, welches Bild er sich gerade ansieht oder sogar nur vorstellt.

Ein Gremium von 20 hochrangigen Vertretern aus Gesellschaft, Wirtschaft und Wissenschaft haben sich in Deutschland unter dem Namen Hightech-Forum zusammengeschlossen. Im Abschlussbericht vom März 2017 werden die Anwendungsgebiete:

- Industrielle Produktion: Smart Factory, Smart Grid und Smart Logistics
- Straßen- und Schienenverkehr: Smart Mobility
- Smart Home
- Einsatz autonomer Systeme in menschenfeindlicher Umgebung

genannt, auf die sich das Fachforum im Bereich autonomer Systeme bis zum Jahr 2030 konzentrieren will. Gerade die ersten drei Punkte beziehen sich darauf, in Zukunft individueller auf die Bedürfnisse des Einzelnen einzugehen, ressourcenschonender und (z.B. energie- und kosten-) effizienter bei gleichbleibender oder höherer Qualität zu agieren. Zudem soll die medizinische Versorgung und Pflege verbessert werden. Autonome Systeme sollen in Zukunft gerade in menschenfeindlichen Gegenden eingesetzt werden. Dabei könnte es sich beispielsweise um die Bergung von Verschütteten nach einem Erdbeben, dem Rückbau eines Atomkraftwerks nach einer Katastrophe oder den Arbeiten unter Wasser oder im Weltraum handeln. Gerade in diesem Bereich sind die Anforderungen an das System deutlich höher als im industriellen Bereich. In menschenfeindlichen Gebieten ist häufig der Einsatz von schweren Arbeitsgerät erforderlich. Weil man in diesen Gebieten nie voraussehen kann, was auf die Roboter zukommt, müssen sie ein hohes Maß an Autonomie aufweisen, denn sie sollen ihre Aufgaben schnell, präzise und möglichst selbständig ausführen, damit das Eingreifen durch den Menschen und der damit verbundenen Risiken vermieden werden kann. [33] [34]

Für den zukünftigen Einsatz autonomer Systeme ist das Internet der Dinge (IoT) von zentraler Bedeutung. Die Sensoren, welche für die Wahrnehmung der Umgebung zuständig sind und die Aktoren müssen nicht direkt mit der KI verbunden sein, sondern können über das IoT miteinander kommunizieren.

---

[33] Fachforum, März 2017
[34] Fraunhofer IOSB

Vielmehr können mehrere KIs die für sie relevanten Informationen von den Sensoren anfordern und mit den Aktoren interagieren.

20.2 Verteilte Intelligenz

Die künstliche Intelligenz profitiert hauptsächlich aus den für sie zur Verfügung stehenden Daten. Zum einen stammen die Daten aus dem Grundgerüst mit denen das System angelernt wurde und den durch logisches Schließen erlernten. Je größer das zur Verfügung stehende Wissen ist, desto schneller und präziser können Lösungen gefunden und neue Erkenntnisse gewonnen werden. Der Trend ging zu teuren und leistungsfähigen Großrechnern, die als zentraler Kopf agierten und untergeordneten Einheiten Aufgaben erteilten (Master-Slave-System). Jedoch stößt diese Form der zentralistischen Steuerung, durch den großen aber dennoch begrenzten Datenspeicher und der eingeschränkten Rechenleistung, schnell an ihre Grenzen.

Eine Lösung dieses Problems bietet die verteilte Intelligenz. Sie beschäftigt sich mit dem Zusammenschluss von Einzelkomponenten, den sogenannten Agenten. Jeder Agent stellt ein unabhängiges und autonomes System dar und verfügt über einen eigenen Speicher. Das heißt jeder Agent ist in der Lage, seine Umgebung wahrzunehmen, diese Informationen bei seiner Entscheidungsfindung zu berücksichtigen und Aktionen über die Aktoren auszuführen. Dementsprechend muss ein Agent zwangsläufig einen Körper oder etwas Ähnliches besitzen und erfüllt damit die Embodiment-Theorie. Über Kommunikationsprozesse sind die Agenten in der Lage, Daten auszutauschen und miteinander zu kooperieren, um ein bestimmtes Ziel zu erreichen. Diese Technik der Zusammenarbeit ermöglicht den Agenten die Hochleistungsgroßrechner zu übertreffen. Von außen betrachtet wirkt es, als würde es sich um ein einzelnes System handeln, jedoch agiert es beispielsweise wie eine Schwarmintelligenz.

Die für den Datenaustausch benötigte Kommunikation kann beispielsweise über das IoT erfolgen. Durch die verteilte Intelligenz entstehen unter Anderem neue Problematiken der Kommunikation und der Rechtevergabe. [35] [36]

20.3 Standardisierung des Kommunikationsprotokolls

Gerade die Kommunikationsprozesse führen zu einer weiteren Herausforderung. Die Kommunikationsprotokolle basieren meistens nicht auf einer stan-

---

[35] Jeschke, 2014
[36] Spektrum, Heidelberg

dardisierten Form, sondern stellen ein proprietäres Resultat einzelner Hersteller dar. Die Kommunikation lernender Systeme untereinander wird aber in Zukunft immer mehr an Bedeutung gewinnen und darum ist die Einführung neuer Kommunikationsstandards oder einer realisierbaren Alternative für die weitere Entwicklung essenziell.

Derzeit ist die Feldbus-Ebene zwar nicht auf eine einzige Protokollform beschränkt, doch folgt sie einigen wenigen Standards (bspw. wird im IoT oftmals MQTT benutzt). Hingegen gibt es in der Steuerungsebene kaum Standardisierung. Zwar werden sich in Zukunft einige Herstellersprachen gegenüber anderen behaupten und sie vom Markt verdrängen, doch ist es sehr unwahrscheinlich, dass sich alle Hersteller auf eine Standardsprache einigen werden. Viel wahrscheinlicher ist es, dass eine eigene KI eingesetzt wird, die als Übersetzer zwischen den einzelnen Systemen fungiert. Dies wurde bereits in anderen Bereichen, wie dem WWW oder dem Big-Data erfolgreich eingesetzt. [37]

20.4 Beispielsystem der Zukunft

Ein sehr schönes aber auch umstrittenes Beispiel für ein autonomes System ist das Konzept des Amazon-Supermarkts „Amazon Go". Amazon verzichtet bei seinem Laden nicht nur auf die Kasse, sondern auch auf das Einscannen der Waren. Bereits 2016 konnten Mitarbeiter als Testkäufer den Prototypen in Seattle testen. Im Januar 2018 eröffnete Amazon diesen Supermarkt offiziell. Der Laden in Seattle ist momentan in der Open-Beta-Phase, es sollen in Zukunft noch weitere 2.000 solcher Supermärkte folgen. Aber ganz ohne Kasse und einscannen, wie soll das gehen?

Für den Einkauf bei Amazon Go wird ein Profil bei Amazon, Guthaben auf dem Amazon-Konto und die Amazon-Go-App auf einem Smartphone benötigt. Beim Betreten des Ladens muss der Kunde einen QR-Code mit der App scannen. Ab diesen Zeitpunkt wird jede Bewegung durch etliche Sensoren und Kameras überwacht und mittels künstlicher Intelligenzen verarbeitet. Wird jetzt ein Gegenstand aus dem Regal gegriffen, so wird dieser kurze Zeit später auf dem Smartphone aufgelistet. Landet das Produkt wieder im Regal so wird es ohne eigenes Zutun von den KIs aus der Liste ausgetragen. Beim Verlassen des Geschäfts wird der Betrag des Einkaufs vom Konto abgebucht. Bis auf die wenigen Mitarbeiter an der Frischwarentheke und zur Ausgabe altersbeschränkter Produkte gibt es keine weiteren Mitarbeiter im Supermarkt der Zukunft. Weiterhin verspricht Amazon nur das Produkt wahrzunehmen und keine Gesichtserkennung zu nutzen. Doch ist der Wahrheitsgehalt dieser Aussage sehr fraglich. Wie sonst könnten sie mehrere Personen, die zusammen einkaufen

---

[37] Jeschke, 2014

gehen unterscheiden? Verbraucherschützer und Datenschutzbeauftragte erachten das Konzept als sehr kritisch. Es sei vor allem nicht sicher, welche Daten gesammelt werden und was damit geschieht. Beispielsweise könnten Daten aus dem Netz mit den Daten aus den Läden verknüpft werden und somit den Verbraucher ein stückweit gläserner erscheinen lassen. [38] [39] [40]

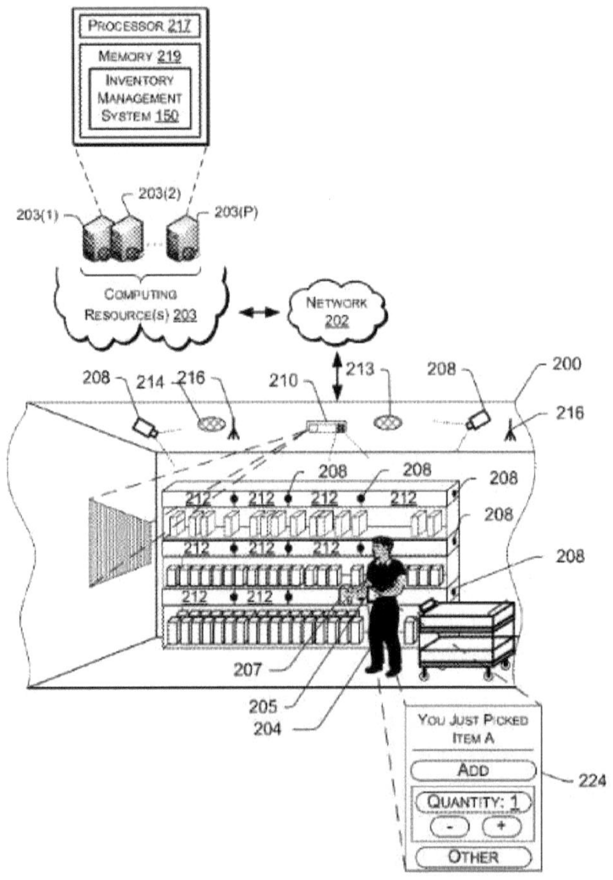

Bild 20.2 Konzept von Amazon Go (Quelle: Völlinger, 2016 nach: http://pdfaiw.uspto.gov, Screenshot ZON)

---

[38] Völlinger, 2016
[39] Wired, 2018
[40] Del Rey, 2015

186

20.5 Fazit

Der Bereich der künstlichen Intelligenz hat in den letzten Jahren eine rasante Entwicklung durchlaufen. Die Nachrichten von neuen bahnbrechenden Fortschritten häufen sich gerade in den letzten Jahren. In Zukunft wird die künstliche Intelligenz unseren Alltag immer öfter eine Rolle spielen. Im Bereich der Medizin wird sie schnellere und präzisere Diagnosen stellen. Sie wird uns über Smart Health, Smart Mobility und Smart Home im Alltag begleiten. Für Firmen bedeutet die künstliche Intelligenz eine höhere Rentabilität und Qualität, aber auch eine effizientere und ressourcenschonendere Produktion. Durch den Einsatz von autonomen Robotern, wird es in Zukunft nicht mehr notwendig sein, Menschen in Risikogebiete zu schicken. Die Kommunikation zwischen den Systemen und der Bereich des IoT werden einen immer größeren Anwendungsbereich finden. Die Zukunft wird mit der KI und den autonomen Systemen viele positive Aspekte mit sich bringen, doch können solche Systeme auch schnell missbraucht werden. Es ist wichtig die Dinge kritisch zu hinterfragen und zu beachten, welche Auswirkungen es auf die Zukunft hat.

Literatur

Fachforum Autonome Systeme im Hightech-Forum, März 2017. Autonome Systeme - Chancen und Risiken für Wirtschaft, Wissenschaft und Gesellschaft - Kurzversion, Abschlussbericht.

Jeschke, S., 2014. Kybernetik und die Intelligenz verteilter Systeme. Nordrhein-Westfalen auf dem Weg zum digitalen Industrieland. Wuppertal

DFKI Wahlster, W., Mai 2017. Künstliche Intelligenz. Künstliche Intelligenz als Grundlage autonomer Systeme. Springer-Verlag.

Fraunhofer IOSB. Autonome Robotersysteme für menschenfeindliche Umgebungen. https://www.iosb.fraunhofer.de/servlet/is/66399/

Russel, S. and Norvig P., 2003. Künstliche Intelligenz. Ein Moderner Ansatz. 2. Auflage, Pearson Studium.

Spektrum Akademischer Verlag, Heidelberg. Lexikon der Neurowissenschaft. Verteilte künstliche Intelligenz.

Informatik und Gesellschaft - Künstliche Intelligenz - Schwache und starke KI. *http://www.informatik.uni-oldenburg.de/~iug08/ki/Grundlagen_Starke_KI_vs._ Schwache_KI.html*

Wikipedia, Die freie Enzyklopädie, 2018. Künstliche Intelligenz *https://de.wikipedia.org/w/index.php?title=K%C3%BCnstliche_Intelligenz&oldid=175688996*

Wikipedia, Die freie Enzyklopädie, 2018. Elektrizität. https://de.wikipedia.org/w/index.php?title=Elektrizit%C3%A4t&oldid=175696708

Wikipedia, Die freie Enzyklopädie, 2018. Geschichte der künstlichen Intelligenz *https://de.wikipedia.org/w/index.php?title=Geschichte_der_k%C3%BCnstlichen_Intelligenz&oldid=175480110*

Völlinger, V. and Brauns, B., 2016. Amazon Go. Supermarkt der Zukunft. http://www.zeit.de/wirtschaft/unternehmen/2016-12/amazon-go-supermarkt-lebensmittel-service-einkaufen-datenschutz-zukunft

Del Rey, J., 2015. We May Have Just Uncovered Amazon's Vision for a New Kind of Retail Store. The stores would be low on cashiers, but high on customer tracking.

Wired, 2018. Amazon eröffnet ersten Laden ohne Kasse. https://www.wired.de/collection/business/amazon-eroeffnet-ersten-laden-ohne-kasse

Autorin

Christina Liesenfeld wurde in Koblenz geboren. Aktuell ist sie Master-Studentin im 2. Semester der Elektrotechnik mit der Vertiefungsrichtung Automatisierung und Energie an der Hochschule-Trier.

21 Konzepte des maschinellen Lernens

S. Friedrich, Hochschule Trier, FB Technik

Abstract: Spricht man vom „Internet of Things" (IoT), fallen oft Begriffe wie Smart-Home, Smart-Health, Smart-Devices und viele andere. Doch was macht solche Geräte und Dienstleistungen *Smart*? Die Intelligenz dieser Systeme liegt oftmals in speziellen Algorithmen, die versuchen, das menschliche Lernen und Denken zu imitieren, um die immer größer werdenden Datenmengen der neuen Anwendungen im IoT zu verarbeiten, zu analysieren oder um Vorhersagen zu treffen. Um einen einfachen Einstieg in die Thematik des maschinellen Lernens zu erhalten, werden in diesem Kapitel einige dieser „smarten" Methoden und deren Konzepte vorgestellt.

Keywords: Maschinelles Lernen, künstliche Neuronale Netze, Entscheidungsbaum, k-Nearest-Neighbor, Cluster-Analyse

21.1 Lernende Systeme, Mensch vs. Maschine

Trotz des enormen Fortschritts der letzten Jahrzehnte und den damit einhergehenden immer größer werdenden Rechenleistungen gibt es eine Vielzahl von Problemen, die mithilfe von Computern und herkömmlichen Algorithmen sehr schwierig zu lösen sind, jedoch für den Menschen keine Probleme darstellen. Geht es um arithmetische Berechnungen, beispielsweise die Multiplikation von tausenden von Zahlen, ist im Kampf Mensch gegen Maschine zweifelsohne der Computer der Sieger. Sollen hingegen Objekte oder Gesichter auf Bildern erkannt werden, ist der Mensch überlegen. Im Gegensatz zum Computer kann der Mensch ein Bild mit Gesichtern, verschiedene Tierarten oder bestimmten Objekten nahezu direkt und mit extrem hoher Genauigkeit erkennen.

Es scheint also den Maschinen eine bestimmte Ausprägung der menschlichen Intelligenz zu fehlen. Der Mensch löst im obigen Beispiel das Problem der Mustererkennung und anschließender Klassifikation anhand seiner Erfahrung ohne dabei einen konkreten Algorithmus zu verwenden. Während seines Lebens hat er den Unterschied zwischen Katze, Hund und anderen Objekten *erlernt*. Damit ein Computer dies bewerkstelligen kann, müsste ein herkömmlicher Algorithmus explizit für solche Aufgaben formuliert und programmiert werden, was eine enorme Herausforderung darstellt. Einfacher ist es, das Konzept des *Lernens* ebenfalls auf einen Computer zu übertragen. Als Teilgebiet der Künstlichen Intelligenz (KI) bezeichnet man Verfahren, die es Maschinen

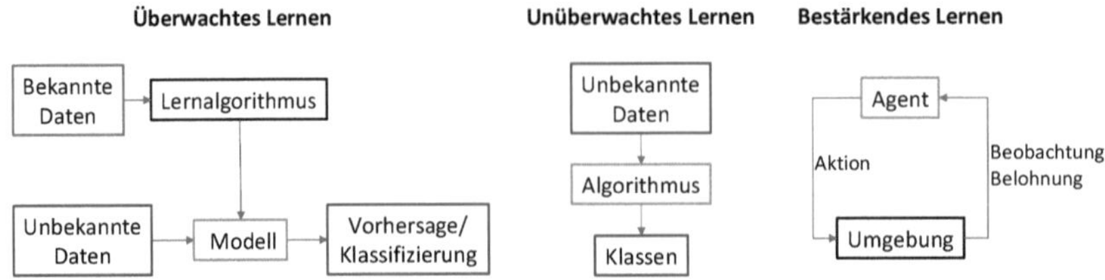

Bild 21.1 Die drei verschiedenen Gattungen des maschinellen Lernens (Raschka, 2017)

ermöglichen, Wissen aus Erfahrung zu generieren als maschinelles Lernen bzw. als Lernende Systeme (Rasgid, 2017). Ziel dieser Verfahren ist es, anhand von Erfahrungen, also bekannten Daten und Sachverhalten, ein generalisiertes Konzept zu entwickeln, um mit dessen Hilfe ähnliche Aufgabenstellungen einfacher lösen zu können.

Mit der Zeit wurden viele verschiedene solcher „lernenden" Algorithmen entwickelt, die für die unterschiedlichsten Aufgaben genutzt werden. Zu den bekanntesten Anwendungen gehören beispielsweise die Sprachassistenten auf Smartphones, Übersetzungsprogramme, Spamfilter für E-Mails oder „Social Bots" die in den sozialen Medien eingesetzt werden. Man unterscheidet zunächst zwischen drei verschiedenen Gattungen des maschinellen Lernens: *überwachtes, unüberwachtes* und *verstärkendes Lernen* (Raschka, 2017).

Das Ziel des **überwachten** Lernens (engl. supervised learning) ist es, mithilfe von bekannten Daten ein Modell anzulernen, das in der Lage ist, über zukünftige unbekannte Daten Vorhersagen zu treffen oder diese richtig zu klassifizieren. Die während der Trainingsphase benutzten Daten müssen dabei die gewünschten Ausgaben bereits enthalten, damit das Modell richtig *angelernt* werden kann. Als Beispiel können viele Bilder, die verschiede Tieren zeigen und die mit den entsprechenden Tierarten gelabelt worden sind, während des Trainings des Modells verwendet werden. Danach sollte das Modell in der Lage sein, diese Tierarten auf neuen, nicht gekennzeichneten Bildern zu erkennen.

Beim **unüberwachten** Lernen (engl. unsupervised learning) stehen gekennzeichnete Daten nicht zur Verfügung oder es handelt sich um Daten unbekannter Struktur. Durch die beim unüberwachten Lernen eingesetzten Algorithmen ist es jedoch möglich, die Struktur oder ein Muster in den Daten aufzuspüren, um daraus sinnvolle Informationen extrahieren zu können. Zum Aufspüren solcher Strukturen kommen im allgemeinen sogenannte Clustering Verfahren zum Einsatz.

Die letzte Variante des maschinellen Lernens ist das **verstärkende** Lernen (engl. reinforcement learning). Dieses lernende System, genannt Agent, lernt durch Interagieren und dem Beobachten seiner Umgebung. Der Agent führt dabei bestimmte Aktionen aus und bestimmt, wie der Zustand seiner Umwelt darauf reagiert. Die Rückmeldung darüber, ob sich der Zustand verbessert oder verschlechtert hat, erhält der Agent über ein sogenanntes *Belohnungssignal*. Ziel ist es, die Leistung des Agenten durch Interaktion mit seiner Umwelt zu verbessern.

21.2 Verborgene Strukturen finden, Cluster-Analyse

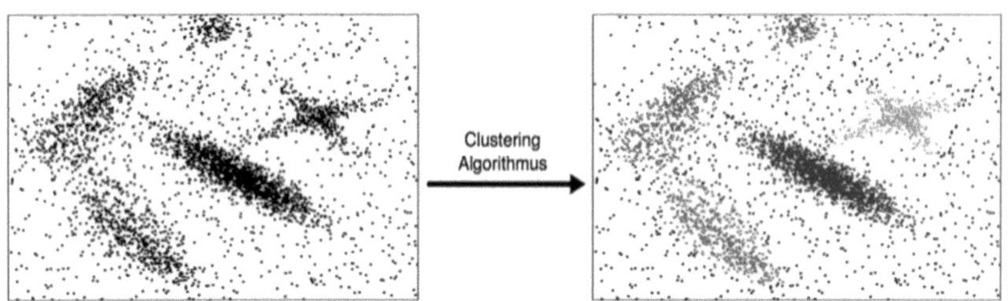

Bild 21.2 Aufspüren von Clustern in unbekannten Daten. Gefundene Cluster sind farblich markiert (Quelle: people.sissa.it/~laio/Research/Res_clustering.php)

Als Cluster bezeichnet man Gruppen von Objekten, die in Bezug auf ihre Eigenschaften gewisse Ähnlichkeiten aufweisen. Hat man es mit nicht gekennzeichnet Daten unbekannter Struktur zu tun, ermöglichen es einem die Clustering-Verfahren trotz alledem, die Struktur dieser Daten zu erforschen um eventuell nützliche Informationen daraus zu gewinnen. Ziel ist es, aus den unbekannten Daten die entsprechenden Gruppenzugehörigkeiten zu ermitteln.

Als Beispiel könnte man sich eine Datenbank von verschiedenen Pflanzen vorstellen, in der bestimmte Merkmale (z. B. Länge, Breite, Fläche, …) der entsprechenden Blätter, jedoch nicht die dazugehörige Pflanzenart, enthalten sind. Betrachtet man die Blätter als Punkte bzw. Vektoren mit den Merkmalen als Koordinaten, erhält man den sogenannten Merkmalsraum. Der Clustering Algorithmus versucht nun anhand dieser Merkmale eine Struktur zu ermitteln. Bild 21.2 zeigt Beispielhaft einen 2-dimensionalen Merkmalsraum, in dem 5 Gruppen gefunden wurden. Die so gefundenen Gruppen geben zwar keine Auskunft darüber, welches Blatt zu welcher Pflanze gehört, sondern dass es sich um 5 verschieden Gattungen handeln könnte. Diese Information der Gruppenzugehörigkeit kann dann von anderen Algorithmen zur weiteren Analyse verwendet werden.

Da diese Verfahren nicht auf eine Klassenbezeichnung der Daten angewiesen sind, werden sie zur Gattung der *unüberwachten* Lernverfahren gezählt. Der Begriff des „Lernens" bezieht sich beim Clustering nicht auf das Erlernen und

Anwenden eines Konzeptes, sondern auf die Fähigkeit dieser Algorithmen Strukturen zu erkennen.

Je nachdem welcher Cluster-Algorithmus verwendet wird, erfolgt die Gruppenermittlung auf unterschiedlichem Weg. Der *k-means* Algorithmus bestimmt beispielsweise die Gruppenzugehörigkeit mithilfe der Entfernungen der Punkte im Merkmalsraum zu den Schwerpunkten der Gruppen. Dieser Algorithmus muss jedoch im Vorfeld wissen, auf wie vielen Clustern die Punkte aufgeteilt werden sollen. Der *OPTICS* und *DBSCAN* Algorithmus hingegen ermittelt die Gruppen anhand der Dichte der Punkte im Merkmalsraum. Bei den hierarchischen Verfahren besteht beispielsweise die Schwierigkeit darin, zu entscheiden ab wann der Algorithmus stoppen soll. Abhängig vom Datensatz muss also ein geeigneter Algorithmus gewählt werden, da die vielen verschiedenen Methoden zum Teil erhebliche Unterschiede in den Ergebnissen erzeugen.

21.3 Nachbarschaftsliebe, k-Nearest-Neighbor

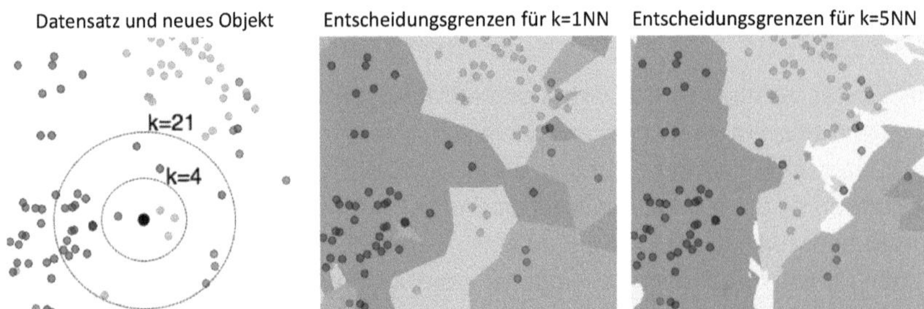

Bild 21.3 Auswirkungen von k auf die Entscheidungsgrenzen (Quelle: http://cs231n.github.io/classification)

Der k-Nearest-Neighbor (KNN, k-Nächste-Nachbarn) ist ein nichtparametrisierter Algorithmus zur Klassifizierung und Regression von unbekannten Objekten. Der KNN gehört zu den sogenannten überwachten Methoden des maschinellen Lernens. Diese Methode verzichtet auf das Finden expliziten Wissens, stattdessen erfolgt das Lernen durch simples Abspeichern von bereits klassifizierten Trainingsdaten (Instanzbasiertes Lernen) in einer Datenbank. Die Trainingsobjekte werden dabei durch Vektoren mit den entsprechenden Merkmalen und der dazugehörigen Klasse repräsentiert.

Als Beispiel könnte man sich die verschiedenen Kraftfahrzeug-Typen als Klasse (LKW, PKW, Motorrad) und ihre Eigenschaften (Sitzplätze, Leistung, Farbe, ...) als Merkmalsvektor vorstellen. Der Datensatz bildet dann mit den Eigenschaften als Koordinaten einen Merkmalsraum, in dem sich alle bekannten Objekte befinden. Ziel des KNN ist es, ein neues Objekt unbekannter Klasse anhand der in den Trainingsdaten abgespeicherten Beispielen zu klassifizieren. Die Klassifizierung erfolgt durch den Mehrheitsentscheid der Klassen der k nächsten Nachbarn innerhalb des Merkmalsraums (Ester & Sander, 2000). Die Schwierigkeit besteht unter anderem darin ein geeignetes k für die Klassifizierung zu wählen.

In Bild 21.3 erkennt man, dass die Anzahl der für die Klassifizierung benutzten Nachbarn unterschiedliche Ergebnisse liefern. Für $k=4$ nächste Nachbarn wird das unbekannte Objekt (schwarzer Punkt) der grünen Klasse zugeordnet. Für einen größeren Wert ($k=21$) liefert die Klassifizierung die blaue Klasse als Ergebnis. Verschiedene Werte von k ändern dabei die Entscheidungsgrenzen innerhalb des Merkmalsraums. Wird k zu klein gewählt, erfolgt eine zu hohe Sensitivität gegenüber Ausreißern in den Trainingsdaten. Zu große Werte hingegen können kleinere Klassen „verschlucken".

Eine Möglichkeit dieses Problem zu verringern, ist neben der Anzahl der entsprechenden Nachbarn zum unbekannten Objekt zusätzlich die gewichteten Entfernungen der Objekte mit einzubeziehen. Nähere Objekte haben somit bei der Klassifizierung eine stärkere Gewichtung als weiter entfernte. Je nach Größe des Datensatzes und der vorhandenen Rechenleistung kann durch die Gewichtung der Entfernungen der gesamte Merkmalsraum mit in die Klassifizierung einfließen ($k=\infty$).

Beim Verwenden einer Metrik müssen unter Umständen die Eigenschaften der Objekte zuvor auf sinnvolle numerische Werte angepasst werden. Zusätzlich ist es sinnvoll, die Anzahl der Objektmerkmale auf die für die Klassifizierung benötigten zu reduzieren (Raschka, 2017).

Neben der Klassifizierung kann der KNN ebenfalls zur Vorhersage benutzt werden. In diesem Fall gibt der Algorithmus für jede Klasse an, mit welcher Wahrscheinlichkeit das Objekt zu dieser gehört. Beispielsweise könnten das Wetter als Klassen (Sonnig, Regen, Bewölkt, ...) und die Messdaten vergangener Tage als Merkmale (Temperatur, Luftdruck, ...) zur Wettervorhersage (Regenwahrscheinlichkeit 30%) des aktuellen Tages benutzt werden.

21.4 Der Apfel fällt nicht weit vom Stamm, Entscheidungsbaum

Genau wie der zuvor beschriebene KNN Algorithmus werden Entscheidungsbäume (engl. Decision Tree) zur automatisierten Klassifikation bzw. zur Entscheidungsfindung eingesetzt. Im Gegensatz zum KNN sind Entscheidungsbäume jedoch in der Lage, explizites Wissen über die Klassen zu liefern. Sie werden außerdem zur übersichtlichen Darstellung von formalen Regeln genutzt (Ester & Sander, 2000).

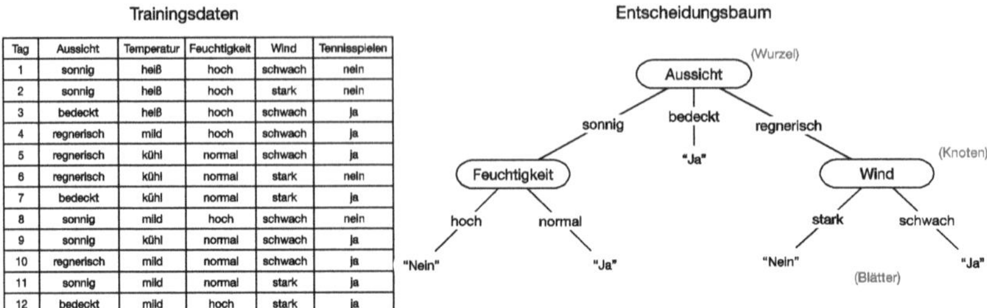

Tag	Aussicht	Temperatur	Feuchtigkeit	Wind	Tennisspielen
1	sonnig	heiß	hoch	schwach	nein
2	sonnig	heiß	hoch	stark	nein
3	bedeckt	heiß	hoch	schwach	ja
4	regnerisch	mild	hoch	schwach	ja
5	regnerisch	kühl	normal	schwach	ja
6	regnerisch	kühl	normal	stark	nein
7	bedeckt	kühl	normal	stark	ja
8	sonnig	mild	hoch	schwach	nein
9	sonnig	kühl	normal	schwach	ja
10	regnerisch	mild	normal	schwach	ja
11	sonnig	mild	normal	stark	ja
12	bedeckt	mild	hoch	stark	ja

Bild 21.4 Einfaches Beispiel eines Entscheidungsbaums (Ester & Sander, 2000)

Ein Entscheidungsbaum besteht aus einer Reihe von Abfragen, mit denen ein unbekanntes Objekt klassifiziert oder eine Entscheidung für eine Problemstellung getroffen werden kann. Ein Entscheidungsbaum besteht immer aus einem Wurzelknoten und beliebig vielen inneren Knoten sowie mindestens zwei Blättern. Jeder Knoten repräsentiert dabei eine logische Regel und jedes Blatt eine entsprechende Entscheidung. Für die Klassifikation durchläuft ein neues Objekt die Baumstruktur von der Wurzel beginnend bis es schließlich an einem Blatt ankommt. Die benötigten Trainingsdaten, die zur Erstellung der Struktur erforderlich sind, bestehen wie beim KNN Algorithmus aus einer Vielzahl von Klassifizierten Objekten und den entsprechenden Attributen.

Das Beispiel in Bild 21.4 zeigt einen Entscheidungsbaum für das Lösen der Frage, ob sich das Wetter zum Tennisspielen eignet. Die Trainingsdaten bestehen aus einzelnen Tagen (Objekte), dem Wetter (Attribute) und ob an diesem Tag gespielt wurde (Zielklassifikation). Für eine optimale Konstruktion des Baumes ist es sinnvoll, die Reihenfolge der abzufragenden Attribute an den Knoten anhand ihres Informationsgewinns festzulegen. Mithilfe der Entropie oder des sogenannten Gini-Koeffizienten kann der Informationsgehalt eines Attributes bezogen auf das Ergebnis aus den Trainingsdaten berechnet werden. In diesem Beispiel liefert das Attribut „Aussicht" den größten Informationsgewinn und wird daher als Wurzel des Baumes gewählt. Anhand des Kriteriums des Informationsgewinns wird nun der Baum solange rekursiv gesplittet bis jedes Trainingsbeispiel in einem Blatt mündet.

Die Aufstellung der Struktur anhand dieser Methode kann entweder von Hand durch einen Experten oder automatisch durch beispielsweise den ID3 Algorithmus geschehen. Im obigen Beispiel erkennt man, dass das Attribut „Temperatur" nicht im fertigen Baum enthalten ist. Der Grund hierfür kann entweder am mangelnden Informationsgehalt des Attributes oder an der Unvollständigkeit der Trainingsdaten liegen (Ester & Sander, 2000). Entscheidungsbäume sind vor allem für die Beantwortung von genauen Fragestellungen nutzbar. Zudem erlauben sie die Feststellung der grundlegenden Eigenschaften von Daten und ihren Schlüsselattributen.

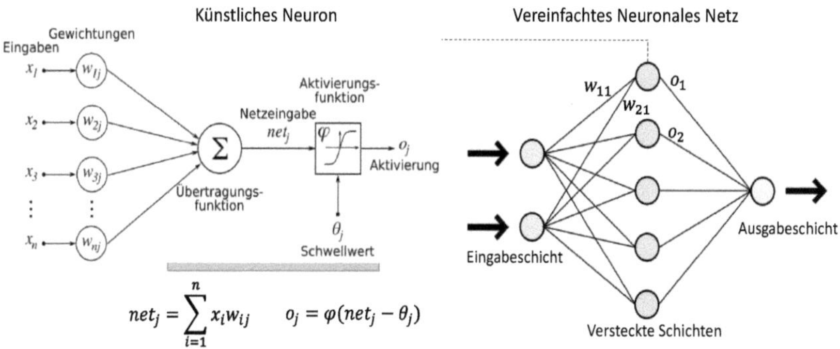

$$net_j = \sum_{i=1}^{n} x_i w_{ij} \qquad o_j = \varphi(net_j - \theta_j)$$

Bild 21.5 Künstliches Neuron und vereinfachtes ANN (Quelle: wikipedia.org)

21.5 Das künstliche Gehirn, Neuronale Netze

Die ersten Entwicklungen von künstlichen Neuronalen Netzen (ANN, engl. Artificial Neural Network) entstanden bereits Mitte der 1940er Jahre. Die Idee dahinter war es, die Funktionsweise von Neuronen in den Gehirnen von Säugetieren nachzuahmen. Die Informationsspeicherung und Verarbeitung erfolgt durch die Aktivierung und die komplexe Verknüpfung von Milliarden von Neuronen. Ein natürliches Neuron besteht, vereinfacht ausgedrückt, aus dem Zellkörper, den Dendriten und dem Axon. Ein Neuron nimmt dabei mit dessen Dendriten ankommende Signale auf und leitet sie über das Axon in Form von elektrischen Impulsen innerhalb des Neurons weiter. Überschreitet die Menge dieser Signale einen Schwellwert, bewirkt das wiederum eine elektrische Stimulation und Impulsbildung an den Dendriten der nachgeschalteten Nervenzellen. Jedes Neuron kann dabei von einer Vielzahl anderer Neuronen angeregt werden und durch seine Aktivierung Signale an nachfolgende Neuronen weiterleiten. Mit welcher Intensität sich die Neuronen gegenseitig beeinflussen, hängt unter anderem von der Stärke und der Art ihrer Verbindungen untereinander ab. In Analogie zum biologischen Vorbild wurden daraufhin künstliche Neuronen entwickelt, die ein ähnliches Verhalten aufweisen (Russel & Norvig, 2003)

Abstrahiert man dieses Prinzip auf eine möglichst einfache Weise, erhält man das sogenannte Perzeptron-Modell eines künstlichen Neurons. Der erste Teil dieses Modells bildet die Übertragungsfunktion. Diese berechnet anhand der Eingangssignale x_j die Netzeingabe des Neurons net_j. Dieser Wert entspricht der Summe aller Eingangssignale, wobei diese unterschiedlich stark gewichtet werden. Die Gewichte w_{ij}, meist ein Wert zwischen -1 und 1, der jeweiligen Eingänge bestimmen dabei den Grad des Einflusses dieses Eingangs auf das Neuron in der späteren Aktivierung. Abhängig vom Vorzeichen der Gewichte können sich die Eingänge hemmend oder verstärkend auf die Aktivierung auswirken. Ein Gewicht von 0 markiert eine nichtexistierende Verbindung.

Die Ausgabe eines Neurons wird durch die Aktivierungsfunktion φ bestimmt. Diese berechnet aus der Übertragungsfunktion und einem zusätzlichen Schwellwert θ_j den Ausgangswert des Neurons. Für die Aktivierungsfunktion können je nach Verwendungszweck und Aufbau des Netzes verschiedene Funktionen verwendet werden. Eine einfache Sprungfunktion würde Beispielsweise den Ausgang des Neurons für kleine Werte der Übertragungsfunktion auf 0 setzen. Wird der Schwellwert überschritten, geht die Ausgabe sprunghaft auf den höchsten Wert. Ein künstliches Neuron mit einem solchen Verhalten wirkt schon fast wie das biologische Vorbild. Das Problem dieser Funktion liegt vor allem in ihrer Unstetigkeit und der Tatsache nur binäre Ausgabewerte zu erzeugen.

Ein verbessertes Verhalten kann durch den Einsatz stetig monoton steigender Funktionen erreicht werden. Eine oft verwendete Funktion mit solchen Eigenschaften ist die Sigmoidfunktion. Diese verläuft sanfter als die Sprungfunktion wodurch sich das Neuron noch „natürlicher" verhält. Interessant ist die Tatsache, dass das so modellierte Neuron hohe Ausgabewerte liefern kann, also „aktiviert" wird, wenn entweder nur einer der Eingänge einen hohen Signalpegel hat oder die Summe von vielen Eingängen mit kleineren Werten in einem hohen Wert der Übertragungsfunktion resultiert. Dies liefert einen guten Eindruck über die komplexen, in gewisser Weise unscharfen Berechnungen, die derartige künstliche Neuronen realisieren können (Rasgid, 2017).

Ein künstliches neuronales Netz entsteht aus der Verknüpfung vieler solcher künstlichen Neuronen. Als Topologie des Netzes ist im Allgemeinen gemeint, wie viele künstliche Neuronen sich auf wie vielen Schichten befinden, und wie diese miteinander verbunden sind. Die Neuronen können dabei auf verschiedene Weisen miteinander verbunden werden.

In vielen Modellen werden die Neuronen in hintereinanderliegende Schichten (engl. Layer) angeordnet, wobei jede Schicht aus mehreren Neuronen bestehen kann. Die erste Schicht von Neuronen bezeichnet man als Eingabeschicht. In ihr werden die zu verarbeitenden Daten (Sensordaten, Bilder, Sprache, ...)

in das Netz eingespeist. Die letzte Schicht, Ausgabeschicht genannt, stellt die Ergebnisse der Verarbeitung dar. Alle Neuronen-Schichten dazwischen werden als versteckte Schichten bezeichnet. Fließen die Informationen durch die Netzknoten in nur eine Richtung, spricht man von einem *feedforward*-Netz. Jede Information wird dabei von der aktuellen Schicht nur zur nächsttieferen weitergegeben. Bei Rekurrenten Netzen hingegen werden die Ausgangssignale von Neuronen über eine *feedback-Loop* auf die Eingänge zurückgekoppelt. Die benötigte Anzahl der Schichten und Neuronen hängt oft mit der Komplexität des zu lösenden Problems zusammen. Die passende Netzstruktur wird meistens nach der simplen Methode des „Versuchs und Irrtums" bestimmt.

Welcher Teil eines solchen Netzes ist nun für das Lernen zuständig? Wo versteckt sich das Konzept hinter der Lösung eines Problems? Die Antwort hierfür liegt in den Gewichten w_{ij} der einzelnen Signalpfade, die die Neuronen miteinander verbinden. Beim überwachten Lernen werden während der Trainingsphase bekannte Daten in das Netz gegeben und die Ausgabe, die das Neuronale Netz in seinem aktuellen Zustand produziert mit dem gewünschten Werten verglichen. Durch den Vergleich von Soll- und Ist-Ausgabe kann dann der Fehler des Netzes ermittelt werden.

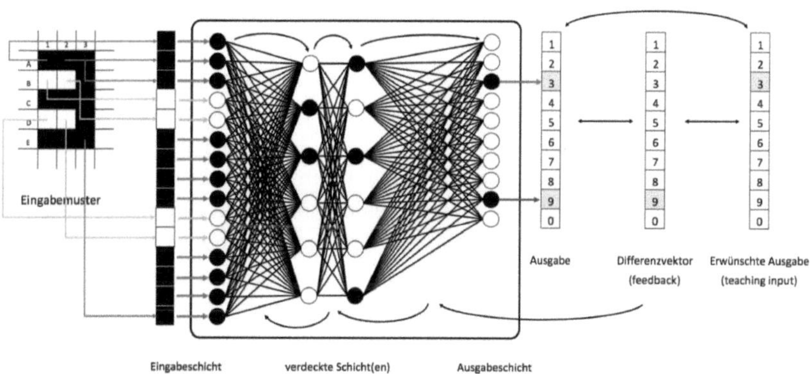

Bild 21.6 Training eines Neuronalen Netzes (Quelle: swissq.it)

Bild 21.6 zeigt beispielsweise das Prinzip anhand eines Netzes, das die Ziffern auf Bildern erkennen soll. Nach dem Durchlaufen eines Trainingsdatensatzes und des anschließend ermittelten Fehlers werden nun für den nächsten Datensatz die Gewichte innerhalb des Netzes durch Backpropagation Methoden angepasst. Ein Durchlauf besteht dabei aus mehreren Input-Output Datenpaaren. Danach wird der gemessene Fehler zurück in das künstliche Neuronale Netz geleitet und jedes Gewicht wird angepasst, sodass der Fehler kleiner wird.

Die Anpassung wird erstens über den Anteil, den ein bestimmtes Neuronen-Gewicht am Ergebnis hatte, berechnet und zum zweiten über die sogenannte Learning Rate, die zu den wichtigsten Einstellgrößen von Neuronalen Netzen gehört. Das Ziel ist die Minimierung der resultierenden Fehlerfunktion, beispielsweise mithilfe des Gradienten Verfahrens. Da im Allgemeinen lediglich lokale Minima gefunden werden, wird die komplette Trainingsphase oft mehrmals mit unterschiedlichen Startparametern durchgeführt (Rasgid, 2017). Zudem ist zu beachten, dass das Trainieren eines komplexen Neuronalen Netzes mitunter enorme Mengen an Trainingsdaten erfordert.

Neuronale Netze lassen sich ebenfalls mit der Methode des verstärkenden Lernens betreiben. Anstelle von Trainingsdaten lernt das Neuronale Netz durch Aktionen und Beobachtung seiner Umgebung. Die Rückmeldung, die zum Anpassen der Gewichte benötigt wird, erfolgt dabei in Form eines Belohnungssignals. Ein Schachcomputer ist ein gutes Beispiel für diese Art des Lernens. Das Schachbrett und die Figuren bilden die Umgebung. Der Agent führt nun durch einfaches Ausprobieren oder bewusste Planung eine Reihe von Spielzügen aus. Am Ende des Spiels erhält er dann, durch Sieg oder Niederlage, eine entsprechende Belohnung. Durch wiederholtes Spielen und die entsprechende Belohnung erlernt das System durch Anpassen der Gewichte w_{ij} mit der Zeit, welche Züge beim Schach zum Erfolg führen (Raschka, 2017).

Betrachtet man das Beispiel der Objekterkennung vom Anfang des Kapitels, wird schnell klar, dass die Komplexität des Neuronalen Netzes mit den Anforderungen an das Problem sehr stark ansteigt. Jeder Pixelwert wird über die Eingabeschicht in das Neuronale Netz eingelesen und an die unteren Schichten weitergegeben. Innerhalb des Netzes verschmieren die Pixelwerte aufgrund der Verzweigungen und Gewichtungen. Es lässt sich somit nicht genau feststellen wie die einzelnen Neuronen an dem Lösungsprozess beteiligt sind. Hinzu kommt die vorher erwähnte „Unschärfe" der einzelnen Neuronen die es noch schwieriger macht, das Konzept innerhalb des Netzes zu verstehen. In gewisser Weise ähnelt dieser Sachverhalt dem menschlichen Denken. Der Mensch kann eine ihm bekannte Person innerhalb von einigen Millisekunden anhand seines Gesichtes ohne Mühe erkennen, jedoch fällt es ihm schwer, wenn er diese Person einer anderen beschreiben soll. Das Konzept innerhalb des Gehirns, das für die Erkennung von Gesichtern zuständig ist, wird selbst vom eigenen Bewusstsein nicht richtig verstanden, sondern nur effektiv eingesetzt.

Literatur

Ester, M. & Sander, J., 2000. Knowledge Discovery in Databases. Technik und Anwednungen. Berlin: Springer.

Mitchell, T. M., 1997. *Machine Learning. s.l.:McGraw-Hill.*

Raschka, S., 2017. *Machine Learning mit Python. Das Praxis-Handbuch für Data Science, Predictive Analytics und Deep Learning.* 1 Hrsg. Frechen: mitp.

Rasgid, T., 2017. *Neuronale Netze selbst programmieren. Ein Verständlicher Einstieg mit Python.* 1 Hrsg. Massachusetts: O'Reilly.

Russel, S. & Norvig, P., 2003. *Künstliche Intelligenz. Ein moderner Ansatz.* 2 Hrsg. Hallbergmoos: Pearson.

Autor

Sebastian Friedrich machte nach seiner Ausbildung zum Elektroniker für Betriebstechnik eine Weiterbildung zum staatlich geprüften Techniker mit dem Schwerpunkt Energieelektronik. Danach studierte er Elektrotechnik an der Hochschule Trier, wo er 2017 seinen Bachelorabschluss erlangte. Zurzeit befindet er sich im Masterstudiengang mit der Vertiefungsrichtung Informationstechnologie und Elektronik.